Power Driven Leisure Vessel

Power Driven Leisure Vessel

알기 쉽게 정리한

동력수상레저기구

조종면허시험 1·2급 문제은행

필기 | 실기

㈜에듀웨이 R&D연구소 지음

에듀웨이출판사 카페 도서인증 닉네임 기입란
(닉네임 기입하고 촬영한 후 카페에 방문하여 도서인증해 주세요)

EDUWAY

Edu
way

a qualifying examination professional publishers

(주)에듀웨이는 자격시험 전문출판사입니다.
에듀웨이는 독자 여러분의 자격시험 취득을 위해 고품격 수험서 발간을 위해 노력하고 있습니다.

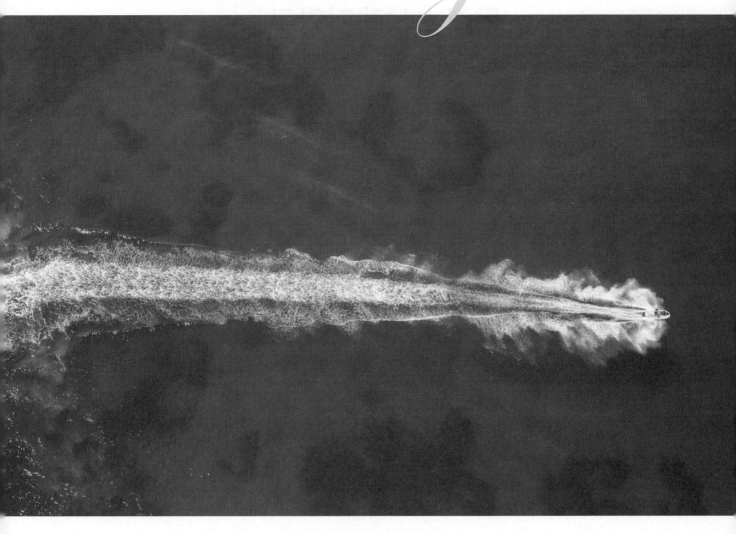

머리말에 **부쳐**

동력수상레저기구 조종면허는 5마력 이상 동력수상레저기구 조종을 하려는 사람을 위해 해양경찰청에서 발급하는 면허입니다. '보트 면허'로 불리며 보트 외에도 5마력 이상 세일링요트(돛과 기관이 설치된 것), 수상오토바이, 고무보트, 스쿠터, 호버크래프트를 조종하려면 필수로 취득하여야 하는 면허입니다.

이 책은 동력수상레저기구 조종면허 시험을 준비하는 응시자를 위해 최신 공개된 필기문제를 학습하기 쉽도록 문제의 재분류 및 이미지, 용어설명 등을 수록하였으며, 필기합격자를 위한 실기시험 가이드를 함께 수록하여 한 권으로 면허취득이 가능하도록 집필하였습니다.

이 책의 특징

   1. 해양경찰청에서 최신 공개된 일반조종면허 필기시험 공개문제를 그대로 수록하지 않고, 초보자들이 좀더 쉽게 암기할 수 있도록 유사한 문제끼리 재분류했습니다.

   2. 공개된 해설 중 어려운 부분은 좀 더 쉽게 이해하도록 재구성하였습니다.

   3. 용어해설 및 이미지를 수록하여 문제를 좀더 쉽게 암기하도록 하였습니다.

   4. 출제 빈도수를 ★표로 문제의 중요도를 표기했으며, 틀리기 쉬운 문제도 표기했습니다.

   5. 필기합격자를 위해 실기시험 요령을 수록하였습니다.

이 책으로 공부하신 여러분 모두에게 합격의 영광이 있기를 바라며, 본의 아니게 발생된 오류가 있으면 본 출판사 카페에 알려주시면 빠르게 피드백을 드리겠습니다. 감사합니다.

㈜에듀웨이 R&D연구소 드림

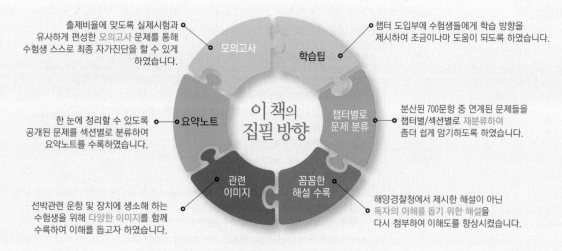

출제비율에 맞도록 실제시험과 유사하게 편성한 모의고사 문제를 통해 수험생 스스로 최종 자가진단을 할 수 있게 하였습니다.

챕터 도입부에 수험생들에게 학습 방향을 제시하여 조금이나마 도움이 되도록 하였습니다.

한 눈에 정리할 수 있도록 공개된 문제를 섹션별로 분류하여 요약노트를 수록하였습니다.

분산된 700문항 중 연계된 문제들을 챕터별/섹션별로 재분류하여 좀더 쉽게 암기하도록 하였습니다.

선박관련 운항 및 장치에 생소해 하는 수험생을 위해 다양한 이미지를 함께 수록하여 이해를 돕고자 하였습니다.

해양경찰청에서 제시한 해설이 아닌 독자의 이해를 돕기 위한 해설을 다시 첨부하여 이해도를 향상시켰습니다.

이 책의 집필 방향

모의고사 / 학습팁 / 요약노트 / 챕터별로 문제 분류 / 꼼꼼한 해설 수록 / 관련 이미지

조종면허 시험안내

Examination Steering License

- **조종면허란** | 동력수상레저기구 중 최대출력 5마력 이상의 수상레저기구를 조종하는 자는 해양경찰청장이 발행하는 조종면허를 취득하여야 한다.

- **동력수상레저기구의 정의** | 추진기관이 부착되어 있거나 부착·분리가 수시로 가능한 수상 레저기구를 말한다. (모터보트, 세일링요트, 수상오토바이, 고무보트, 스쿠터, 호버크라프트 등)

- **면허구분** | 일반조종면허(1·2급), 요트조종면허

구분		일반조종 1급	일반조종 2급	요트조종면허
자격대상		• 수상레저사업장의 종사자 • 일반조종면허 시험대행기관의 시험관	요트를 제외한 모터보트, 수상오토바이, 고무보트, 스쿠터, 호버크래프트 등의 동력수상레저기구를 조종하는 자 (일반레저용)	• 세일링 요트를 조종하는 자 • 요트조종면허 시험대행기관
합격 기준	필기	**70점 이상** (50문제 중 35문제 이상)	**60점 이상** (50문제 중 30문제 이상)	70점 이상
	실기	**80점 이상**	**60점 이상**	60점 이상
면제교육 취득방법		면제 받을 수 없음 (시험 필수)	36시간 교육이수	40시간 교육이수

- **취득 방법** | 방법 1 – 필기시험 + 실기시험 + 안전교육
  방법 2 – 시간제 교육이수(일반조종면허 1급은 제외) – 단점) 교육이수 비용 발생

14세 이상 (단, 조종면허 제1급은 18세)

⊙ 결격사유
- 연령 : 14세 미만인 사람(일반조종 1급의 경우에는 18세 미만)
- 연령정신질환 등 : 정신질환(치매, 정신분열병, 분열성 정동장애, 양극성 정동장애, 재발성 우울장애, 알코올 중독 등), 마약, 향정신성의약품 또는 대마 중독자로서 해당 분야의 전문의가 정상적으로 수상레저 활동을 할 수 없다고 인정하는 사람

⊙ 응시제한 – 수상레저안전법 위반 시 이의 경중에 따라 일정 기간 응시하지 못하게 하는 제도

4년 제한	• 무면허조종 중 사람을 사상한 후 구호 등 필요한 조치를 하지 않고 도주

1년 제한	• 무면허조종
	• 아래의 사유로 면허가 취소된 경우
	  – 거짓이나 그 밖의 부정한 방법으로 조종면허를 받은 경우
	  – 조종면허 효력정지 기간에 조종을 한 경우
	  – 동력수상레저기구 이용 범죄
	  – 조종면허 취득자중 조종면허 결격자에 해당하는 경우
	  – 음주조종, 음주측정 불응
	  – 조종 중 고의 또는 과실로 사람을 사상하거나 다른 사람의 재산에 중대한 손해를 입힌 경우
	  – 면허증을 다른 사람에게 임대한 경우
	  – 약물복용 상태에서 동력수상레저기구를 조종한 경우
	  – 수상레저활동의 안전과 질서 유지를 위한 명령을 위반한 경우

자격취득절차

Accept Application - Objective Test Process

1 시험일정 확인
- 매년 2월 해양경찰청 수상레저종합정보(boat.kcg.go.kr) 홈페이지에서 해당 연도 자격시험 시행일정을 공고
- 희망 응시날짜 및 응시장소 등을 확인한 후 필기·실기 준비를 계획할 것

필기시험 접수 2
- 희망하는 응시날짜 및 응시장소를 선택하여 인터넷을 통해 접수(또는 시험장에 방문)
- 준비물 반명함판 증명사진 1매, 수수료(4,800원)
- 다만, 선착순이므로 접수되므로 시험인원이 차면 마감되므로 유의할 것

3 필기시험 응시
- 필기전용 시험장에서 응시
- 준비물 신분증(미지참시 응시 불가), 응시표
- 응시시간 30분 전에 입실 완료
- 필기시험 응시 후 합격 여부 확인 (1일 2회 시험 응시 가능)

> 컴퓨터로 시험을 볼 때 시험 전 수험방법을 자세히 알려드립니다.

실기시험 접수 4
- 필기시험 합격 후 시험장에서 바로 접수가 가능 (또는 인터넷 접수 가능)
- 필기시험과 동일하게 희망 응시일자 및 장소를 지정하여 선택 가능(선착순 접수)
- 준비물 반명함판 증명사진 1매, 수수료(64,800원)
- 필기시험에 합격한 날로부터 **1년간** 실기시험 접수 가능

5 실기시험 응시
- 실기전용 시험장에서 응시
- 준비물 신분증(미지참시 응시 불가), 응시표
- 응시시간 30분 전에 입실 완료
- 실기시험 후 합격 여부 확인 (실격 또는 감점 합계가 합격점수에 미달 시 시험 중간에 중단될 수 있음)

수상안전 교육 6
- 실기시험 합격 후 조종면허를 받으려면 해양경찰청장이 실시하는 수상안전교육 (3시간, 교육장 필수 방문)을 수료해야 함
- 준비물 신분증(미지참시 교육 무효), 반명함판 증명사진 1매, 수수료(14,400원)
- 수상안전 교육장 및 교육일정은 boat.kcg.go.kr에서 확인할 것

7 면허증 교부
- 면허증 교부에 필요한 서류를 첨부하여 교부신청서를 제출하면 약 14일 이내에 조종면허증을 발급 받음

해양경찰청 수상레저종합정보
(boat.kcg.go.kr) 홈페이지

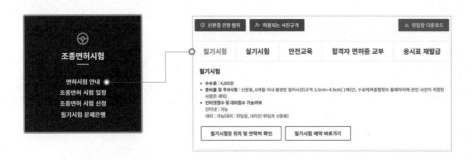

시험일정 조회

응시종별 선택 → 응시과목 선택 → 지역 및 시험장 선택 →
날짜 선택 → 시간 선택

시험 접수

시험일정 조회와 동일

해양경찰청 수상레저종합정보(boat.kcg.go.kr) 홈페이지 하단에 전국 필기시험장, 실기시험장, 수상안전교육장을 확인할 수 있습니다.
(※ 일부 지방 시험장은 폐쇄되었거나 폐쇄될 수 있으므로 홈페이지 외에 직접 전화를 걸어 확인하는 것이 좋습니다.)

시험 접수

연락처 등록

① 파일 선택 Kak···6.jpg

유의사항
- 허용되는 사진규격을 반드시 확인하시기 바랍니다.
- 사진은 제출일 기준 6개월 이내의 모자를 벗은 상태에서 배경없이 가로 3.5cm X 4.5cm 규격의 상반신 컬러사진이어야 합니다.
- 규격에 맞지 않는 사진을 첨부할 경우 시험응시, 안전교육 및 면허증 발급이 불가합니다.

☑ 입력하신 내용을 확인하셨습니까? 이후 단계에서는 전 단계화면으로 이동을 지원하지 않습니다.

⑤ 결제하기

※ 온라인 접수할 경우 [허용되는 사진규격] 을 확인하여 규격에 맞게 촬영 및 편집하여 파일을 첨부해야 합니다. 1MB 이하의 크기로 저장해야 합니다.

개인정보 입력
사진 입력 → 휴대전화 → 이메일 → 주소 → 결제

시험 접수

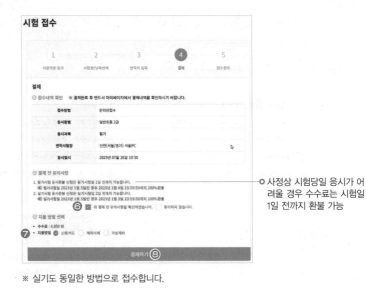

결제

○ 접수내역 확인 ☞ 결제완료 후 반드시 마이페이지에서 결제내역을 확인하시기 바랍니다.

접수방법	온라인접수
응시종별	일반조종 2급
응시과목	필기
변허시험장	인천(서울/경기) 서울PC
응시일시	2023년 07월 26일 10:30

○ 결제 전 유의사항
  1. 필기시험 응시판매 신청은 실기 필기시험일 1일 전까지 가능합니다.
     예) 필기시험일 2023년 1월 5일인 경우 2023년 1월 4일 23:59:59까지 100%환불
  2. 실기시험 응시판매 신청은 실기시험일 2일 전까지 가능합니다.
     예) 실기시험일 2023년 1월 5일인 경우 2023년 1월 3일 23:59:59까지 100%환불

⑥ ☑ 위 결제 전 유의사항을 확인하였습니다. ☐ 동의하지 않습니다.

○ 지불 방법 선택
⑦ • 수수료 : 4,800 원
   • 지불방법 ● 신용카드 ○ 계좌이체 ○ 가상계좌

⑧ 결제하기

● 사정상 시험당일 응시가 어려울 경우 수수료는 시험일 1일 전까지 환불 가능

※ 실기도 동일한 방법으로 접수합니다.

필기시험 문제은행 ※ 공개문제를 다운받을 수 있습니다.
(HWP, PDF 파일 형식으로 다운로드 가능)

필기시험 문제

번호	제목	첨부	작성자	등록일	조회
2	일반조종면허 필기시험 공개문제		관리자	2022-12-26	38565
1	요트조종면허 필기시험 공개문제		관리자	2022-02-09	38054

---

03 필기시험

- 해양경찰청 PC시험장에 직접 방문하여 접수 및 필기시험 가능 – 09:00~17:00 (점심시간 예외)
- 접수한 날로부터 1년간 재접수 가능
- 해양경찰청 홈페이지에 공개된 700문제 중 50문제가 다음 기준에 의해 선별되어 제출됨
- 시험과목 및 배분기준(문항수)

시험과목	과목 내용	문항수
수상레저안전	1) 수상환경(조석·해류) 2) 기상학 기초(일기도, 각종 주의보·경보) 3) 구급법(생존술·응급처치·심폐소생술) 4) 각종 사고 시 대처방법 5) 안전장비 및 인명구조	20% (10문항)
운항 및 운용	1) 운항 계기 2) 수상레저기구 조종술 3) 신호	20% (10문항)
기관	1) 내연기관 및 추진장치 2) 일상정비 3) 연료·윤활유	10% (5문항)
법규	1) 수상레저안전법 2) 선박의 입항 및 출항 등에 관한 법률 3) 해사안전법 4) 해양환경관리법	50% (25문항)

04 실기시험

- 필기시험에 합격한 자 또는 필기시험을 면제 받은 자가 실기시험에 응시하거나, 실기시험에 불합격하여 재응시하기 위해 접수하는 경우이다.
- 필기시험에 합격한 날로부터 1년간 재 접수가 가능
- 필기시험 합격 후 시험장에서 바로 접수할 수 있으며, 그렇지 않은 경우에는 인터넷 또는 우편으로 접수가 가능하며, 응시하고자 하는 희망일자 및 장소를 선택할 수 있으나 선착순으로 접수한다.
- 구비서류 : 신분증(규정), 응시표, 시험면제사유의 경우 해당 증빙서류
- 대리접수의 경우 응시표, 응시자 신분증, 대리인 신분증을 지참
- 실기시험에 대한 설명은 18페이지를 참조할 것

05 수상안전교육

조종면허시험	안전교육	조종면허증 발급	수상레저활동 신고	종사자교육	고객센터

안전교육 안내
교육장 안내
교육신청
교육신청 확인 및 변경/취소
교육일정 확인
교육 수료증 출력

- **교육 목표**
  - 동력수상레저기구의 개념 및 특성을 이해하고 안전조종 의식을 갖는다.
  - 수상레저안전법령의 의의와 적용범위를 이해하고 법규준수 습관화의 태도를 기른다.
  - 동력수상레저기구 조종자로서 입장과 책임을 자각하고 사고를 예비할 수 있는 능력과 기술을 함양한다.

- **교육 대상**
  - 동력수상레저기구 조종면허(일반조종 1급, 일반조종 2급, 요트조종)를 취득하려는 사람
  - 동력수상레저기구 조종면허(일반조종 1급, 일반조종 2급, 요트조종)를 갱신하려는 사람
  - ※ 면허 갱신하려는 사람은 반드시 경찰서에 기존 면허증을 반납

- **교육 과정**
  - 신규 안전교육 : 동력수상레저기구를 조종하려는 사람을 대상으로 조종면허를 받기 전에 실시하는 교육
    ※ 해양경찰청에서 조종면허(일반조종 1급, 일반조종 2급, 요트조종)를 받기 전에 교육을 받는 자는 모두 신규 안전교육 대상에 포함
  - 정기(갱신) 안전교육 : 동력수상레저기구 조종면허를 받은 사람을 대상으로 7년마다 정기적으로 실시하는 교육
    예) 2022년 1월 10일에 안전교육을 받았다면, 차기 교육기간은 2029년 1월 10일~7월 9일까지

- **교육시간 및 수수료**
  - 신규 안전교육 : 현장방문 교육 (3시간)/14,400원
  - 정기(갱신) 안전교육 : 온라인 교육(2시간) 또는 현장방문 교육 (3시간) 선택/14,400원

- **수강신청 절차**
  - 신규 및 갱신 안전교육을 구분하여 홈페이지에서 사전 접수
  - 교육시간 30분까지 교육장 방문 후 본인확인용 신분증 제출   ※ 본 교육은 법정교육으로 교육시작 이후 교육장 입장 불가
  - 교재와 좌석번호를 부여 받은 후, 해당 강의실에 지정된 좌석에서 수강

- 준비물
  - 수수료, 신분증(신분증 인정범위)
  - 신청일로부터 6개월 내에 모자를 벗은 상태에서 배경없이 촬영된 3.5cm×4.5cm 규격의 상반신 컬러사진(허용되는 사진규격) 1매

- 관련법령
  - 수상레저안전법 제13조(수상안전교육)
  - 수상레저안전법 시행령 제14조(수상안전교육의 면제대상)

- 교육 수료증 | 면허증 신청을 위해 교육 이수 후 해양경찰청 수상레저종합 정보시스템 홈페이지에서 교육 수료증을 신청하여 발급받는다.

- 일정 및 신청 | 필기ㆍ실기시험과 동일한 방법으로 일정을 확인할 수 있음 단, 교육날짜는 응시자가 원하는 일자를 선택하는 것이 아니라 해양경찰청에서 매월 1~2일을 지정함

- 면허 갱신 | 면허 종류에 상관없이 취득 후 7년이 되는 날부터 6개월 이내에 갱신해야 함. 갱신기간 내에 수상안전교육 3시간을 듣고 면허증 재발급 신청을 하면 된다.

교육 일정 조회

면허종별 선택 → 교육과목 → 교육장 선택 → 날짜 선택

※ 처음 면허를 취득하려는 경우 필기ㆍ실기시험과 달리 교육일정을 해양경찰청 자체에서 지정하므로 일정을 체크해야 한다.

06
면허증 교부

- 조종면허시험 합격 및 수상안전교육 수료자는 조종면허증 교부 신청서, 응시표, 수상안전교육 수료증, 반명함판 컬러 사진 1매(3.5×4.5cm) 제출
- 14일 이내에 교부

- 조종면허 갱신자는 수상안전교육을 받은 후 조종면허증 갱신교부신청서, 수상안전교육 수료증, 반명함판 컬러 사진 1매(3.5×4.5cm) 제출
- 갱신 신청자 또는 재교부 신청자는 갱신교부신청서 또는 재교부신청서 작성 후 7일 이내 교부하고 있으나 민원인 편의를 위해 당일에서 2일 이내 발급, 문자 메시지로 발급내역을 통보하고 있으며, 해양경찰서 방문수령 및 우편수령(본인이 반송우편 제출한 경우)도 가능함

※ 기타 사항은 해양경찰청 수상레저종합정보 홈페이지(boat.kcg.go.kr)를 방문하거나 또는 전화 032-835-2000에 문의하시기 바랍니다.
※ 각 시험장마다 상황에 따라 시험이 취소되거나 변경될 경우가 있으므로 시험 전에 반드시 홈페이지의 공지사항을 확인하시기 바랍니다.

대상자	받고자 하는 면허	필기시험	실기시험
「국민체육진흥법」 제2조제11호에 따른 경기단체에 동력수상레저기구의 선수로 등록된 사람	• 일반조종 2급 • 요트조종		면제
「고등교육법」 제2조의 규정에 의한 학교에서 동력수상레저기구와 관한 과목을 6학점이상 필수적으로 이수하여야 하는 학과 졸업자로서 당해 면허와 관련된 동력수상레저기구에 관한 과목을 이수한 사람	• 일반조종 2급 • 요트조종	면제	
「선박직원법」 제4조제2항 각 호의 규정에 의한 해기사면허 중 항해사, 기관사, 운항사, 수면비행선박 조종사 또는 소형선박 조종사의 면허를 가진 사람	• 일반조종 2급	면제	
「한국해양소년단연맹 육성에 관한 법률」 또는 「국민체육진흥법」 제2조제11호의 규정에 의한 경기단체에서 동력수상레저기구의 이용 등에 관한 교육ㆍ훈련업무에 1년 이상 종사한 사람으로서 해당 단체의 장의 추천을 받은 사람	• 일반조종 2급		면제
해양경찰청장이 지정ㆍ고시하는 기관이나 단체에서 실시하는 교육을 이수한 사람	• 일반조종 2급 • 요트조종	면제	면제
일반조종 1급 필기시험에 합격한 후 일반조종 2급 실기시험으로 변경하여 응시하려는 사람	• 일반조종 2급	면제	

동력수상레저기구 1ㆍ2급 조종면허 필기 출제비율

20%

수상레저안전
(10문항)

20%

운항 및 운용
(10문항)

10%

동력수상레저기구장치
(5문항)

50%

동력수상레저기구
관련 법규
(25문항)

그래프를 보면 동력수상레저기구 관련 법규의 비중이 높아요! 한번에 합격하려면 이 부분에 좀 더 비중을 두세요!

동력수상레저기구 조종면허시험 1·2급

CONTENTS

이책의 구성과 특징

공개문제를 챕터별/섹션별로 구분하여 정리

난이도 및 출제율을 별표로 구분하였으며,
틀리기 쉬운 문제는 별도로 표기하여 좀더 주의하도록 유도

1 ⚠ 틀리기 쉬운 문제 | 출제율 ★★★

□□□

반복학습 체크박스

초보자가 쉽게 이해하도록
재구성한 해설과 문제 속 전문용어 해설

문제 아래에 정답과 문제의 핵심키워드를 함께 수록

섹션별 예상문항수 수록

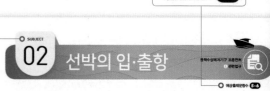

예상출제문항수 **5-6**

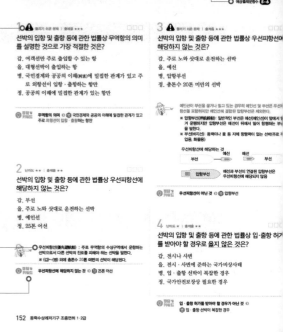

문제를 보다 빠르게 요약할 때
유용한 과목별 요약노트 수록

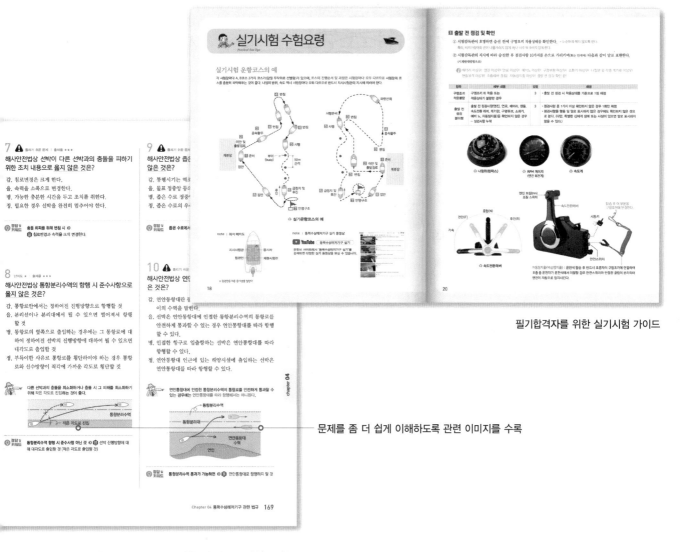

필기합격자를 위한 실기시험 가이드

문제를 좀 더 쉽게 이해하도록 관련 이미지를 수록

출제비율에 맞도록 실제시험과
유사하게 편성한 모의고사

헷갈리기 쉬운 숫자에 관한 문제는
별도로 요약하여 정리

실기시험 수험요령

Practical Test Tips

실기시험 운항코스의 예

각 시험장마다 A, B코스 2가지 코스가(당일 무작위로 선별함)가 있으며, 코스의 진행순서 및 과정은 시험장마다 모두 다르므로 시험장의 코스를 충분히 파악해두는 것이 좋다. 나침의 방위, 속도 역시 시험장마다 모두 다르므로 반드시 지시시험관의 지시에 따라야 한다.

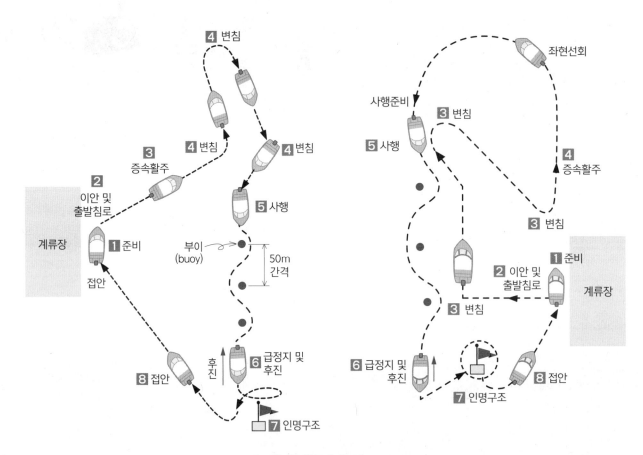

⬆ 실기운항코스의 예

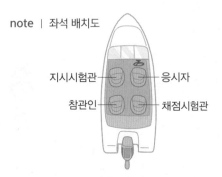

note | 좌석 배치도

지시시험관 ── 응시자
참관인 ── 채점시험관

※ 참관인은 다른 응시생을 말한다.

note | 동력수상레저기구 실기 동영상

▶ YouTube (동력수상레저기구 실기)

유튜브 사이트에서 '동력수상레저기구 실기'를 검색하면 다양한 실기 동영상을 보실 수 있습니다.

실기시험 운항과정

Practical Test Process

구분	시험관(지시)	응시생의 구호 및 조치사항
1 출발 전 점검 및 확인	응시번호 ○○번 ○○○님 앞으로 나와 준비하십시오.	구명조끼 착용(구명조끼 끈을 헐렁하지 않게 조일 것)
	출발 전 점검 하십시오.	[구호] 배터리 확인, 엔진 확인, 연료 확인, 예비노 확인, 구명부환 확인, 소화기 확인, 나침판 및 각종 계기류 확인, 핸들유격 확인, 속도전환레버 중립 확인, 자동정지줄 확인! 출발 전 점검 확인 끝!
	○○○님은 조종석에, ○○○는 참관인석에 착석하십시오.	자동정지줄 착용(구명조끼 고리에 착용)
2 출발	시동 하십시오.	RPM 게이지에 경고등 켜지고 꺼진 후 시동
	이안 하십시오.	[구호] 계류줄 풀고 배 밀어주십시오!
	나침의 방위, ○○도로 출발하십시오.	[구호] 전후좌우 확인! (방향으로 시선을 돌려준다) 15초 이내 출발침로 ±10도 이내 유지
3 증속 (순서 변경될 수 있음)	10에서 15노트로 증속하십시오.	RPM 게이지 – rpm는 시험장에서 지시해줌
4 변침	나침의 방위, ○○도로 변경하십시오.	[구호] 변침방향 확인! (변침방향으로 시선을 돌려준다) 15초 이내 출발침로 ±10도 이내 유지
	현침로 ○○도 유지!	[구호] 현침로로 운행! 현 침로 ±10도 이내로 10초 동안 유지
	나침의 방위, ○○도로 변경하십시오.	[구호] 변침방향 확인!
	현침로 ○○도 유지!	[구호] 현침로로 운행!
	좌·우현 나침의 방위, ○○도로 변경하십시오.	[구호] 변침방향 확인!
	현침로 ○○도 유지!	[구호] 증속하겠습니다! 현 침로로 운행
	종속하여 활주상대 유지하십시오.	RPM 게이지 – rpm는 시험장에서 지시해줌
5 사행	사행 준비하십시오.	[구호] 사행 준비! 부이 3개가 일직선이 되도록 침로 유지
	사행 시작	[구호] 사행 시작! 3m 이상~15m 이내 사행 (1번 부이 30m 전방에서 사행시작)
6 급정지 및 후진	급정지!	[구호] 급정지! 3초 이내 속도전환레버 중립
	현 침로 유지하시면서 후진하십시오.	[구호] 후진방향 확인! (일직선으로 후진할 것. ±10도 각도)
	후진 정지하십시오.	[구호] 후진 정지! 15~20초 사이 정지(레버 중립)
	나침의 방위, 290도로 출발하십시오.	[구호] 전후좌우 확인!
	증속, 활주상태 유지하십시오.	[구호] 증속 활주 하겠습니다! RPM 게이지 – rpm는 시험장에서 지시해줌
7 인명구조	좌현(또는 우현) 익수자 발생!	[구호] 익수자 확인! (익수자 쪽으로 시선을 돌림) 감속 → 익수자확인 → 좌, 우현 방향전환 → 2분 이내 조종석 1M 이내로 익수자에게 접근
8 접안	○번 계류장에 접안하겠습니다. 출발하십시오.	[구호] 전후좌우 확인! (거리가 먼 경우 증속하여 속도를 올리고 거리가 가까워지면(약 30m) 5노트 이하로 속도를 낮추고 3~5m 전방에서 중립으로 할 것. 계류장과 1m 수평으로 접안할 것)
	수고하셨습니다. 엔진 정지하십시오.	

■ 출발 전 점검 및 확인

① 시험감독관이 호명하면 승선 전에 구명조끼 착용상태를 확인한다. → 느슨하게 매지 않도록 한다.

　　특히, 바지가랑이의 끈이 나풀거리지 않게 하나 너무 꽉 조이지 않게 한다.

② 시험감독관의 지시에 따라 승선한 후 점검사항 10가지를 손으로 가리키며(또는 만지며) 다음과 같이 말로 표현한다.

　　(시계반대방향으로)

🔊 배터리 이상무! 엔진 이상무! 연료 이상무! 예비노 이상무! 구명부환 이상무! 소화기 이상무! 나침판 및 각종 계기류 이상무!
　　핸들유격 이상무! 조종레버 중립! 자동정지줄 이상무! 출발 전 점검 확인 끝!

항목	세부 내용	감점	채점
구명조끼 착용불량	구명조끼 미 착용 또는 착용상태가 불량한 경우	3	• 출발 전 점검 시 착용상태를 기준으로 1점 채점
출발 전 점검 불이행	출발 전 점검사항(엔진, 연료, 배터리, 핸들, 속도전환 레버, 계기판, 구명튜브, 소화기, 예비 노, 자동정지줄)을 확인하지 않은 경우 – 점검사항 누락	3	• 점검사항 중 1가지 이상 확인하지 않은 경우 1회만 채점 • 점검사항을 행동 및 말로 표시하지 않은 경우에도 확인하지 않은 것으로 본다. (다만, 특별한 신체적 장애 또는 사정이 있으면 말로 표시하지 않을 수 있다.)

⬆ 나침의(컴퍼스)

⬆ RPM 게이지
(엔진 회전계)

⬆ 속도계

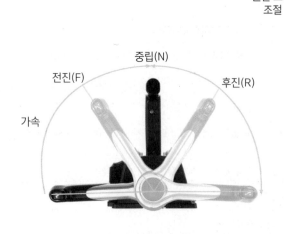
⬆ 속도전환레버

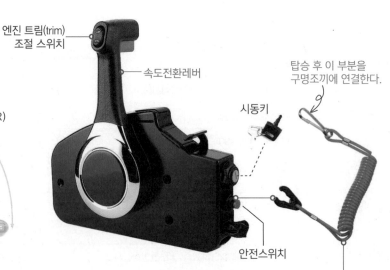

자동정지줄(비상정지줄) : 운전석 탑승 후 반드시 조종자의 구명조끼에 연결해야 한다. 조종 중 운전자가 운전석에서 이탈할 경우 안전스위치와 연결된 클립이 분리되어 엔진이 자동으로 정지시킨다.

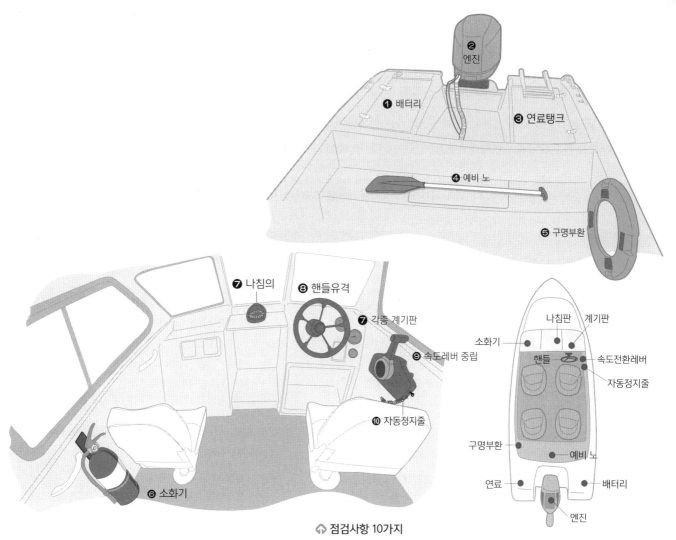

① 배터리   ② 엔진   ③ 연료탱크   ④ 예비 노   ⑤ 구명부환   ⑥ 소화기   ⑦ 나침의   ⑧ 핸들유격   ⑦ 각종 계기판   ⑨ 속도레버 중립   ⑩ 자동정지줄

나침판   계기판   소화기   핸들   속도전환레버   자동정지줄   구명부환   예비 노   연료   배터리   엔진

☝ 점검사항 10가지

② 출발

> 용어 **출발** 정지된 상태에서 속도전환 레버를 조작하여 전진 또는 후진하는 것

① 🔊 0번 000님 운전석에 앉아주세요! 라는 지시에 따라 착석한다.

② 운전석에 착석한 후, 우측의 **빨간** 비상정지줄의 안전고리를 구명조끼에 연결한다. (미착용시 감점)

③ 🔊 시동하십시오! 라는 지시에 따라 속도전환 레버 끝에 위치한 키를 조작한다. 시동은 2단계로 진행되며 1단계로 돌리면 부저음과 함께 점검등이 켜지는데, 잠시 후 점검등이 꺼지면 우측끝까지 키를 돌려 시동을 건다.
    → 시동키를 2초 이상 돌린 경우 감점

④ 🔊 이안하십시오! 라는 감독관의 지시가 있으면 🔊 '이안하겠습니다!'라고 복명복창한다.

> 용어 **이안** 계류줄을 걷고 계류장에서 이탈하여 출발할 수 있도록 준비하는 행위

⑤ 🔊 '계류줄 풀고, 배 밀어주십시오!'라고 외친다. → 외치지 않을 경우 감점

⑥ 🔊 O코스, 나침의 방위 'OOO도'로 출발하십시오! 라는 감독관의 지시가 있으면 고개를 돌려서 시험선 전후좌우의 안전 및 탑승자의 착석 여부를 확인한다. 🔊 '전후좌우 확인(또는 이상무)'라고 복창한다.

note | 모든 과정에서 시험선이 멈춰진 경우나 속도레버가 중립인 경우 다시 출발 할 때 반드시 고개를 돌려 주위를 둘러보고 '전후좌우 확인'을 복창한다.

⑦ 속도전환레버를 앞으로 밀어 출발한다. 출발 후 15초 이내에 저속(1500~2000rpm)을 유지해야 한다. 나침판을 확인하며 시험관이 지시한 방위로 진로(침로)를 유지한다.

　　용어 침로 모터보트가 진행하는(진행하려는) 방향

⑧ 침로 변경 후 🔊 10에서 15 노트 증속하십시오! 라는 감독관의 증속 지시에 따라 🔊 '증속하겠습니다!'라고 복창한다.

⑨ 속도계를 확인하며 속도변환레버를 밀어 증속한다. (약 3000rpm 내외)

　　note ｜ 속력은 해당 시험선의 속도계(속력계) 또는 RPM게이지를 기준으로 채점한다. (단, RPM을 기준으로 채점할 때에는 출발 전에 응시자에게 기준 RPM을 알려주어야 한다.) – 즉, 시험관이 속도 또는 rpm을 제시하며, 시험선 및 시험장마다 다를 수 있다.

항목	세부 내용	감점	채점
시동요령 부족	속도전환레버를 중립에 두지 않고 시동을 건 경우 또는 엔진의 시동상태에서 시동키를 돌리거나 시동이 걸린 후에도 시동키를 2초 이상 돌린 경우	2	• 세부내용에 대하여 1회만 채점
이안(離岸) 불량	• 계류줄을 걷지 않고 출발한 경우(계류줄 묶임) • 출발 시 보트 선체가 계류장 또는 다른 물체와 부딪치거나 접촉한 경우	2	• 각 세부내용에 대하여 1회만 채점
출발시간 지연	출발 지시 후 30초 이내에 출발하지 못한 경우	3	• 세부내용에 대하여 1회만 채점 • 다른 항목의 세부내용이 원인이 되어 출발하지 못한 경우에도 적용하며 병행 채점 • 출발하지 못한 사유가 시험선 고장 등 조종자의 책임이 아닌 경우는 제외
속도 전환 레버 등 조작 불량	• 속도전환 레버를 급히 조작하거나 급히 출발한 경우 • 속도전환 레버 조작 불량으로 클러치 마찰음이 발생하거나 엔진이 정지된 경우 • 지시받지 않고 엔진 트림(trim) 조절 스위치를 조작한 경우	2	• 각 세부 내용에 대하여 1회 채점 • 탑승자의 신체 일부가 젖혀지거나 엔진의 회전소리가 갑자기 높아지는 경우에도 급출발로 채점
안전 미확인	• 자동정지줄을 착용하지 않고 출발한 경우 • 전후좌우의 안전상태를 확인하지 않거나 탑승자가 앉기 전에 출발한 경우	3	• 각 세부내용에 대하여 1회 채점 • 고개를 돌려서 안전상태를 확인한다.(말로 이상 없음을 표시하지 않은 경우에도 확인하지 않은 것으로 본다.)
출발침로(針路) 유지 불량	• 출발 후 15초 이내에 지시된 방향의 ±10° 이내의 침로를 유지하지 못한 경우 • 출발 후 일직선으로 운항하지 못하고 침로가 ±10° 이상 좌우로 불안정하게 변한 경우	3	• 각 세부내용에 대하여 1회 채점

3 변침

용어 **변침** 모터보트가 침로(경로)를 변경하는 것

① 🔊 나침의 방위 ○○○도로 변침(변경)하십시오! 라고 지시하면 변침하고자 하는 방향으로 고개를 돌려 🔊 변침방향 이상무! 라고 복창하고, 15초 이내에 지시받은 나침의 방위로 변경을 완료한다. (시간은 충분하므로 여유있게 진행한다.)

→ 각 시험장마다 A 또는 B 코스가 있으며, 3회(45°, 90°, 180°)에 걸쳐 변침한다.
→ 45°, 90° 변침은 15초, 180° 변침은 20초 이내에 완료해야 한다.
→ 나침의 방위는 시험장마다 달라지므로 시험 전 미리 변침 방향 및 코스를 확인해둔다.
→ 변속레버를 밀거나 당길 때 너무 조심스럽게 조작하지 말고 한 번에 조작하도록 한다.

② 변침이 완료된 후 반드시 🔊 변침 완료! 라고 복창한다.

③ 🔊 현침로 ○○○도로 유지 하십시오! 라고 지시하면 🔊 현방향 유지! 라고 복창하며, 나침의를 참고하여 현침로 ±10도 이내로 10초 동안 유지한다. → ±10도를 벗어나면 감점이므로 주의한다.

④ 나머지 2번의 변침도 동일하게 진행한다.

항목	세부 내용	감점	채점
변침 불량	• 제한시간 내(45°, 90°내외의 변침은 15초, 180° 내외의 변침은 20초)에 지시된 침로의 ±10° 이내로 변침하지 못한 경우 - 지시각도 ±10° 초과 • 변침 완료 후 침로가 ±10° 이내에서 유지되지 않은 경우	3	• 각 세부 내용에 대하여 2회까지 채점 • 변침은 좌 · 우현을 달리하여 3회 실시, 변침 범위는 45°, 90° 및 180° 내외로 각 1회 실시하여야 하며, 나침반으로 변침 방위를 평가한다. • 변침 후 10초 이상 침로를 유지하는 지 확인
안전 확인 및 선체 동요	• 변침 전 변침방향의 안전상태를 미리 확인하고 말로 표시하지 않은 경우 • 변침 시 선체의 심한 동요 또는 급경사가 발생한 경우 • 변침 시 10~15노트의 속력을 유지하지 못한 경우	2	각 세부 내용에 대하여 2회까지 채점

→ 변침도 감점사항이 크므로 주의해야 함

4 운항

① 다음 2가지는 실기시험 모든 과정에 적용되는 사항이므로 유의해야 한다.

가. 속도전환 레버 등 조작 불량
나. 조종자세 불량 및 지정속력 유지 불량

② 증속 활주 :
🔊 증속하여 활주상태를 유지하십시오!라는 감독관의 지시가 있으면 🔊 '증속하겠습니다!' 하라고 외치고, 15초 이내에 RPM 4000~4600, 20~25 노트로 증속한다.

용어 **활주** 모터보트의 속력과 양력(揚力)이 증가되어 선수 및 선미가 수면과 평행 상태가 되는 것

항목	세부 내용	감점	채점
조종자세 불량	• 핸들을 정면으로 하여 조종하지 않거나 창 틀에 팔꿈치를 올려놓고 조종한 경우 • 시험관의 조종자세 교정 지시에 따르지 않은 경우 • 한 손으로만 계속 핸들을 조작하거나 필요 없이 자리에서 일어나 조종한 경우 • 필요없이 속도를 조절하는 등 불필요하게 속도전환 레버를 반복 조작한 경우	2 (8점)	• 각 세부 내용에 대하여 1회 채점 • 특별한 신체적 장애 또는 사정으로 이 항목의 적용이 어려운 경우에는 감점하지 않는다.
지정속력 유지 불량	• 증속 및 활주 지시 후 15초 이내에 활주 상태가 되지 않은 경우 • 시험관의 지시가 있을 경우까지 활주 상태를 유지하지 못한 경우 • 15노트 이하 또는 25노트 이상으로 운항한 경우 (즉, 15~25 노트 사이를 유지해야 함)	4	• 각 세부 내용에 대하여 2회까지 채점 • 시험관의 세부내용에 대하여 1회 채점 시 시정지시를 하여야 하며, 시정지시 후에도 시정하지 않거나 다시 기준을 위반하는 경우 2회 채점

5 사행(蛇行) – 지그재그 운행

용어 사행 뱀이 구불구불 기어가는 것처럼 지그재그로 가는 것으로, 50m 간격으로 설치된 3개의 고정 부표(부이)를 각각 좌우로 방향을 달리하면서(첫 번째 부표는 왼쪽부터 회전) 회전하는 것

① 🔊 사행 준비하십시오!라는 감독관의 지시가 있으면 🔊 사행 준비! 라고 외친다. → 미리 핸들을 돌리지 않도록 유의한다.

② 🔊 사행 시작!의 지시가 있으면 🔊 사행 시작! 이라고 외친다.

③ 시작과 동시에 부이 좌측으로 핸들을 반바퀴 돌려 진입하며, 부이에 가까이 왔을 때 우측으로 두바퀴 정도 빠르게 돌려준다. 부이에서 3m 이내로 진입하지 않고 15m를 넘지 않고 통과한다.

④ 시험선이 첫번째 부이를 지나치자마자 핸들을 좌측으로 약 한바퀴 정도 빠르게 돌려 미리 풀어주고 두번째 부이 가까이 오면 좌측으로 한바퀴 반 정도로 부이를 통과한다.

> → 증속활주 상태에서 사행 코스를 진행하므로 **속도가 빠르기 때문에** 다른 때와 달리 핸들 조작은 좀 빠르게 회전시키며, 부이 통과 후 곧바로 다음 부이 통과를 위해 약 한바퀴 정도 반대로 풀어 주는 것이 좋다.

⑤ 세번째 부이도 동일한 방법으로 통과한다. 사행이 완료된 후 선미가 뒤편의 부이들과 일직선이 되도록 시험선의 침로를 유지한다.(한바퀴 반 정도)

> → 사행코스에서도 **지정된 속도 및 활주상태**를 유지해야 한다.
> → 핸들 조작 시 두 손으로 한다. (한 손 사용 시 감점)
> → 진행방향, 부이와의 간격, 침로 이탈, 급격한 핸들조작으로 인한 시험선의 요동 등으로 **감점 및 실격이 많은 코스**이므로 주의해야 한다.

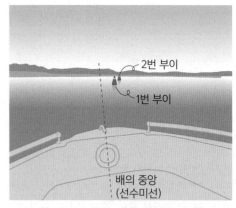

⬆ **시행 시작 직전 운전석에서 보았을 때의 모습**

note | 사행 및 접안 요령

항목	세부 내용	감점	채점
반대방향 진행	첫 번째 부이(buoy)로부터 시계 방향으로 진행하지 않고 반대방향으로 진행한 경우	3	• 세부 내용에 대하여 1회 채점 • 반대방향으로 진행하는 경우라도 다른 항목은 정상적인 사행으로 보고 적용
통과간격 불량	• 부이(buoy)로부터 3m 이내로 너무 가까이 접근한 경우 • 반대로 첫 번째 부이 전방 25m 지점과 세 번째 부이 후방 25m 지점의 양쪽 옆 각 15m 지점을 연결한 수역을 벗어난 경우 또는 부이를 사행하지 않은 경우	9	• 각 세부 내용에 대하여 2회까지 채점 • "부이를 사행하지 아니한 때"란, 부이를 중심으로 왼쪽 또는 오른쪽으로 반원(타원)형으로 회전하지 않는 경우를 말한다.
침로 이탈	• 첫 번째 부이 약 30m 전방에서 3개의 부이와 일직선으로 침로를 유지하지 못한 경우 • 세 번째 부이 사행 후 3개의 부이와 일직선으로 침로를 유지하지 못한 경우	3	• 각 세부 내용에 대하여 1회 채점
핸들조작 미숙	• 사행 중 핸들 조작 미숙으로 선체가 심하게 흔들리거나 선체 후미에 급격한 쏠림이 발생하는 경우 • 사행 중 갑작스런 핸들 조작으로 선회가 부자연스러운 경우	3	• 각 세부 내용에 대하여 1회 채점 • "선회가 부자연스러운 경우"란, 완만한 곡선으로 회전이 이루어지지 않은 경우를 말한다.

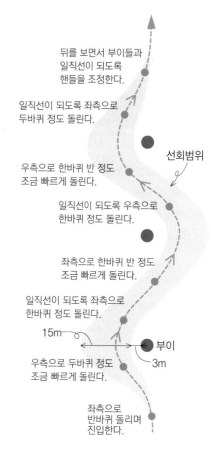

뒤를 보면서 부이들과 일직선이 되도록 핸들을 조정한다.

일직선이 되도록 좌측으로 두바퀴 정도 돌린다.

선회범위

우측으로 한바퀴 반 정도 조금 빠르게 돌린다.

일직선이 되도록 우측으로 한바퀴 정도 돌린다.

좌측으로 한바퀴 반 정도 조금 빠르게 돌린다.

일직선이 되도록 좌측으로 한바퀴 정도 돌린다.

15m

부이

우측으로 두바퀴 정도 조금 빠르게 돌린다.

3m

좌측으로 반바퀴 돌리며 진입한다.

※ 핸들의 회전수는 각 시험장의 시험선마다 달라 실제와 다를 수 있으므로 대략적인 과정만 참고하시기 바랍니다.

6 급정지 및 후진

① 사행 코스 종료 후 🔊 급정지하십시오! 라는 지시가 있으면 🔊 급정지! 를 외치며, 3초 이내에 속도전환레버를 중립으로 변경한다.

→ 이때 전진위치에서 후진위치로 변환할 경우 기어 손상 및 엔진 정지가 우려되므로 주의해야 한다.

② 🔊 현 침로 유지하면서 후진하십시오! 라는 지시가 있으면 시선을 후방으로 하고 🔊 후진방향 이상무! 라고 외친다.

③ 전환레버를 후진(R)으로 변환하고 저속으로 침로를 유지하면서 정지 지시가 있을 때까지 후진한다. (±10도 이내로 유지)

④ 🔊 후진 정지하십시오! 라는 지시가 있으면 🔊 후진 정지! 라고 외치며 3초 이내에 중립위치로 변환한다.

항목	세부 내용	감점	채점
급정지 불량	• 급정지 지시 후 3초 이내에 속도전환 레버를 중립으로 조작하지 못한 경우 • 급정지 시 후진 레버를 사용한 경우	4	• 각 세부 내용에 대하여 1회 채점
후진동작 미숙	• 후진 레버 사용 전 후방의 안전상태를 확인하지 않거나 후진 중 지속적으로 후방의 안전상태를 확인하지 않은 경우 • 후진 시 진행침로가 ±10° 이상 벗어난 경우 • 후진 레버를 급히 조작하거나 급히 후진한 경우	2	• 각 세부 내용에 대하여 1회 채점 • 탑승자의 신체 일부가 후진으로 한쪽으로 쏠리거나 엔진 회전 소리가 갑자기 높아지는 경우 "후진 레버 급조작, 급후진"으로 채점 • 응시자는 시험관의 정지 지시가 있을 경우까지 후진해야 하며, 후진은 후진거리를 고려하여 15초에서 20초 이내로 한다.

7 인명구조

① 후진 정지 후 🔊 나침의 ○○도로 출발하십시오!(임의 지형지물을 지목함) 라는 지시가 있으면 🔊 전후좌우 확인! 을 외치며,
변침방향으로 시선을 돌려 속도전환 레버를 전진으로 조작한다.(약 3000rpm)

② 🔊 증속하여 활주상태를 유지하십시오!라는 지시가 있으면 🔊 '증속 활주 하겠습니다!' 라고 외치고,
15초 이내에 4000~4500RPM, 20~25 노트로 증속한다.

③ 🔊 우현(또는 좌현) 익수자 발생! 라는 지시가 있으면 익수자쪽으로 시선을 돌리며 🔊 익수자 확인! 을 외친다.

　　→ 익수자는 실제 사람이 아니라 부이 등으로 대신한다.

④ 3초 이내로 5노트 이하로 레버를 1단으로 변속하여 속도를 줄이고, 5초 이내 익수자 방향으로 변침한다.

⑤ 약 15m 전까지 속도변경레버를 1단으로 탄력주행하며 2분 이내 익수자(부이) 방향으로 접근한다.

⑥ 익수자(부이)에서 약 5m 거리에서 레버를 중립으로 전환하여 타력에 의해 채점관석의 1m 이내 접근하도록 한다.

　　→ 좌현에 익수자가 발생하더라도 구조는 우현에서 진행해야 한다.

항목	세부 내용	감점	채점
익수자에게로 접근 불량	• 익수자가 있음을 고지 한 후 3초 이내에 5노트 이하로 속도를 줄이고 익수자의 위치를 확인하지 않은 경우 • 물에 빠진 사람이 있음을 고지한 후 5초 이내에 물에 빠진 사람이 발생한 방향으로 전환하지 않은 경우 • 익수자를 조종석 1m 이내로 접근시키지 않은 경우	3	• 각 세부 내용에 대하여 1회 채점 • 익수자(물에 빠진 사람)의 위치 확인 시 확인 유·무를 말로 표시하지 않은 경우도 미확인으로 채점
속도조정 불량	• 익수자 방향으로 방향 전환 후 익수자로부터 15미터 이내에서 3 노트 이상의 속도로 접근한 경우 • 익수자가 선체에 근접했을 때 속도전환 레버를 중립으로 하지 않거나 후진 레버를 사용한 경우	3	• 각 세부 내용에 대하여 1회 채점
구조 실패	• 익수자(부이)과 충돌한 경우 • 익수자가 있음을 고지한 후 2분 이내에 익수자를 구조하지 못한 경우	6	• 각 세부 내용에 대하여 1회 채점 • 시험선의 방풍막을 기준으로 선수부(船首部)에 익수자가 부딪히는 경우에는 충돌로 채점. (다만, 바람, 조류, 파도 등으로 시험선의 현측(枝側)에 가볍게 접촉하는 경우는 제외) • 익수자를 조종석 1m 이내로 접근시키지 않거나 접근 속도의 세부내용에 해당하는 경우에는 응시자로 하여금 다시 접근하도록 해야 한다.

8 접안

용어 **접안** 시험선을 정박할 수 있도록 계류장 위치에 정지시키는 것

① 인명구조 후 🔊 1번(2번) 계류장에 접안하겠습니다! 라는 지시가 있으면, 고개를 돌려 🔊 전후좌우 확인! 를 외치며, 계류장 방향으로 핸들을 조작하며, 속도전환 레버를 전진으로 하고, 증속한다.

② 계류장으로부터 30m의 거리에 오면 1단으로 속도를 줄여 5노트 이하로 천천히 접근한다. 계류장 바로 앞 3~5m 정도로 가까워지면 핸들을 돌려 계류장과 평행하게 하고 속도전환 레버를 중립(N)으로 하여 3노트 이하의 속도로 접안한다.

→ 접안 시 선수·선미가 계류장에 충돌하지 않게 주의한다.

③ 🔊 엔진을 정지하십시오! 라는 지시가 있으면, 시동을 끄고 비상정지줄을 분리한다.

항목	세부 내용	감점	채점
접근 속도 불량	계류장으로부터 30m의 거리에서 속도를 5노트 이하로 낮추어 접근하지 않은 경우 또는 계류장 접안 위치에서 속도를 3노트 이하로 낮추지 않거나 속도전환 레버가 중립이 아닌 경우	3	• 각 세부 내용에 대하여 1회 채점
접안 불량 (평행상태, 계류장 충돌, 접안 실패)	• 접안 위치에서 시험선과 계류장이 1m 이내의 거리로 평행이 되지 않은 경우 • 계류장과 선수(船首) 또는 선미(船尾)가 부딪친 경우 • 접안 위치에 접안을 하지 못한 경우	3	• 각 세부내용에 대하여 1회채점 • 선수란 방풍막을 기준으로 앞쪽 굴곡부를 지칭

note | 시험장 여건 및 날씨 등에 따라 코스 및 시험 순서는 변경될 수 있으므로, 시험관의 지시에 따를 것

실격사유

1) 3회 이상의 출발 지시에도 출발하지 못하거나 응시자가 시험포기의 의사를 밝힌 경우
   (3회 이상 출발 불가 및 응시자 시험 포기)

2) 술에 취한 상태이거나 취한 상태는 아니더라도 음주로 원활한 시험이 어렵다고 인정되는 경우(음주상태)

3) 속도전환 레버 및 핸들의 조작 미숙 등 조종능력이 현저히 부족하다고 인정되는 경우
   (조종능력 부족으로 시험진행 곤란)

4) 부이 등과 충돌하는 등 사고를 일으키거나 사고를 일으킬 위험이 현저한 경우 (현저한 사고 위험)

5) 사고 예방과 시험 진행을 위한 시험관의 지시 및 통제에 따르지 않거나 시험관의 지시없이 2회 이상 임의로 시험을 진행하는 경우(지시·통제 불응 또는 임의 시험 진행)

6) 이미 감점한 점수의 합계가 합격기준에 미달할 경우(중간점수 합격기준 미달)

실기시험 채점 시 주요 감점사항 정리

Practical Test - Major Deductions

구분	감점
1 출발 전 점검 및 확인	
• 구명조끼 착용불량	3
• 점검사항 누락	3
2 출발	
• 30초 이상 출발 지연	3
• 자동정지줄 미착용	3
• 안전 미확인 및 앉기 전 출발	3
• 계류줄 묶임	2
• 시동 불량(시동키를 2초 이상 돌린 경우)	2
• 출발 시 선체 접촉	2
• 15초 이내 출발침로 ±10° 이내 유지 불량	3
• 출발침로 ±10° 이상 불안정	3
• 급조작 · 급출발	2
• 레버조작 미숙으로 장치소음 발생 또는 엔진 정지	2
• 트림스위치 오작동	2
3 운항	
• 활주시간 15초 초과	4
• 활주상태유지 불량	4
• 기준보다 저속 또는 과속	4
• 조종자세 불량(한 손으로만 계속 핸들을 조작, 시험관 지시 불이행, 불필요하게 속도전환레버 반복조작 등)	2
4 변침	
• 지시각도(45°) ±10° 이내 침로 유지 불량	3
• 지시각도(90°) ±10° 이내 침로 유지 불량	3
• 지시각도(180°) ±10° 이내 침로 유지 불량	3
• 변침 시 안전상태	2
• 선체 동요	2
• 변침 속력 미준수	2
5 사행	
• 부이와의 거리 3m 이내, 부이와의 거리 15m 이상일 때	9
• 사행이 이뤄지지 않음	9
• 반대방향으로 진행	3
• 사행 진입 불량	3
• 사행 후 침로상태 불량 – 첫번째, 세번째 부이와의 일직선 침로 불량	3

구분	감점
• 심한 동요 및 쏠림	3
• 부자연스러운 선회	3
6 급정지 및 후진	
• 급정지 3초 초과 시	4
• 급정지 시 후진레버로 이동	4
• 후진방향 미확인	2
• 후진침로 ±10° 이상	2
• 후진레버 급조작 및 급후진	2
7 인명구조	
• 익수자와의 충돌	6
• 2분 이내 구조 실패	6
• 3초 이내 익수자 미확인	3
• 5초 이내 익수자 방향으로 선수변환 불량	3
• 익수자와 조종석간의 거리가 1m 이내 접근 불량	3
• 3노트 이상 접근	3
• 미중립 또는 후진레버 사용	3
8 접안	
• 접안속도 초과	3
• 계류장과의 충돌	3
• 계류장과의 평행상태	3
• 접안 실패	3
※실격 사항	
• 3회 이상 출발 불가	
• 응시자의 시험 포기	
• 조종능력부족으로 시험 진행 곤란	
• 현저한 사고 위험	
• 음주상태	
• 시험관의 지시불이행 통제불능, 임의 시험진행	
• 중간점수 합격기준 미달	

A기
본선은 잠수부를 내리고 있으니 저속으로 피하라는 의미

B기
위험물 운반선(본선에 위험물을 적재, 하역 또는 운반하고 있음)을 의미

D기
본선은 조종이 자유롭지 않으니 피하라는 의미

H기
도선사가 탑승하고 있으므로 양보하라는 의미
※ 도선사: 항구에서 주로 대형선박의 입출항을 인도하는 사람

J기
본선에 불이 나고, 위험 화물을 적재하고 있다는 의미

O기
바다에 사람이 빠졌다는 의미

S기
본선의 기관이 후진중이라는 의미

N기

C기

NC기
본선은 조난중이다. 즉시 지원을 바란다는 의미

NC(November Charlie)의 순서대로 깃발을 올리면 조난, 구난신호(SOS)가 된다

시험에 나오는 표지
(문제 : 78페이지)

북방위 표지
(북쪽이 안전수역임)

서방위 표지

동방위 표지

남방위 표지

고립장해표지

시험에 나오는 *Visibility of Vessel Lights, Marine craft Day Shapes*
선박등화신호, 형상물 정리 (문제 : 172페이지)

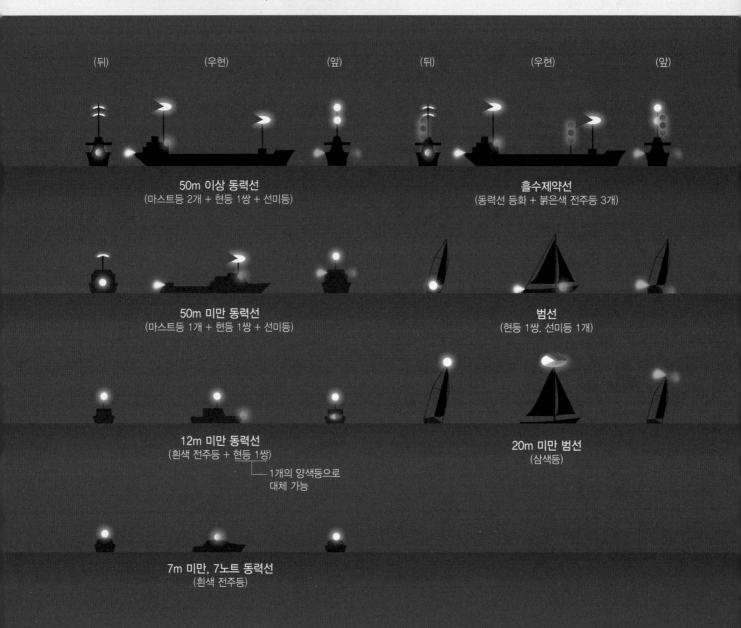

(뒤)　(우현)　(앞)　(뒤)　(우현)　(앞)

50m 이상 동력선
(마스트등 2개 + 현등 1쌍 + 선미등)

흘수제약선
(동력선 등화 + 붉은색 전주등 3개)

50m 미만 동력선
(마스트등 1개 + 현등 1쌍 + 선미등)

범선
(현등 1쌍, 선미등 1개)

12m 미만 동력선
(흰색 전주등 + 현등 1쌍)
└─ 1개의 양색등으로 대체 가능

20m 미만 범선
(삼색등)

7m 미만, 7노트 동력선
(흰색 전주등)

범선이 기관을 동시에
사용하고 있는 경우
(원뿔꼴)

정박 중
(둥근꼴 1개)

조종불능선
(둥근꼴 2개)

얹혀있는 선박
(둥근꼴 3개)

조종제한선
(둥근꼴 2개+마름모꼴 1개)

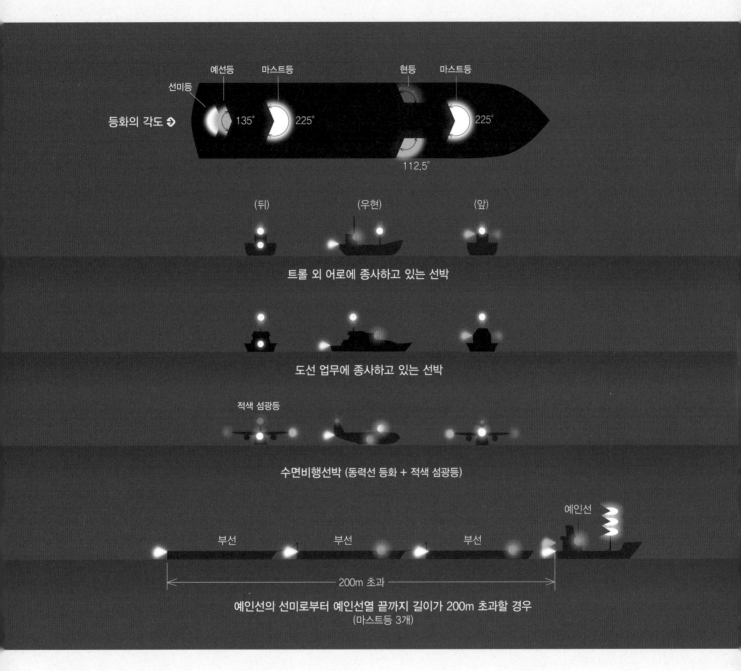

선미등　예선등　마스트등　　　현등　마스트등

등화의 각도 →　135°　225°　　225°

112.5°

(뒤)　　　(우현)　　　(앞)

트롤 외 어로에 종사하고 있는 선박

도선 업무에 종사하고 있는 선박

적색 섬광등

수면비행선박 (동력선 등화 + 적색 섬광등)

예인선

부선　　　　부선　　　　부선

200m 초과

예인선의 선미로부터 예인선열 끝까지 길이가 200m 초과할 경우
(마스트등 3개)

동력수상레저기구 조종면허 제1·2급

Power Driven Leisure Vessel

출제문항수
10

CHAPTER

01

수상레저안전

이 과목은 기상학 및 조석 · 조류, 응급처치에 관한 문제가 다소 어려우나 전반적으로 조금만 학습하면 크게 어렵지 않습니다.

수상레저안전

01 기상학 기초
예상출제문항수 **1**

1
난이도 ★★★ | 출제율 ★★ ☐☐☐

기상의 요소로 옳지 않은 것은?

갑. 수온
을. 기온
병. 습도
정. 기압

 기상요소 : 기온, 습도, 기압, 바람, 강우, 시정

정답 및 키워드 **갑** 기상요소가 아닌 것 ▶ 수온

2 ⚠ 틀리기 쉬운 문제 | 출제율 ★★★ ☐☐☐

해양의 기상이 나빠진다는 징조로 옳지 않은 것은?

갑. 뭉게구름이 나타난다.
을. 기압이 내려간다.
병. 바람방향이 변한다.
정. 소나기가 때때로 닥쳐온다.

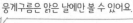 뭉게구름은 맑은 날에만 볼 수 있어요.

 뭉게구름(적운)은 주로 날씨가 좋을 때 발생한다.

정답 및 키워드 **갑** 기상이 나빠진다는 징조가 아닌 것 ▶ 뭉게구름

3
난이도 ★★★ | 출제율 ★★ ☐☐☐

계절풍의 설명으로 옳지 않은 것을 고르시오.

갑. 계절풍은 대륙과 해양의 온도차에 의해 발생된다.
을. 겨울에는 육지에서 대양으로 흐르는 한랭한 기류인 북
    서풍이 분다.
병. 여름에는 바다는 큰 고기압이 발생하고, 육지는 높은 온
    도로 저압부가 되어 남동풍이 불게 된다.
정. 겨울에는 대양에서 육지로 흐르는 한랭한 기류인 남동
    풍이 분다.

 겨울엔 북서쪽의 차가운 고기압이 아래로 내려와요.

 계절풍의 바람 이동
• 여름: 대양 → 육지 (남동풍)
• 겨울: 육지 → 대양 (북서풍)

[여름 – 남동풍]　　　[겨울 – 북서풍]

정답 및 키워드 **정** 겨울 ▶ 육지 → 대양(북서풍)

4
난이도 ★★★ | 출제율 ★★ ☐☐☐

여름 장마철 우리나라의 전형적인 기압배치는?

갑. 동고서저형　　　　을. 서고동저형
병. 북고남저형　　　　정. 남고북저형

 보통 장마전선이 남쪽에서 시작하여 북쪽으로 올라오며, 고온다습
한 고기압의 북태평양기단(한반도의 남동쪽)과 북쪽의 저기압 사
이에 형성됨

정답 및 키워드 **정** 여름 장마철 ▶ 남고북저형

5
난이도 ★★★ | 출제율 ★★ ☐☐☐

바람에 대한 설명 중 옳지 않은 것을 고르시오.

갑. 해륙풍은 낮에 바다에서 육지로 해풍이 불고, 밤에는 육지에서 바다로 육풍이 분다.

을. 같은 고도에서도 장소와 시각에 따라 기압이 달라지고 이러한 기압차에 의해 바람이 분다.

병. 북서풍이란 남동쪽에서 북서쪽으로 바람이 부는 것을 뜻한다.

정. 하루 동안 낮과 밤의 바람 방향이 거의 반대가 되는 바람의 종류를 해륙풍이라 한다.

풍향을 나타낼 때는 '바람이 불어오는 방향'으로 표기

 정답 및 키워드 🔵**병 북서풍** ▶ 북서쪽에서 부는 바람

6 ⚠️
틀리기 쉬운 문제 | 출제율 ★★ ☐☐☐

하루 동안 발생되는 해륙풍에 대한 설명으로 옳지 않은 것은?

갑. 해풍은 일반적으로 육풍보다 강한 편이다.

을. 해륙풍의 원인은 맑은 날 일사가 강하여 해면보다 육지 쪽이 고온이 되기 때문이다.

병. 낮과 밤에 바람의 영향이 거의 반대가 되는 현상은 해륙풍의 영향이다.

정. 밤에는 육지에서 바다로 해풍이 분다.

> 밤엔 육지가 바다보다 빨리 냉각되어 육지에 하강기류와 함께 고기압이 발생해요.

- 낮: 바다 → 육지 (해풍)
- 밤: 육지 → 바다 (육풍)

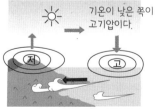 

낮 : 바다 → 육지로 이동(해풍)   밤 : 육지 → 바다로 이동(육풍)

정답 및 키워드 🔵**정 밤** ▶ 육지 → 바다 (육풍)

7
난이도 ★★★ | 출제율 ★★★ ☐☐☐

보기의 ( ) 안에 들어갈 순서가 바르게 짝지어진 것은?

> **보기**
> 맑은 날 일출 후 1~2시간은 거의 무풍상태였다가 태양고도가 높아짐에 따라 (①)쪽에서 바람이 불기 시작, 오후 1~3시에 가장 강한 (②)이 불며 일몰 후 일시적으로 무풍상태가 되었다가 육상에서 해상으로 (③)이 분다.

갑. ① 해상, ② 해풍, ③ 육풍

을. ① 육지, ② 육풍, ③ 해풍

병. ① 해상, ② 육풍, ③ 해풍

정. ① 육지, ② 해풍, ③ 육풍

- 낮: 해상 → 육지 (해풍)
- 밤: 육지 → 해상 (육풍)

정답 🔵**갑**

8
난이도 ★★★ | 출제율 ★★★ ☐☐☐

풍향·풍속에 대한 설명으로 옳지 않은 것은?

갑. 풍향이란 바람이 불어나가는 방향으로, 해상에서는 보통 북에서 시작하여 시계방향으로 32방위로 나타낸다.

을. 풍향이 반시계 방향으로 변하는 것을 풍향 반전이라 하고, 시계 방향으로 변하는 것을 풍향 순전이라고 한다.

병. 풍속은 정시 관측 시간 전 10분간의 풍속을 평균하여 구한다.

정. 항해 중의 선상에서 관측하는 바람은 실제 바람과 배의 운동에 의해 생긴 바람이 합성된 것으로, 시풍이라고 한다.

풍향이란 바람이 불어오는 방향(바람이 시작되는 방향)을 말하며, 보통 북에서 시작하여 시계 방향으로 16방위로 나타내며, 해상에서는 32방위로 나타낼 때도 있다.

정답 및 키워드 🔵**갑 풍향** ▶ 바람이 불어오는 방향

9 　난이도 ★★★ ｜ 출제율 ★★ 　□□□

바람이 불어오는 방향을 16방위로 표기하는 방법 중 바른 것을 고르시오.

갑. 약 290도 방향에서 불어오는 풍향은 북서서(NWW) 풍
을. 약 155도 방향에서 불어오는 풍향은 남남동(SSE) 풍
병. 약 110도 방향에서 불어오는 풍향은 동동남(EES) 풍
정. 약 020도 방향에서 불어오는 풍향은 북동북(NEN) 풍

┌─ 360/16
16방위로 할 때 1눈금당 22.5°이므로
22.5×6 = 135° (남동)
22.5×7 = 157.5° (남남동)
보기에서 155도는 남남동에 가까움

정답 및 키워드　을 **16방위 155도** ▶ 남남동

10 　난이도 ★★ ｜ 출제율 ★★ 　□□□

계절풍에 대한 설명으로 타당하지 않은 것은?

갑. 반년 주기로 바람의 방향이 바뀐다.
을. 계절풍을 의미하는 몬순은 아랍어의 계절을 의미한다.
병. 겨울에는 해양에 저기압이 생성되어 대륙으로부터 해양 쪽으로 바람이 불게 된다.
정. 여름계절풍이 겨울계절풍보다 강하다.

　겨울의 계절풍이 여름의 계절풍에 비해 훨씬 강하다.

정답 및 키워드　정 **계절풍** ▶ 겨울바람이 더 강하다.

11 　난이도 ★★★ ｜ 출제율 ★★ 　□□□

편서풍대 내에서 서쪽에서 동쪽으로 이동하는 고기압을 (　)라 하고, (　)의 동쪽부분에는 날씨가 비교적 맑고, 서쪽에는 날씨가 비교적 흐린 것이 보통이다. 위 (　)안에 공통으로 들어갈 말은?

갑. 장마전선
을. 저기압
병. 이동성 저기압
정. 이동성 고기압

정답 및 키워드　**이동하는 고기압** ▶ 정 이동성 고기압

12 　난이도 ★★★ ｜ 출제율 ★★ 　□□□

온난 전선의 설명 중 옳지 않은 것은?

갑. 전선이 통과하게 되면 습도와 기온이 상승한다.
을. 찬 기단의 경계면을 따라 따뜻한 공기가 상승하며, 찬 기단이 있는 쪽으로 이동한다.
병. 격렬한 대류운동을 동반하는 적란운을 발생시키기 때문에 강한 바람과 소나기성의 비가 내린다.
정. 따뜻한 공기가 전선면을 따라 상승하기 때문에 구름과 비가 발생한다.

　'병'은 한랭전선을 나타낸 거예요.

찬 기단이 더운 기단 아래로 파고 들어감　　더운 기단이 찬 기단 위로 올라감

적란운　　권층운　고층운　난층운

찬 공기　　더운 공기　　찬 공기

한냉전선의 강수구역 – 전선 뒤쪽　　온난전선의 강수구역 – 전선 앞쪽
(통과 후에 소나기성의 비가 내림)　　(통과 전에 비가 내림)

⬆ 한냉전선　　　⬆ 온난전선

정답 및 키워드　**병** 온난 전선의 설명이 아닌 것 ▶ 적란운 ✕

02 조석과 조류

예상출제문항수 **2-3**

1

난이도 ★★ | 출제율 ★★ □□□

바다에서 대체로 일정한 방향으로 계속 흐르는 것은?

갑. 해류

을. 조석

병. 조류

정. 대류

- 해류 : 방향과 속도가 일정한 해수의 흐름
- 조석 : 밀물과 썰물
- 조류 : 밀물과 썰물로 인해 일어나는 바닷물의 흐름

정답 및 키워드 **갑** 일정한 방향으로 흐르는 것 ▶ 해류

2 ⚠️

틀리기 쉬운 문제 | 출제율 ★★ □□□

파도를 뜻하는 용어 설명 중 옳지 않은 것을 고르시오.

갑. 바람이 해면이나 수면 위에서 불 때 생기는 파도가 '풍랑'이다.

을. 파랑은 현재의 해역에 바람이 불지 않더라도 생길 수 있다.

병. 너울은 풍랑에서 전파되어 온 파도로 바람의 직접적인 영향을 받지 않는다.

정. 어느 해역에서 발생한 풍랑이 바람이 없는 다른 해역까지 진행 후 감쇠하여 생긴 것이 '너울'이다.

> 파랑은 바람에 의해 발생해요.

- 파랑(풍랑) : 바람에 의해 생기는 파도
- 너울 : 풍랑이 전파되어 나타나는 파도 (바람의 직접적 영향이 없음)

정답 및 키워드 **을** 파랑(풍랑) ▶ 바람에 의해 생기는 파도

3

난이도 ★★★ | 출제율 ★★ □□□

용어의 정의가 옳지 않은 것은?

갑. 조차란 만조와 간조의 수위 차이를 말한다.

을. 사리란 조차가 가장 큰 때를 말한다.

병. 정조란 해면의 상승과 하강에 따른 조류의 멈춤상태를 말한다.

정. 조류란 달과 태양의 기조력에 의한 해수의 주기적인 수직운동을 말한다.

- 조류(潮流) : 달과 태양의 기조력에 의한 해수의 주기적인 수평운동
- 조석(潮汐) : 지구와 달과 태양 사이의 힘에 의하여 발생되는 해수면의 주기적인 수직운동

정답 및 키워드 **정** 조류 ▶ 해수의 주기적인 수평운동

4

난이도 ★★★ | 출제율 ★★★ □□□

조석과 조류에 관한 설명 중 옳지 않은 것은?

갑. 조석으로 인하여 해면이 높아진 상태를 고조라고 한다.

을. 조류가 창조류에서 낙조류로, 또는 낙조류에서 창조류로 변할 때 흐름이 잠시 정지하는 현상을 게류라고 한다.

병. 저조에서 고조까지 해면이 점차 상승하는 사이를 낙조라 하고, 조차가 가장 크게 되는 조석을 대조라 한다.

정. 연이어 일어나는 고조와 저조때의 해면 높이의 차를 조차라 한다.

> 밀물을 창조라고 해요.

- 조석 : 지구·달·태양의 인력에 의해 발생하는 해수면의 규칙적인 승강운동
- 저조(간조) : 조석으로 인해 해면이 가장 낮아진 상태
- 고조(만조) : 조석으로 인해 해면이 가장 높아진 상태
- 창조(밀물) : 저조에서 고조까지 해면이 차츰 높아지는 상태 (↔ 낙조(썰물))
- 조차 : 밀물과 썰물 때의 수위 차

정답 및 키워드 **병** 저조에서 고조까지 해면이 점차 상승 ▶ 창조

5

난이도 ★★ | 출제율 ★★★ □□□

조석과 조류에 대한 설명으로 옳지 않은 것은?

갑. 조석으로 인한 해수의 주기적인 수평운동을 조류라 한다.

을. 조류가 암초나 반대 방향의 수류에 부딪혀 생기는 파도를 급조라 한다.

병. 좁은 수로 등에서 조류가 격렬하게 흐르면서 물이 빙빙 도는 것을 반류라 한다.

정. 같은 날의 조석이 그 높이와 간격이 같지 않은 현상을 일조부등이라 한다.

> 좁은 수로에서는 와류가 주로 발생해요.

반류(후류): 유체와 물체가 상대속도를 가지고 작용할 때, 물체 후방에 생기는 흐름(배의 속도가 빨라질수록 소용돌이가 생김) – 84페이지 참조

정답 및 키워드 병 좁은 수로에서 격렬하게 빙빙 도는 것 ▶ 와류

6

난이도 ★★★ | 출제율 ★★ □□□

조차가 극대가 될 때의 조석을 무엇이라 하는가?

갑. 고조

을. 대조

병. 만조

정. 분점조

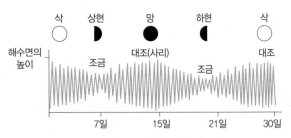

- 조차: 만조와 간조 사이의 높이 차 (= 간만차)
- 조석: 지구·달·태양 간의 인력에 의하여 발생하는 해수면의 규칙적인 승강운동(간조, 만조)
- 고조(만조): 조석에 의한 밀물 사이에서 해수면이 가장 높아진 상태 (↔ 저조(간조))
- 조금(小潮): 밀물과 썰물의 차가 가장 작을 때

정답 및 키워드 을 조차 극대 ▶ 대조(사리)

7

난이도 ★ | 출제율 ★★ □□□

조류가 빠른 협수로 같은 곳에서 일어나는 조류의 상태는?

갑. 급조   을. 와류

병. 반류   정. 격조

- 급조: 조류가 해저 장애물, 요철 또는 반대 수류에 부딪혀 생기는 파도
- 격조: 급조가 사나운 것
- 반류: 해안선 돌출부 뒷부분에 주류와 반대방향으로 흐르는 조류

정답 및 키워드 을 조류가 빠른 협수로 ▶ 와류

8

난이도 ★★★ | 출제율 ★★ □□□

창조 또는 낙조의 전후에 해면의 승강은 극히 느리고 정지하고 있는 것 같아 보이는 상태로 해면의 수직운동이 정지된 상태를 (   )라 한다. (   )안에 들어갈 적합한 것을 고르시오.

갑. 게류   을. 정조

병. 평균수면   정. 전류

정답 및 키워드 해면의 수직운동이 정지된 상태 ▶ 정조(停潮, Stand of tide)
                                                   ┬
                                              정지할 정

9

난이도 ★★★ | 출제율 ★★ □□□

조석현상 중 창조에 대한 설명으로 옳은 것은?

갑. 저조에서 고조로 되기까지 해면이 점차 높아지는 상태이다.

을. 고조에서 저조로 되기까지 해면이 점차 낮아지는 상태이다.

병. 고조와 저조시에 해면의 승강운동이 순간적으로 거의 정지한 것 같이 보이는 상태이다.

정. 조석으로 인하여 해면이 가장 낮아진 상태이다.

- 창조류: 저조에서 고조로 되기까지 해면이 점차 높아지는 조류
- 낙조류: 고조에서 저조로 되기까지 해면이 점차 낮아지는 조류
※ 창조(漲潮) = 밀물, 낙조(落潮) = 썰물

정답 및 키워드 갑 창조 ▶ 해면 상승

10
난이도 ★★★ | 출제율 ★★ ☐☐☐

밀물과 썰물의 차가 가장 작을 때를 무엇이라고 하는가?

갑. 사리   을. 조금
병. 상현   정. 간조

• 조금(小潮): 밀물과 썰물의 차가 가장 작을 때
• 간조(low tide): 조석으로 해수면이 가장 낮아진 상태 (↔ 만조)

💡 정답 및 키워드   을 밀물과 썰물의 차가 가장 작을 때 ▶ 조금

11
난이도 ★★★ | 출제율 ★★ ☐☐☐

보기 에 있는 (   ) 안에 공통으로 들어갈 말로 적합한 것은?

보기
• (   ) 때 유속이 가장 강하게 되는 방향으로 흐르는 조류를 '(   )류'라고 한다.
• (   )는 조석 때문에 해면이 낮아지고 있는 상태로서 고조에서 저조까지의 사이를 말한다.
• 보통 고조 전 3시 내지 고조 후 3시에서, 저조 전 3시 내지 저조 후 3시까지 흐르는 조류를 '(   )류'라고 한다.

갑. 창조   을. 낙조
병. 고조   정. 저조

낙조(落潮): 썰물을 의미 ↔ 창조(漲潮): 밀물을 의미

💡 정답 및 키워드   을 강한 유속, 해면이 낮아짐 ▶ 낙조(썰물)

12
난이도 ★★★ | 출제율 ★★ ☐☐☐

백중사리에 대한 설명 중 옳지 않은 것을 고르시오.

갑. 백중사리는 사리 중에서도 조차가 큰 시기이다.
을. 음력 7월 15일을 백중이라 하고 이 시기를 뜻한다.
병. 해수면이 가장 낮아져 육지와 도서가 연결되기도 한다.
정. 고조시 해수면은 상대적으로 낮아 제방 등의 피해는 없다.

백중사리는 조차(밀물과 썰물의 수위 차)가 큰 시기로 고조시에는 해수면이 가장 높고, 저조시에는 해수면이 가장 낮다.

💡 정답 및 키워드   정 백중사리의 설명 아닌 것 ▶ 고조 시 해수면이 상대적으로 낮다.

13
난이도 ★★★ | 출제율 ★★ ☐☐☐

보기 의 (   ) 안에 들어갈 알맞은 단어를 고르시오.

보기
해면에 파랑이 있는 만월의 야간 항행 시에 달이 (   )에 놓이게 되면 광력이 약한 등화를 가진 물체가 근거리에서도 잘 보이지 않는 수가 있어 주의하여 항해하여야 한다.

갑. 전방   을. 후방
병. 측방   정. 머리 위

달이 밝은 야간에 달이 '후방'에 놓이게 되면 앞의 빛이 약한 물체가 근거리에서도 확인되지 않는 경우가 많아 주의해야 한다.

💡 정답 및 키워드   을 만월의 야간에 달이 후방에 있으면 ▶ 물체가 잘 보이지 않을 수 있음

14
난이도 ★★★ | 출제율 ★★ ☐☐☐

조석의 용어 중 고고조(HHW)의 뜻은?

갑. 연이어 일어나는 2회의 고조 중 높은 것
을. 연이어 일어나는 2회의 고조 중 낮은 것
병. 연이어 일어나는 2회의 저조 중 높은 것
정. 연이어 일어나는 2회의 저조 중 낮은 것

Higher High Water
↑
고조(만조, HHW): 조석으로 인해 해면이 가장 높아진 상태

💡 정답 및 키워드   갑 고고조 ▶ 2회의 고조 중 높은 것

15 난이도 ★★★ | 출제율 ★★ □□□

조석표에 대한 설명 중 옳지 않은 것을 고르시오.

갑. 조석표에 월령의 의미는 달의 위상을 뜻한다.

을. 조석표의 월령 표기는 ◑, ○, ◐, ● 기호를 사용한다.

병. 조위 단위로 표준항은 cm, 그 외 녹동, 순위도는 m를 사용한다.

정. 조석표의 사용시각은 12시간 방식으로 오전(AM)과 오후(PM)로 구분하여 표기한다.

 조석표의 사용시각은 24시간 방식으로 오전(AM)과 오후(PM)로 구분하여 표기한다.

정답 및 키워드 **정** **조석표 사용시각** ◐ **24** 시간 방식

---

16 난이도 ★★ | 출제율 ★★ □□□

대형 선박(흘수가 큰)이 수심이 얕은 지역을 통과할 때 제일 먼저 고려해야 할 수로서지는?

갑. 조석표

을. 항해표

병. 등대표

정. 천측력

 대형 선박은 수심이 얕은 지역을 항해할 때 배가 바닥에 닿아 좌초 위험이 크므로 조석표를 꼭 확인해야 해요!

수심이 얕은 지역을 항해 할 경우 가장 먼저 조석표를 참고해야 한다.
※ 조석표: 우리나라 연안의 고조(만조)·저조(간조) 시각과 바닷물 높이 등 다양한 조석 정보
※ 흘수: 선박이 물 위에 떠 있을 때에 선체가 가라앉는 깊이
※ 수로서지: 해도 이외에 항해에 도움을 주는 모든 간행물

정답 및 키워드 **갑** **수심이 얕은 지역을 통과** ◐ 가장 먼저 조석표 고려

---

17 난이도 ★★★ | 출제율 ★★★ □□□

연안에서 수상 스포츠를 즐기는 사람들에게 외양 쪽으로 떠내려가게 하여 위험한 상황을 만드는 해류를 무엇이라 하는가?

갑. 파송류

을. 연안류

병. 이안류

정. 외양류

 이안류는 해안으로 밀려온 바닷물이 빠르게 바다쪽으로 빠져나갈 때 생기는 해류예요.

• 이안류: 매우 빠른 속도로 해안에서 바다쪽으로 흐르는 좁은 표면 해류
• 외양(外洋): 육지에서 멀리 떨어진 바다
• 파송류: 바람에 의해 조금씩 이동하는 해류

연안류
이안류

이안류

정답 및 키워드 **병** **외양쪽** ◐ 이안류

---

18 난이도 ★★★ | 출제율 ★★★ □□□

이안류의 특징으로 옳지 않은 것을 고르시오.

갑. 수영 미숙자는 흐름을 벗어나 옆으로 탈출한다.

을. 수영 숙련자는 육지를 향해 45도로 탈출한다.

병. 폭이 좁고 매우 빨라 육지에서 바다로 쉽게 헤엄쳐 나갈 수 있다.

정. 폭이 좁고 매우 빨라 바다에서 육지로 쉽게 헤엄쳐 나올 수 있다.

 이안류는 폭이 좁고 매우 빨라 바다로 쉽게 헤엄쳐 나갈 수 있지만, 바다에서 육지로 들어오기는 어려울 때가 많다. 이안류는 해수욕을 즐기는 사람에게 가장 무서운 현상으로 먼바다로 향하는 강력한 물의 흐름에 무조건 대항하다 보면 큰 사고로 이어질 수 있다.

정답 **정**

19
난이도 ★★★ | 출제율 ★★★

조석 간만의 영향을 받는 항구에서 레저보트로 입출항할 때, 오전 08시 14분 출항했을 때가 만조였다면, 아래 어느 시간대를 선택해야 만조 시의 입항이 가능한가?

갑. 당일 11시경(오전 11시경)

을. 당일 14시경(오후 2시경)

병. 당일 20시경(오후 8시경)

정. 다음날 02시경(오전 2시경)

 고조시 출항 후 고조시 재 입항이 필요 시 **12시간 후**를 계획하여야 한다.

정답 **병**

20
난이도 ★★★ | 출제율 ★★

임의좌주(임시좌주, Beaching)를 위해 적당한 해안을 선정할 때 유의사항으로 옳은 것은?

갑. 해저가 모래나 자갈로 구성된 곳은 피한다.

을. 경사가 완만하고 육지로 둘러싸인 곳을 선택한다.

병. 임의좌주 후 자력 이초를 고려하여 강한 조류가 있는 곳을 선택한다.

정. 임의좌주 후 자력 이초에 도움을 줄 수 있도록 갯벌로 된 곳을 선택한다.

 임의좌주: 선체의 손상이 커서 침몰 직전에 이르면 선체를 적당한 해안에 좌초 시키는 것

정답 및 키워드 **을** 임의좌주 ▶ 경사 완만, 육지

21
⚠ 틀리기 쉬운 문제 | 출제율 ★★

해안선을 나타내는 경계선의 기준은?

갑. 약최저저조면

을. 기본수준면

병. 평균해수면

정. 약최고고조면

 만조 때 육지와 바다의 경계가 해안선의 경계선이 돼요.

- 약최고고조면(略最高高潮面; Approximate Highest High Water) 일정 기간 조석을 관측하여 분석한 결과 가장 높은 해수면 (= 만조면) → 이 높이를 해안선의 경계로 사용
- 약최저저조위(略最低低潮面; Approximate Lowest Low Water) 조석으로 인하여 가장 낮아진 해수면 높이 (= 기본수준면)

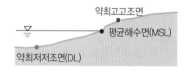

정답 및 키워드 **정** 해안선의 기준 ▶ 약최고고조면

22
난이도 ★★★ | 출제율 ★★

따뜻한 해면의 공기가 찬 해면으로 이동할 때 해면부근의 공기가 냉각되어 생기는 것을 무엇이라 하는가?

갑. 해무   을. 구름

병. 이슬   정. 기압

 따뜻한 공기가 찬 해수면을 지날 때 해수 근처의 공기 속 물 입자가 냉각되면서 발생하는 안개를 '해무'라고 해요.

해무 (sea fog, 海霧, 바다안개)
차가운 해수면 위로 따뜻한 공기가 근접하여 포화될 때 발생된다. 대기는 고온다습하고 바다의 표면 수온변화가 없이 차갑고 복사안개보다 두께가 두꺼우며 발생하는 범위가 아주 넓다. 또한 지속성이 커서 한번 발생되면 수일 또는 한달 동안 지속되기도 한다. – 지속성이 가장 크다.

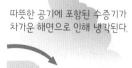

따뜻한 공기에 포함된 수증기가 차가운 해면으로 인해 냉각된다.
찬 해면

정답 및 키워드 **갑** 해면부근의 공기 냉각 ▶ 해무

23 난이도 ★★★ | 출제율 ★★★ □□□

안개에 대한 설명 중 옳지 않은 것을 고르시오.

갑. 이류무 – 해상 안개의 80%를 차지하며 범위는 넓으나 지속시간은 짧다.

을. 복사무 – 육상 안개의 대부분을 차지하며 국지적인 좁은 범위의 안개이다.

병. 전선무 – 전선을 동반한 따뜻한 비가 한기 속에 떨어질 때 증발로 발생한다.

정. 활승무 – 습윤한 공기가 완만한 산의 경사면을 강제 상승되어 수증기 응결로 발생된다.

> 바다가 넓기 때문에 해무의 범위도 넓어지므로 그만큼 지속시간이 길어져요.

해무(이류무)
- 따뜻하고 습한 공기가 차가운 해면이나 지표 위를 이동할 때, 밑에서부터 식어서 생기는 안개
- 해상안개의 80%를 차지하며 범위가 넓고, 6시간 정도에서 며칠씩 지속될 때도 있다.

정답 및 키워드 갑 이류무 ❯ 지속시간이 길다

24 난이도 ★★★ | 출제율 ★★ □□□

해상 안개인 해무(이류무)의 설명으로 옳은 것을 고르시오.

갑. 밤에 지표면의 강한 복사냉각으로 발생된다.

을. 전선을 경계로 하여 찬 공기와 따뜻한 공기의 온도차가 클 때 발생하기 쉽다.

병. 안개의 범위가 넓고 지속시간도 길어서 때로는 며칠씩 계속될 때도 있다.

정. 안개가 국지적인 좁은 범위의 안개이다.

정답 및 키워드 병 해무 ❯ 지속시간이 길다

25 난이도 ★★★ | 출제율 ★★★ □□□

조석의 간만에 따라 수면 위에 나타났다 수중에 잠겼다 하는 바위를 무엇이라 하는가?

갑. 노출암

을. 간출암

병. 돌출암

정. 수몰암

※ 노출암: 만조(고조), 간조(저조) 관계없이 항상 노출되어 있는 바위 (↔간출암)

정답 및 키워드 을 저조시에만 노출 ❯ 간출암

26 난이도 ★★★ | 출제율 ★★★ □□□

저조 때가 되어도 수면 위에 잘 나타나지 않으며 특히, 항해에 위험을 주는 바위는?

갑. 노출암

을. 암암

병. 세암

정. 간출암

- 세암(洗巖): 저조 때 수면과 거의 같아서 해수에 봉오리가 씻기는 바위
- 간출암: 저조(썰물) 시에 수면 위에 나타나고, 밀물에 잠김

정답 및 키워드 을 나타나지 않는 바위 ❯ 암암(暗巖)   暗: 보이지 않을 암

27 난이도 ★★ | 출제율 ★★ □□□

해저 저질의 종류 중 자갈로 옳은 것은?

갑. G   을. M

병. R   정. S

G(자갈 Gravel), M(뻘 Mud), R(암반 Rock), S(모래 Sand)

정답 갑

28 | 난이도 ★★★ | 출제율 ★★

수상레저 활동 시 수온에 대한 설명으로 옳은 것을 모두 고르시오.

> **보기**
> ① 우리나라 연안의 평균 수온 중 동해안이 가장 수온이 높다.
> ② 우리나라 서해가 계절에 따른 수온 변화가 가장 심한 편이다.
> ③ 남해는 쿠로시오 난류의 영향으로 계절에 따른 수온 변화가 심하지 않다.
> ④ 조난 시 체온 유지를 고려할 때, 동력수상레저의 경우에는 2℃ 미만의 수온도 적합하다.

갑. ①, ③
을. ①, ④
병. ②, ③
정. ③, ④

① 우리나라 연안의 평균 수온 중 동해안이 가장 수온이 낮다.
④ 조난 시 체온 유지를 고려한다면 최소 10℃ 이상이 적합하다.

정답 병

29 | 난이도 ★★★ | 출제율 ★★ □□□

우리나라 기상청 특보 중 해양기상 특보에 해당하는 것을 모두를 고르시오.

갑. 강풍, 지진해일, 태풍 (주의보·경보)
을. 강풍, 폭풍해일, 태풍 (주의보·경보)
병. 강풍, 폭풍해일, 지진해일, 태풍 (주의보·경보)
정. 풍랑, 폭풍해일, 지진해일, 태풍 (주의보·경보)

서태지 폭풍

해상기상 특보의 종류 (암기법 : 서태지 폭풍)
• 태풍 주의보·경보
• 지진해일 주의보·경보
• 폭풍해일
• 풍랑 주의보·경보

정답 정

30 ⚠ 틀리기 쉬운 문제 | 출제율 ★★

수상레저안전법상 수상레저활동이 금지되는 기상특보의 종류로 **옳지 않은** 것은?

갑. 태풍주의보
을. 폭풍주의보
병. 대설주의보
정. 풍랑주의보

수상레저활동 금지 기상특보 종류:
태풍, 풍랑, 해일, 호우, 대설, 강풍

정답 및 키워드 📖 수상레저활동 금지 기상특보 아닌 것 ● 폭풍×

31 | 난이도 ★★★ | 출제율 ★★ □□□

태풍의 가항반원과 위험반원에 대한 설명 중 바른 것을 고르시오.

갑. 위험반원의 후반부에 삼각파의 범위가 넓고 대파가 있다.
을. 위험반원은 기압경도가 작고 풍파가 심하나 지속시간은 짧다.
병. 태풍의 이동축선에 대하여 좌측반원을 위험반원, 우측반원을 가항반원이라 한다.
정. 위험반원 중에서도 후반부가 최강풍대가 있고 중심의 진로상으로 휩쓸려 들어갈 가능성이 크다.

태풍은 진행방향의 오른쪽이 위험해요!

태풍의 이동축선에 대해 우측 반원을 위험반원이라 하며, 선박의 운항에 큰 위협이 되므로 이 영역에서의 운항은 금하는 것이 좋다. 반대로 좌측 반원을 가항반원이라 하며, 이 영역에서는 바람과 파도가 상대적으로 약해 항해가 가능(可航)하다는 의미이기도 하다.

※ 삼각파 : 서로 다른 파도가 부딪혀 물결 모양이 뾰족해짐

뜻풀이 가능할 가, 항해 항

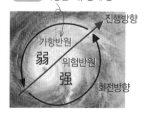

우측 반원(위험반원) 중에서도 전반부에 최강풍대가 있어 가장 위험한 반원에 해당한다.

정답 갑 태풍 ● 위험반원 삼각파, 대파

32 난이도 ★★ | 출제율 ★★★ □□□

수상레저안전법에 의한 운항규칙으로 옳지 않은 것은?

갑. 다이빙대, 교량으로부터 20m이내의 구역에서는 10노트 이하로 운항해야 한다.

을. 등록대상 동력수상레저기구의 경우에는 안전검사증에 지정된 항해구역을 준수해야 한다.

병. 기상특보 중 경보가 발효된 구역에서도 관할 해양경찰관서에 그 운항신고를 하면 파도 또는 바람만을 이용하여 활동이 가능한 수상레저기구를 이용할 수 있다.

정. 안개 등으로 시정이 0.5km 이내로 제한되는 경우에는 레이더 및 초단파(VHF) 통신설비를 갖추지 아니한 수상레저기구는 운항해서는 안 된다.

신고한 후 운항허가가 떨어져야 운항이 가능해요.

기상특보 중 경보가 발효된 구역에서 파도 또는 바람만을 이용하여 활동이 가능한 수상레저기구를 운항 신고 후 해양경찰서장 또는 시장·군수·구청장이 **허용**한 경우만 가능하다. (신고만 하면 안됨)

정답 병

33 난이도 ★★ | 출제율 ★ □□□

수상레저안전법상 기상특보가 발효된 구역에서 관할 해양경찰관서에 운항신고 후 활동가능한 수상레저기구는?

갑. 워터슬레드
을. 윈드서핑
병. 카약
정. 모터보트

정답 및 키워드 을 **기상특보 발효구역에서 운항 신고를 해야 운항이 가능한 수상레저기구** ▶ 윈드서핑 (※ 파도·바람만 이용한 기구)

---

1 난이도 ★★★ | 출제율 ★★ □□□

보기 의 인명구조 장비에 대한 설명 중 ( )안에 들어갈 적합한 것을 고르시오.

보기
• (①)은 비교적 가까이 있는 익수자를 구출하는데 이상적이다.
• (②)은 비교적 멀리 있는 익수자를 구출하는데 이상적이다.

갑. ① 구명부환(Life Ring), ② 레스큐 캔
을. ① 구명부환(Life Ring), ② 드로우 백(구조용 로프백)
병. ① 드로우 백(구조용 로프백), ② 구명부환(Life Ring)
정. ① 구명부환(Life Ring), ② 구명공(구명볼; Kapok Ball)

  구명부환   드로우 백

정답 및 키워드 을 **구명부환** ▶ 가까이, **드로우 백** ▶ 멀리

2 난이도 ★★★ | 출제율 ★★ □□□

인명구조 장비 중 부력을 가지고 먼 곳에 있는 익수자를 구조하기 위한 구조 장비가 **아닌** 것은?

갑. 구명환
을. 레스큐 튜브
병. 레스큐 링
정. 드로우 백

레스큐 튜브는 해안에서 가까운 거리에 익수자를 구하는데 유리해요.

레스큐 튜브(rescue tube, 구명튜브) : 인명구조 장비로 직선형태의 부력재로 근거리에 빠진 사람을 구조하기 위한 기구

정답 및 키워드 을 **근거리 익수자 구조** ▶ 레스큐 튜브

3
난이도 ★★★ | 출제율 ★★

구명환보다 부력은 적으나 가장 멀리 던질 수 있는 구조 장비로 부피가 적어 휴대하기 편리하며, 로프를 봉지 안에 넣어두기 때문에 줄 꼬임이 없고 구명환보다 멀리 던질 수 있는 구조 장비는 무엇인가?

갑. 구명환

을. 레스큐 캔

병. 레스큐 링

정. 드로우 백

→ throw : 던지다
드로우 백 : 부피가 적기 때문에 멀리 던지기에 유리하다.

정답 및 키워드 정 **가장 멀리 던질 수 있는 구명장비** ❯ 드로우 백

4
난이도 ★★★ | 출제율 ★★

보기 는 구명 장비이다. (가), (나)에 해당하는 장비로 옳은 것은?

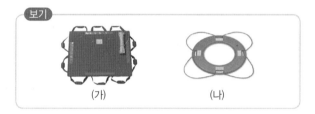
보기
(가)　　　(나)

갑. (가) 구명부기, (나) 구명조끼

을. (가) 구명부기, (나) 구명부환

병. (가) 구명뗏목, (나) 구명조끼

정. (가) 구명뗏목, (나) 구명부기

구명부기와 구명뗏목을 비교할 것
(옆 그림은 구명뗏목을 나타냄)

정답 을

5
난이도 ★★★ | 출제율 ★★

수동 팽창식 구명조끼에 대한 설명 중 옳지 않은 설명은?

갑. 부피가 작아서 관리, 취급, 운반이 간편하다.

을. CO_2 팽창기를 이용하여 부력을 얻는 구명조끼이다.

병. 협소한 장소나 더운 곳에서 착용 및 활동이 편리하다.

정. CO_2 팽창 후 부력 유지를 위한 공기 보충은 필요 없다.

수동 팽창식 구명조끼는 장시간 부력 유지를 위해 수시로 빠진 공기를 보충시켜 주어야 한다.

정답 및 키워드 정 **수동 팽창식 구명조끼** ❯ 공기 보충 필요

6
⚠ 틀리기 쉬운 문제 | 출제율 ★★

자동 및 수동 겸용 팽창식 구명조끼 작동법에 대한 설명 중 옳지 않은 것은?

갑. 물감지 센서(Bobbin)에 의해 익수 시 10초 이내에 자동으로 팽창한다.

을. 자동으로 팽창하지 않았을 경우, 작동 손잡이를 당겨 수동으로 팽창시킨다.

병. CO_2 가스 누설 또는 완전히 팽창되지 않았을 경우 입으로 직접 공기를 불어 넣는다.

정. 직접 공기를 불어 넣은 후에는 가스 누설을 막기 위해 마우스피스의 마개를 거꾸로 닫는다.

마우스피스 마개를 거꾸로 닫게 되면 에어백 내부의 공기가 빠진다.

정답 정

7 틀리기 쉬운 문제 | 출제율 ★★★

자동 및 수동 겸용 팽창식 구명조끼의 관리방법으로 옳지 않은 설명은?

갑. 습도가 높고 밀폐된 공간에서 장시간 보관을 피한다.

을. 사용 후 환기가 잘되고 햇볕이 잘 드는 곳에 보관해야 한다.

병. 비가 오거나 습기가 많은 날은 보빈(Bobbin) 오작동에 주의를 요한다.

정. 팽창 후 재사용을 위해서는 에어백 내부의 공기를 완전히 빼줘야 한다.

※ 보빈(Bobbin): 수분을 감지하는 센서로, 구명조끼가 물에 잠기면 자동으로 부풀게 하는 역할을 한다.

정답 및 키워드 **을** 구명조끼 보관 ▶ 그늘진 곳

8 난이도 ★★★ | 출제율 ★★

팽창식 구명뗏목 수동 진수 순서로 올바른 것은?

갑. 연결줄 당김 – 안전핀 제거 – 투하용 손잡이 당김

을. 투하용 손잡이 당김 – 연결줄 당김 – 안전핀 제거

병. 안전핀 제거 – 투하용 손잡이 당김 – 연결줄 당김

정. 안전핀 제거 – 연결줄 당김 – 투하용 손잡이 당김

 팽창식 구명뗏목 수동 진수 순서
연결줄이 선박에 묶여 있는지 확인한 후 투하 위치 주변에 장애물이 있는지 확인하고 안전핀을 제거한 뒤 투하용 손잡이를 몸 쪽으로 당긴다. 그 다음 구명뗏목이 펼쳐질 때까지 연결줄을 끝까지 잡아당겨 준다.

정답 **병**

9 난이도 ★★★ | 출제율 ★★

팽창식 구명뗏목 자동 진수 시 수심 2~4m 사이에서 수압에 의해 자동으로 구명뗏목을 분리시키는 장비의 명칭으로 옳은 것은?

갑. 위크링크

을. 작동줄

병. 자동이탈장치

정. 연결줄

 자동이탈장치(Hydraulic release unit): 본선 침몰 시 구명뗏목을 본선으로부터 자동으로 이탈시키는 장치로, 수심 4m 이내의 수압에서 작동하여 본선으로부터 자동 이탈되어 수면으로 부상하도록 되어 있다.

정답 및 키워드 **병** 자동으로 구명뗏목을 분리 ▶ 자동이탈장치

10 난이도 ★ | 출제율 ★★

구명뗏목 탑승법에 대한 설명 중 옳지 않은 것을 고르시오.

갑. 최대한 빠르게 물속으로 입수한 후 뗏목으로 올라탄다.

을. 탑승할 때 높이가 4.5미터 이내인 경우 천막 위로 바로 뛰어내려도 된다.

병. 탑승을 위해 보트 사다리 등 주변에 이용 가능한 모든 것을 준비 및 사용한다.

정. 뒤집어져 팽창했을 때는 뗏목 바닥의 복정장치를 이용, 체중을 실어 당기거나 풍향을 이용하여 복원시킨다.

 구명뗏목 탑승 시에는 체온 및 체력 감소를 막기 위해 가능한 한 입수하지 않고 탑승하는 것이 좋다.

정답 **갑**

11 난이도 ★★★ | 출제율 ★★ ☐☐☐

구명뗏목 작동 및 취급 시에 대한 설명으로 옳은 것은?

갑. 자동이탈장치에는 절대로 페인트 등 도장을 하면 안 된다.

을. 구명뗏목 팽창법 2가지 중 수동보다는 자동 이탈하여 탑승하는 것이 안전하다.

병. 구명뗏목 정비 및 운반을 위한 취급 시 작동줄을 당겨서 운반하는 것이 안전하다.

정. 기상이 악화된 해상에 대비하여 항해 중 별도의 고박장치를 단단히 해두는 것이 좋다.

 자동이탈장치에 페인트 도장을 할 경우 굳어져 침몰 후 수압에 의한 자동 이탈 및 팽창이 불가해지므로 절대로 도장처리를 하지 않아야 한다.

정답 갑

12 난이도 ★★★ | 출제율 ★★ ☐☐☐

구명뗏목의 의장품인 행동지침서의 기재사항으로 옳지 않은 것은?

갑. 다른 조난자가 없는지 확인할 것

을. 침몰하는 배 주변 가까이에 머무를 것

병. 다른 구명정 및 구명뗏목과 같이 행동할 것

정. 의장품 격납고를 열고 생존지침서를 읽을 것

정답 및 키워드 🔲 **구명뗏목 행동지침서** ◈ 침몰하는 배에서 신속히 떨어질 것

13 ⚠ 틀리기 쉬운 문제 | 출제율 ★★★ ☐☐☐

구명뗏목에 승선 완료 후 즉시 취할 행동에 관한 지침으로 보기 쉬운 곳에 게시되어 있는 것은?

갑. 생존지침서

을. 의료설명서

병. 행동지침서

정. 구명신호 설명서

 구명뗏목의 구성품 중 행동지침서와 생존지침서, 응급의료구, 구명신호 설명서가 포함되어 있다.

• 행동지침서: 구명뗏목에 승선 후 즉시 취할 행동에 관한 지침
• 생존지침서: 구명뗏목 내에서 생존방법과 구명신호 송수신 해독
• 구명신호 설명서: 구명시설과 조난선박과의 통신에 필요한 신호의 방법과 의미가 설명

정답 및 키워드 🔲 **병 구명뗏목에 승선 후 즉시 취할 행동 지침을 게시** ◈ 행동지침서

14 난이도 ★★ | 출제율 ★★ ☐☐☐

구명뗏목이 바람에 떠내려가지 않도록 바닷속의 저항체 역할과 전복방지에 유용한 것은?

갑. 해묘

을. 안전변

병. 구명줄

정. 바닥기실

 해묘(sea anchor)
수심이 깊어 해저에 닻을 내릴 수 없을 때 바다에 투하하여 위치를 고정시키는 장치이다. 뗏목이 바람이나 조류에 의한 영향을 받더라도 해묘에 담긴 바닷물이 일종의 돛 역할을 하여 떠내려가지 않도록 한다.

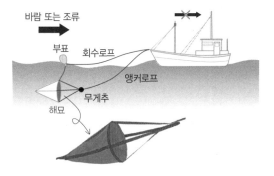

정답 갑

15 난이도 ★★★ | 출제율 ★★ ☐☐☐

구명부환의 사양에 대한 설명으로 옳은 것은?

갑. 5kg 이상의 무게를 가질 것

을. 고유의 부양성을 가진 물질로 제작될 것

병. 외경은 500 mm 이하이고 내경은 500 mm 이상일 것

정. 14.5kg 이상의 철편을 담수 중에서 12시간동안 지지할 수 있을 것

부양성: 가라앉은 것이 떠오르는 성질

정답 및 키워드 **을** **구명부환의 사양** ▶ 고유의 부양성

16 난이도 ★★★ | 출제율 ★★ ☐☐☐

구명환과 로프를 이용한 구조 방법으로 옳지 않은 것은?

갑. 익수자와의 거리를 목측하고 로프의 길이를 여유롭게 조정한다.

을. 한손으로 구명환을 쥐고 반대 손으로 로프를 잡으며 발을 어깨 넓이만큼 앞으로 내밀고 로프 끝을 고정한 후 투척한다.

병. 구명환을 던질 때에는 풍향, 풍속을 고려하여야 하며 일반적으로 바람을 정면으로 맞으며 던지는 것이 용이하다.

정. 익수자가 구명환을 손으로 잡고 있을 때에 빨리 끌어낼 욕심으로 너무 강하게 잡아당기면 놓칠 수 있으므로 속도를 잘 조절해야 한다.

바람을 등져야 멀리 던질 수 있다.

정답 및 키워드 **병** **구명환을 던질 때** ▶ 바람을 등진다

17 난이도 ★★★ | 출제율 ★★★ ☐☐☐

조난신호 장비에 대한 설명 중 옳지 않은 것은?

갑. 신호 홍염 – 손잡이를 잡고 불을 붙이면 1분 이상 붉은 색의 불꽃을 낸다.

을. 발연부 신호 – 불을 붙여 손으로 잡거나 배 위에 올려 놓으면 3분 이상 연기를 분출한다.

병. 자기 점화등 – 구명부환(Life Ring)에 연결되어 있어 야간에 수면에 투하되면 자동으로 점등된다.

정. 로켓 낙하산 화염 신호 – 공중에 발사되면 낙하산이 펴져 초당 5미터 이하로 떨어지면서 불꽃을 낸다.

부력이 있는

발연부 신호(Buoyant smoke signal)
발화 동안에 발연부는 고온이 발생되므로 손으로 잡아선 안 되며, 또한 갑판 위에 두었을 때 화재 위험이 크므로 점화 후 물에 던져 해면 위에서 연기를 낸다. (방수처리가 되어 있어 잔잔한 해면에 3분 이상 연기를 분출)

정답 및 키워드 **을** **발연부 신호** ▶ 잡지 말고, 물에 던질 것

18 난이도 ★ | 출제율 ★★ ☐☐☐

소화기, 구명조끼 등 안전장비를 비치하는 가장 좋은 방법은?

갑. 선실 전체 고르게 비치

을. 선실 입구에 비치

병. 선내 창고에 비치

정. 조종석 인근에 비치

정답 갑

19 난이도 ★ | 출제율 ★ ☐☐☐

구명조끼 착용 방법으로 올바르지 않은 것은?

갑. 사이즈 상관없이 마음에 드는 구명조끼를 선택한다.

을. 가슴조임줄을 풀어 몸에 걸치고 가슴 단추를 채운다.

병. 가슴 조임줄을 당겨 몸에 꽉 조이게 착용한다.

정. 다리 사이로 다리 끈을 채워 고정한다.

정답 갑

20 ⚠️ 틀리기 쉬운 문제 | 출제율 ★★★ ☐☐☐

동력수상레저기구 운항 중 조난을 당하였다. 조난 신호로서 가장 옳지 않은 것은?

갑. 야간에 손전등을 이용한 모르스 부호(SOS) 신호

을. 인근 선박에 좌우로 벌린 팔을 상하로 천천히 흔드는 신호

병. 초단파(VHF) 통신 설비가 있을 때 메이데이라는 말의 신호

정. 백색 등화의 수직 운동에 의한 신체 동작 신호

 '정'은 조난자를 태운 보트를 유도하기 위한 신호로 이곳이 상륙하기에 좋은 장소라는 의미이다.

💡 정답 및 키워드 청 조난 신호 아닌 것 ▶ 백색 등화의 수직 운동

좌우로 벌린 팔을
상하로 흔듦

초단파(VHF) 통신 설비

모르스 부호(SOS)

---

04 구급법(소생술, 응급처치 등) 예상출제문항수 2-3

1 ⚠️ 틀리기 쉬운 문제 | 출제율 ★★★ ☐☐☐

일반인 구조자에 의한 기본소생술 순서로 옳은 것은?

갑. 반응확인 – 도움요청 – 맥박확인 – 심폐소생술

을. 맥박확인 – 호흡확인 – 도움요청 – 심폐소생술

병. 호흡확인 – 맥박확인 – 도움요청 – 심폐소생술

정. 반응확인 – 도움요청 – 호흡확인 – 심폐소생술

 일반인은 호흡 상태를 정확히 평가하기 어렵기 때문에 쓰러진 사람에게 반응확인 후 반응이 없으면 즉시 신고 후 호흡확인을 한다. 환자가 반응이 없고, 호흡이 없거나 심정지 호흡처럼 비정상적인 호흡을 보인다면 심정지 상태로 판단하고 심폐소생술을 실시한다.

💡 정답 및 키워드 청 일반인 기본소생술 순서 ▶ 반도호심(암기법)

---

2 난이도 ★★★ | 출제율 ★★ ☐☐☐

계류장에 계류를 시도하는 중 50세 가량의 남자가 쓰러져 있으며, 주위는 구경꾼으로 둘러싸여 있다. 심폐소생술은 시행되고 있지 않다. 당신은 심폐소생술을 배운 적이 있다. 이 환자에게 어떤 절차에 의해서 응급처치를 실시 할 것인가? 가장 옳은 것은?

갑. 119 신고 및 자동심장충격기 요청 → 의식확인 및 호흡 확인 → 심폐소생술 시작(가슴압박 30 : 인공호흡 2) → 자동심장충격기 사용 → 119가 올 때까지 심폐소생술 실시

을. 119 신고 → 의식확인 및 호흡확인 → 심폐소생술 시작(가슴압박 30 : 인공호흡 2) → 자동심장충격기 요청 → 119가 올 때까지 심폐소생술 실시

병. 자동심장충격기 요청 → 의식확인 및 호흡 확인 → 심폐소생술 시작(가슴압박 30 : 인공호흡 2) → 자동심장충격기 사용 → 심폐소생술 계속 실시

정. 119 신고 및 자동심장충격기 요청 → 의식확인 및 호흡 확인 → 인공호흡 2회 실시 → 가슴 압박 30회 실시 → 자동심장충격기 사용 → 119가 올 때까지 심폐소생술 실시

 응급처치 절차: 119 신고 및 자동심장충격기 요청 → 의식, 호흡 확인 → 심폐소생술 → 자동심장충격기 사용 → 심폐소생술

정답 갑

---

3 난이도 ★★ | 출제율 ★★ ☐☐☐

성인 심정지 환자에게 심폐소생술을 시행할 때 적절한 가슴 압박속도는 얼마인가?

갑. 분당 60~80회

을. 분당 70~90회

병. 분당 120~140회

정. 분당 100~120회

💡 정답 및 키워드 청 가슴압박의 속도 ▶ 분당 100~120 회

---

4 난이도 ★★★ | 출제율 ★★ ☐☐☐

심폐소생술 중 가슴압박에 대한 설명으로 옳지 않은 것은?

갑. 가슴압박은 심장과 뇌로 충분한 혈류를 전달하기 위한 필수적 요소이다.

을. 소아, 영아의 가슴압박 깊이는 적어도 가슴 두께의 1/3 깊이이다.

병. 소아, 영아 가슴압박 위치는 젖꼭지 연결선 바로 아래의 가슴뼈이다.

정. 성인 가슴압박 위치는 가슴뼈 아래쪽 1/2이다.

가슴압박 위치

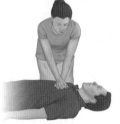

⬆ **성인 또는 소아:** 가슴뼈의 아래쪽 1/2

⬆ **영아:** 양쪽 젖꼭지의 중간선 바로 아래

정답 병

5 ⚠ 틀리기 쉬운 문제 | 출제율 ★★★ ☐☐☐

심폐소생술에 대한 설명 중 옳지 않은 것은?

갑. 성인 가슴압박 깊이는 약 5cm 이다.

을. 소아와 영아의 가슴압박은 적어도 가슴 두께의 1/3 깊이로 압박하여야 한다.

병. 소아의 가슴압박 깊이는 4cm, 영아는 3cm 이다.

정. 심정지 확인 시 10초 이내 확인된 무맥박은 의료제공자만 해당된다.

💡 **정답 및 키워드** **병** 가슴압박 깊이 ▶ 소아 **4~5** cm, 영아 **4** cm

6 난이도 ★★★ | 출제율 ★★ ☐☐☐

기본소생술의 주요 설명 중 옳지 않은 것은?

갑. 심장전기충격이 1분 지연될 때마다 심실세동의 치료율이 7~10%씩 감소한다.

을. 압박깊이는 성인 약 5cm, 소아 4~5cm이다.

병. 만 10세 이상은 성인, 만 10세 미만은 소아에 준하여 심폐소생술 한다.

정. 인공호흡을 할 때는 평상 시 호흡과 같은 양으로 1초에 걸쳐서 숨을 불어넣는다.

 심폐소생술의 나이 기준
• 소아: 만 **1** 세부터 만 **8** 세 미만까지
• 성인: 만 **8** 세부터

정답 병

7 난이도 ★★★ | 출제율 ★★ ☐☐☐

심정지 환자의 가슴압박 설명 중 옳지 않은 것은?

갑. 불충분한 이완은 흉강 내부 압력을 증가시켜 뇌동맥으로 가는 혈류를 증가시킨다.

을. 불충분한 이완은 심박출량 감소로 이어진다.

병. 매 가슴압박 후에는 흉부가 완전히 이완되도록 한다.

정. 2명 이상의 구조자가 있으면 가슴압박 역할을 2분마다 교대한다. 가슴압박 교대는 가능한 빨리 수행하여 가슴압박 중단을 최소화해야 한다.

💡 **정답 및 키워드** **갑** 불충분한 가슴 이완 ▶ 혈류 감소

8 난이도 ★★★ | 출제율 ★★★ ☐☐☐

익수 환자에 대한 자동심장충격기(AED) 사용 절차에 대한 설명으로 가장 옳은 것은?

갑. 전원을 켠다 → 전극 패드를 부착한다 → 심전도를 분석한다→심실세동이 감지되면 쇼크 스위치를 누른다 → 바로 가슴 압박 실시

을. 전원을 켠다 → 패드 부착 부위에 물기를 제거한 후 패드를 붙인다 → 심전도를 분석한다 → 심실세동이 감지되면 쇼크 스위치를 누른다 → 바로 가슴 압박 실시

병. 전극 패드를 부착한다 → 전원을 켠다 → 심전도를 분석한다 → 심실세동이 감지되면 쇼크 스위치를 누른다 → 바로 가슴 압박 실시

정. 전원을 켠다 → 패드 부착 부위에 물기를 제거한 후 패드를 붙인다 → 심전도를 분석한다 → 심실세동이 감지되면 쇼크 스위치를 누른다 → 119가 올 때까지 기다린다.

| 전원 ON | 패드 부착 | 심전도 분석 및 심실세동 감지 | 쇼크 스위치 | 가슴 압박 |

⬆ AED 사용 절차

정답 **을**

9 난이도 ★★★ | 출제율 ★★ ☐☐☐

자동심장충격기 패드 부착 위치로 올바르게 짝지어진 것은?

> **보기**
> ㉠ 왼쪽 빗장뼈 아래
> ㉡ 오른쪽 빗장뼈 아래
> ㉢ 왼쪽 젖꼭지 아래의 중간 겨드랑선
> ㉣ 오른쪽 젖꼭지 아래의 중간 겨드랑선

갑. ㉠ - ㉡   을. ㉡ - ㉢
병. ㉡ - ㉣   정. ㉠ - ㉣

환자 입장에서 볼 때
↗ 오른쪽 빗장뼈
왼쪽 젖꼭지 아래의 중간 겨드랑선

정답 및 키워드 ☰ **자동심장충격기 패드 부착 위치** ▶
오른쪽 빗장뼈 아래, 왼쪽 젖꼭지 아래의 중간 겨드랑선

10 난이도 ★★★ | 출제율 ★★ ☐☐☐

자동심장충격기에서 '분석 중' 이라는 음성지시가 나올 때 대처하는 방법으로 가장 옳은 것은?

갑. 귀로 숨소리를 들어본다.
을. 가슴압박을 중단한다.
병. 가슴압박을 실시한다.
정. 인공호흡을 실시한다.

정답 및 키워드 ☰ **자동심장충격기 분석 중** ▶ 가슴압박 중단

11 난이도 ★★★ | 출제율 ★★ ☐☐☐

심폐소생술 시행 중 인공호흡에 대한 설명으로 가장 옳지 <u>않은</u> 것은?

갑. 가슴 상승이 눈으로 확인될 정도의 호흡량으로 불어 넣는다.
을. 기도를 개방한 상태에서 인공호흡을 실시한다.
병. 인공호흡양이 많고 강하게 불어 넣을수록 환자에게 도움이 된다.
정. 너무 많은 양의 인공호흡은 위팽창과 그 결과로 역류, 흡인같은 합병증을 유발할 수 있다.

 과도한 인공호흡은 흉강내압을 상승시키고, 심장으로 돌아오는 피의 흐름을 저하시켜 <u>심박출량</u>과 생존율을 감소시킬 수 있다.
심장에서 1분 동안 내뿜는 혈액의 양

정답 및 키워드 **병** **인공호흡 시** ▶ 인공호흡 양이 많고 강하게 불지 말 것

12 난이도 ★★★ | 출제율 ★★ ☐☐☐

심폐소생술을 시작한 후에는 불필요하게 중단해서는 안 된다. 불가피하게 중단할 경우 얼마를 넘지 말아야 하는가?

갑. 10초   을. 15초
병. 20초   정. 30초

정답 및 키워드 **갑** **심폐소생술 중단** ▶ **10**초 이내

13 난이도 ★★★ | 출제율 ★★ ☐☐☐

심정지 환자 응급처치에 대한 설명 중 옳지 않은 것은?

갑. 쓰러진 사람에게 접근하기 전 현장의 안전을 확인하고 접근한다.

을. 쓰러진 사람의 호흡확인 시 얼굴과 가슴을 10초 정도 관찰하여 호흡이 있는지 확인한다.

병. 가슴압박 시 다른 구조자가 있는 경우 2분마다 교대한다.

정. 자동심장충격기는 도착해도 5주기 가슴압박 완료 후 사용하여야 한다.

정답 및 키워드 　**정** 자동심장충격기 도착 후 ▶ 즉시 사용

14 난이도 ★★★ | 출제율 ★★ ☐☐☐

심정지 환자에게 자동심장충격기 사용 시 전기충격 후 바로 이어서 시행해야 할 응급처치는 무엇인가?

갑. 가슴 압박

을. 심전도 리듬분석

병. 맥박 확인

정. 인공호흡 및 산소투여

정답 및 키워드 　**갑** 자동심장충격기 사용 후 ▶ 즉시 가슴 압박

15 난이도 ★★★ | 출제율 ★★ ☐☐☐

심정지 환자 응급처치에 대한 설명 중 가장 옳지 않은 것은?

갑. 인공호흡 하는 방법을 모르거나 인공호흡을 꺼리는 일반인 구조자는 가슴압박소생술을 하도록 권장한다.

을. 인공호흡을 할 수 있는 구조자는 인공호흡이 포함된 심폐소생술을 시행할 수 있는데 방법은 가슴압박 30회 한 후 인공호흡 2회 연속하는 과정이다.

병. 인공호흡을 할 때 약 2~3초에 걸쳐 가능한 빠르게 많이 불어 넣는다.

정. 인공호흡을 불어 넣을 때에는 눈으로 환자의 가슴이 부풀어 오르는지를 확인한다.

인공호흡을 하기 위해 구조자는 먼저 환자의 기도를 개방하고, 평상 시 호흡과 같은 양의 호흡으로 1초에 걸쳐서 숨을 불어 넣는다.

정답 및 키워드 　**병** 인공호흡 ▶ **1**초 동안 호흡

16 난이도 ★★★ | 출제율 ★★ ☐☐☐

가슴압박과 인공호흡에 대한 설명 중 옳지 않은 것은?

갑. 인공호흡 하는 방법을 모르거나 인공호흡을 꺼리는 구조자는 가슴압박소생술을 하도록 권장한다.

을. 가슴압박소생술이란 인공호흡은 하지 않고 가슴압박만을 시행하는 소생술 방법이다

병. 인공호흡을 할 수 있는 구조자는 인공호흡이 포함된 심폐소생술을 시행할 수 있는데 가슴압박 30회, 인공호흡 2회 연속하는 과정을 반복한다.

정. 옆에 다른 구조자가 있는 경우 3분마다 가슴압박을 교대한다.

정답 및 키워드 　**정** 구조자가 2명일 경우 가슴압박 교대 주기 ▶ **2**분마다

17 난이도 ★★★ | 출제율 ★★ ☐☐☐

쓰러진 환자의 호흡을 확인하는 방법으로 가장 옳은 것은?

갑. 동공의 움직임을 보고 판단한다.

을. 환자를 흔들어본다.

병. 얼굴과 가슴을 10초 정도 관찰하여 호흡이 있는지 확인한다.

정. 맥박을 확인하여 맥박유무를 확인한다.

쓰러진 사람의 얼굴과 가슴을 10초 정도 관찰하여 호흡이 있는지 확인한다. 의식이 없는 사람이 호흡이 없거나 호흡이 비정상적이면 심장마비가 발생한 것으로 판단한다.

정답 　**병**

18 난이도 ★★ | 출제율 ★★★ ☐☐☐

자동심장충격기 등 심폐소생술을 행할 수 있는 응급장비를 갖추어야 하는 기관으로 옳지 <u>않은</u> 곳은?

갑. 공공보건의료에 관한 법률에 따른 공공보건의료기관
을. 선박법에 따른 선박 중 총톤수 10톤 이상 선박
병. 철도산업발전 기본법에 따른 철도차량 중 객차
정. 항공안전법에 따른 항공기 중 항공운송사업에 사용되는 여객 항공기 및 공항

 정답 및 키워드 📖 **자동심장충격기 설치 기준** ▶ 총톤수 **20**톤 이상 선박

19 난이도 ★ | 출제율 ★★ ☐☐☐

기도폐쇄 응급처치방법 중 하임리히법의 순서를 바르게 연결한 것은?

> **보기**
> ㉠ 환자의 뒤에 서서 환자의 허리를 팔로 감싸고 한쪽 다리를 환자의 다리 사이에 지지한다.
> ㉡ 이물질이 밖으로 나오거나 환자가 의식을 잃을 때까지 계속 한다.
> ㉢ 다른 한 손으로 주먹 쥔 손을 감싸고, 빠르게 후상방으로 밀쳐 올린다.
> ㉣ 주먹 쥔 손의 엄지를 배꼽과 명치 중간에 위치한다.

갑. ㉠－㉡－㉢－㉣
을. ㉠－㉣－㉢－㉡
병. ㉡－㉢－㉣－㉠
정. ㉠－㉡－㉣－㉢

 하임리히법 : 기도가 음식물 등 이물질로 인해 폐쇄되었을 때 하는 응급처치 방법

정답 을

20 난이도 ★★★ | 출제율 ★★ ☐☐☐

기도폐쇄 치료 방법으로 옳지 <u>않은</u> 것은?

갑. 임신, 비만 등으로 인해 복부를 감싸 안을 수 없는 경우에는 가슴밀어내기를 사용할 수 있다.
을. 기도가 부분적으로 막힌 경우에는 기침을 하면 이물질이 배출될 수 있기 때문에 환자가 기침을 하도록 둔다.
병. 1세 미만 영아는 복부 밀어내기를 한다.
정. 기도폐쇄 환자가 의식을 잃으면 구조자는 환자를 바닥에 눕히고 즉시 심폐소생술을 시행한다.

 정답 및 키워드 병 **1**세 미만의 영아 ▶ 복부 압박× (장기손상이 우려)

21 난이도 ★★ | 출제율 ★★ ☐☐☐

30대 한 남자가 목을 쥐고 기침을 하고 있다. 환자에게 청색증은 없었고, 목격자는 환자가 떡을 먹다가 기침을 하기 시작하였다고 한다. 당신이 해야 할 응급처치 중 가장 옳은 것은?

갑. 복부 밀어내기를 실시한다.
을. 환자를 거꾸로 들고 등을 두드린다.
병. 손가락으로 이물질을 꺼내기 위한 시도를 한다.
정. 등을 두드려 기침을 유도한다.

19번 문제 참조(하임리히법)

정답 및 키워드 정 **떡을 먹다가 기침** ▶ 등을 두드려 기침을 유도

22 난이도 ★ | 출제율 ★★

항해 중 가족이 바다에 빠진 경우 취해야 할 방법으로 옳지 않은 것은?

갑. 구명부환을 던진다.

을. 즉시 입수하여 가족을 구조한다.

병. 타력을 이용하여 미속으로 접근한다.

정. 119에 신고한다.

 인명구조는 본인 안전의 확보가 최우선으로 안전장비를 갖춘 상태에서 구조한다.

정답 **을**

23 난이도 ★★★ | 출제율 ★★

지문에서 설명하는 인명구조 방법으로 가장 옳은 것은?

> **보기**
> 1. 사람이 물에 빠진 시간 및 위치가 명확하지 못하고 시계가 제한되어 사람을 확인 할 수 없을 때 사용한다.
> 2. 한쪽으로 전타하여 원침로에서 약 60도 정도 벗어날 때까지 선회한 다음 반대쪽으로 전타하여 원침로로부터 180도 선회하여 전 항로로 돌아가는 방법이다.

갑. 지연 선회법

을. 전진 선회법

병. 반원2회 선회법

정. 윌리암슨즈 선회법

 윌리암슨즈 선회법

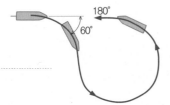

정답 **정**

24 난이도 ★★ | 출제율 ★★

항해 중 사람이 물에 빠졌을 때 가장 먼저 해야 할 조치 사항으로 가장 옳은 것은?

갑. 주변 사람에게 알린다.

을. 기관을 역회전시켜 전진 타력을 감소한다.

병. 키를 물에 빠진 쪽으로 최대한 전타한다.

정. 키를 물에 빠진 반대쪽으로 최대한 전타한다.

> 익수자 구조 시 선미로 접근하면 프로펠러로 인해 익수자가 다칠 우려가 있으므로 선수를 익수자쪽으로 방향을 바꾸고 천천히 접근합니다.

 항해 중 사람이 물에 빠졌을 때 조치
① '익수자'라고 크게 외침
② 키를 물에 빠진 쪽으로 최대한 전타(방향키 각도를 바꿈)하여 선수가 익수자에게 향하게 하여 익수자가 스크루 프로펠러에 빨려들지 않게 해야 한다.
③ 구명부환 등 구조용품을 던져줌

💡 **정답 및 키워드** **병** 물에 빠졌을 때 ● 키를 익수자 방향으로 전타

25 난이도 ★★ | 출제율 ★★★

모터보트에서 사람이 물에 빠졌을 때 인명구조 방법으로 가장 옳지 않은 것은?

갑. 익수자 발생 반대 현측으로 선수를 돌린다.

을. 익수자 쪽으로 계속 선회 접근하되 미리 정지하여 타력으로 접근한다.

병. 익수자가 선수에 부딪히지 않아야 하고 발생 현측 1미터 이내에서 구조할 수 있도록 조정한다.

정. 선체 좌우가 불안정할 경우 익수자를 선수 또는 선미에서 끌어올리는 것이 안전하다.

 사람이 물에 빠지면 물에 빠진 현측으로 선수를 돌리면서 익수자 쪽으로 계속 선회 접근하되 미리 정지하여 타력(바람이나 파도 등의 힘)으로 접근한다.

💡 **정답 및 키워드** **갑** 사람이 물에 빠지면 ● 익수자 쪽으로 선수를 돌림

26 난이도 ★★ | 출제율 ★★

보트를 조종하여 익수자를 구조하는 방법으로 가장 옳지 않은 것은?

갑. 타력을 이용하여 미속으로 접근한다.

을. 익수자까지 최대 속력으로 접근한다.

병. 익수자 접근 후 레버를 중립에 둔다.

정. 여분의 노, 구명환 등을 이용하여 구조한다.

 회전하는 스크류에 의한 안전사고 방지를 위해 익수자 근처에 저속으로 접근한 후에 여분의 노 또는 구명환 등을 이용하여 구조한다.

정답 을

27 난이도 ★★★ | 출제율 ★★

무동력보트를 이용한 구조술에 대한 설명 중 옳지 않은 것은?

갑. 익수자에게 접근해 노를 건네 구조할 수 있다.

을. 익수자를 끌어올릴 때 전복되지 않도록 주의한다.

병. 보트 위로 끌어올리지 못할 경우 뒷면에 매달리게 한 후 신속히 이동한다.

정. 보트는 선미보다 선수방향으로 익수자를 탈 수 있도록 유도하는 것이 효과적이다.

 무동력보트의 경우 선미가 선수보다 낮으며 스크루가 없기 때문에 선미로 유도하여 끌어 올리는 것이 효과적이다.

정답 및 키워드 정 무동력보트로 구조 할 때 ▶ 선미로 유도

28 난이도 ★★ | 출제율 ★★

동력수상레저기구로 물에 빠진 사람을 구조할 경우 선수방향으로부터 풍파를 받으며 접근하는 이유로 가장 적당한 것은?

갑. 익수자가 수영하기 쉽다.

을. 익수자를 발견하기 쉽다.

병. 동력수상레저기구의 조종이 쉽다.

정. 구명부환을 던지기가 쉽다.

 바람을 선수에서 받으면 접근 거리를 조정하는 것이 쉽다. 옆이나 뒤에서 타 조정만으로 바람을 받으면 거리 조정이 어려워진다.

정답 병

29 난이도 ★★★ | 출제율 ★★

저체온증은 보통 체온이 몇 도 이하일 때를 말하는가?

갑. 35℃ 이하　　　　　을. 34℃ 이하

병. 33℃ 이하　　　　　정. 37℃ 이하

 인간의 체온: 36.5℃

정답 및 키워드 갑 저체온증 ▶ 35℃ 이하

30 ⚠ 틀리기 쉬운 문제 | 출제율 ★★★

저체온증 응급처치에 대한 설명으로 옳지 않은 것은?

갑. 신체 말단부위부터 가온을 시킨다.

을. 작은 충격에도 심실세동과 같은 부정맥이 쉽게 발생하므로 최소한의 자극으로 환자를 다룬다.

병. 체온보호를 위하여 젖은 옷은 벗기고 마른 담요로 감싸준다.

정. 노약자, 영아에게 저체온증이 발생할 가능성이 높다.

 신체를 말단부위부터 가온(온도를 높여줌)시키면 오히려 중심체온이 더 저하되는 합병증을 가져올 수 있으므로 복부, 흉부 등의 중심부를 가온하도록 한다.

정답 및 키워드 갑 저체온증 응급처치 ▶ 중심부부터 가온

31

의도하지 않은 사고로 저체온에 빠지게 되면 심각한 문제가 발생 할 수 있다. 물에 빠져 저체온증을 호소하는 익수자를 구조하였다. 이송 도중 체온 손실을 막기 위한 응급처치로 가장 옳은 것은?

갑. 전신을 마사지 해준다.
을. 젖은 옷 위에 담요를 덮어 보온을 해준다.
병. 젖은 의류를 벗기고 담요를 덮어 보온을 해준다.
정. 젖은 옷 속에 핫팩을 넣어 보온을 해준다.

 정답 및 키워드 **병** 저체온 익수자 응급처치 시 ◉ 먼저 젖은 의류를 벗김

32 ⚠️

동상에 대한 설명으로 가장 옳지 않은 것은?

갑. 동상의 가장 흔한 증상은 손상부위 감각저하이다.
을. 동상부위를 녹이기 위해 문지르거나 마사지 행동은 하지 않으며 열을 직접 가하는 것이 도움이 된다.
병. 현장에서 수포(물집)는 터트리지 않는다.
정. 동상으로 인해 다리가 붓고 물집이 있을 시 가능하면 누워서 이송하도록 한다.

손상된 조직을 문지르면 얼음 결정이 세포를 파괴할 수 있으며 직접 열을 가하는 것은 추가적인 조직손상을 일으킨다.

정답 및 키워드 **을** 동상 ◉ 열을 직접 가하지 말 것

33

응급처치 방법으로 옳지 않은 것은?

갑. 머리 다친 환자가 의식이 잃었을 때 깨우기 위해 환자 머리를 잡고 흔들지 않도록 한다.
을. 복부를 강하게 부딪힌 환자는 대부분 검사에서 금식이 필요할 수 있으므로 음식물 섭취는 금하고 진통제는 필수로 먹을 수 있도록 한다.
병. 척추를 다친 환자에게 잘못된 응급처치는 사지마비 등의 심한 후유증을 남길 수 있으므로 조심스럽게 접근해야 한다.
정. 흉부 관통상 후 이물질이 제거되어 상처로부터 바람 새는 소리가 나거나 거품 섞인 혈액이 관찰되는 폐손상 시 3면 드레싱을 하여 호흡을 할 수 있도록 도와주어야 한다.

대부분의 검사에서 금식이 필요할 수 있으므로 음식물 섭취를 금하는 것이 좋으며, 진통제는 환자 진찰에서 혼란을 야기할 수 있으므로 금하는 것이 좋다.

 정답 및 키워드 **을** 복부를 강하게 부딪힌 환자 ◉ 진통제 복용 금함

34

골절 시 나타나는 증상과 징후로 가장 옳지 않은 것은?

갑. 손상 부위를 누르면 심한 통증을 호소한다.
을. 손상부위의 움직임이 제한될 수 있다.
병. 골절 부위의 골격끼리 마찰되는 느낌이 있을 수 있다.
정. 관절이 아닌 부위에서 골격의 움직임은 관찰되지 않는다.

골절이 발생하면 관절이 아닌 부위에서 골격의 움직임이 관찰될 수 있다. 즉 정상적으로 신전, 회전 등의 운동이 일어나는 관절 이외의 골격부위에서 이상적인 움직임이 발생할 수 있다.

- 골절: 뼈가 부러짐
- 골격: 체형(體型)을 이루고 몸을 지탱하는 뼈
- 관절: 뼈와 뼈가 서로 맞닿아 연결되어 있는 곳

 정답 **정**

35 난이도 ★ | 출제율 ★★ ☐☐☐

상처를 드레싱 하는 목적으로 가장 옳지 않은 것은?

갑. 드레싱은 지혈에 도움이 되지 않는다.

을. 드레싱은 상처 오염을 예방하기 위함이다.

병. 드레싱이란 상처부위를 소독거즈나 붕대로 감는 것도 포함된다.

정. 상처부위를 고정하기 전 드레싱이 필요하다.

- 드레싱: 상처면을 보호하기 위하여 소독거즈나 붕대 등으로 상처를 덮어주는 것
- 드레싱의 기능: 지혈, 상처의 악화 방지 등

🔴 **정답 및 키워드** 🟢 **갑** 드레싱 ▶ 지혈에 도움

36 ⚠️ 틀리기 쉬운 문제 | 출제율 ★★ ☐☐☐

상처 처치 드레싱에 대한 설명 중 옳지 않은 것은?

갑. 드레싱은 상처가 오염되는 것을 방지한다.

을. 드레싱의 기능, 목적으로 출혈을 방지하기도 한다.

병. 거즈로 드레싱 후에도 출혈이 계속되면 기존 드레싱한 거즈를 제거하지 않고 그 위에 다시 거즈를 덮어주면서 압박한다.

정. 개방성 상처 세척용액으로 알코올이 가장 효과적이다.

상처 세척 시 생리식염수를 사용한다. 알코올은 세균에 대한 살균력은 좋으나 통증, 자극을 유발하여 적합하지 않다.

🔴 **정답 및 키워드** 🟢 **정** 개방성 상처 세척용액 ▶ 알코올 사용하지 말것

37 난이도 ★★★ | 출제율 ★★ ☐☐☐

외상환자 응급처치로 옳지 않은 것은?

갑. 탄력붕대 적용 시 과하게 압박하지 않도록 한다.

을. 생명을 위협하는 심한 출혈로(지혈이 안 되는) 지혈대 적용 시 최대한 가는 줄이나 철사를 사용한다.

병. 복부 장기 노출 시 환자의 노출된 장기는 다시 복강 내로 밀어 넣어서는 안 된다.

정. 폐쇄성 연부조직 손상 시 상처부위를 심장보다 높이 올려준다.

철사를 지혈대로 이용하면 피부나 혈관을 상하게 하므로 사용해서는 안 된다.
※ 지혈대는 약 5cm 이상의 천을 사용

🔴 **정답 및 키워드** 🟢 **을** 심한 출혈 ▶ 가는 줄이나 철사×

38 난이도 ★★★ | 출제율 ★★ ☐☐☐

외부 출혈을 조절하는 방법 중 가장 효과적인 방법으로 옳지 않은 것은?

갑. 국소 압박법

을. 선택적 동맥점 압박법

병. 지혈대 사용법

정. 냉찜질을 통한 지혈법

1. 국소 압박법: 상처가 작거나 출혈 양상이 빠르지 않을 경우 출혈 부위를 국소 압박 지혈
2. 선택적 동맥점 압박법: 상처의 근위부에 위치한 동맥을 압박하는 것이 출혈을 줄이는데 효과적 (근위부: 몸 중심부와 가까운 쪽)
3. 지혈대 사용법: 출혈을 멈추기 위하여 지혈대를 사용
4. 냉찜질을 통한 지혈법: 상처부위의 혈관을 수축시켜 지혈 효과를 보지만 완전한 지혈이 어렵다.

🔴 **정답 및 키워드** 🟢 **정** 외부 출혈 조절 지혈법으로 효과가 낮은 것 ▶ 냉찜질 지혈법

39 난이도 ★★★ | 출제율 ★★ ☐☐☐

지혈대 사용에 대한 설명 중 가장 옳지 않은 것은?

갑. 다른 지혈방법을 사용하여도 외부 출혈이 조절 불가능할 때 사용을 고려할 수 있다.

을. 팔, 다리관절 부위에도 사용이 가능하다.

병. 지혈대 적용 후 반드시 착용시간을 기록한다.

정. 지혈대를 적용했다면 가능한 신속히 병원으로 이송한다.

💬 지혈대를 관절부에 장기간 압박하면 경련 등을 초래할 수 있어 사용하지 말라고 권고하고 있어요!

지혈대 사용
- 팔과 다리에 사용한다. (관절에는 절대 사용하지 않는다)
- 복부, 목, 머리에는 사용할 수 없다.

🔴 **정답 및 키워드** 🟢 **을** 지혈대 사용 시 ▶ 관절 부위×

40 난이도 ★★★ | 출제율 ★★ □□□

개방성 상처의 응급처치 방법으로 가장 옳지 않은 것은?

갑. 상처주위에 관통된 이물질이 보이더라도 현장에서 제거하지 않는다.

을. 손상부위를 부목을 이용하여 고정한다.

병. 무리가 가더라도 손상부위를 움직여 정확히 고정하는 것이 중요하다.

정. 상처부위에 소독거즈를 대고 압박하여 지혈시킨다.

- 개방성 상처 : 피부가 찢기거나 절단되어 출혈이 발생하는 상처
- 손상부위를 과도하게 움직이면 심한 통증과 2차 손상을 유발할 수 있으므로 움직임을 최소화한다.

정답 병

41 난이도 ★★★ | 출제율 ★★ □□□

현장 응급처치에 대한 설명 중 옳지 않은 것은?

갑. 동상부위는 건조하고 멸균거즈로 손상부위를 덮어주고 느슨하게 붕대를 감는다.

을. 콘텍트 렌즈를 착용한 모든 안구손상 환자는 현장에서 즉시 렌즈를 제거한다.

병. 현장에서 화상으로 인한 수포는 터트리지 않는다.

정. 의식이 없는 환자에게 물 등을 먹이는 것은 기도로 넘어갈 수 있으므로 피한다.

눈 손상이 있으면 렌즈는 제거하지 말고 병원으로 이송한다. 응급처치로 렌즈 제거로 인한 눈 손상이 악화될 우려가 있다.

정답 및 키워드 을 현장응급처치 시 ➊ 콘텍트 렌즈 제거하지 말 것

42 난이도 ★★★ | 출제율 ★★ □□□

전기손상에 대한 설명 및 응급처치 방법으로 옳지 않은 것은?

갑. 전기가 신체에 접촉 시 일반적으로 들어가는 입구의 상처가 출구보다 깊고 심하다.

을. 높은 전압의 전류는 몸을 통과하면서 심장의 정상전기 리듬을 파괴하여 부정맥을 유발함으로써 심정지를 일으킨다.

병. 강한 전류는 심한 근육수축을 유발하여 골절을 유발하기도 한다.

정. 사고발생 시 안전을 확인 후 환자에게 접근하여야 한다.

전기에 신체가 접촉되면 접촉면을 통하여 전기가 체내로 유입되고 다른 신체부위로 전기가 나오게 되는데 일반적으로 들어가는 입구의 상처는 작으나 출구는 상처가 깊고 심하다. 전기화상은 수분이 많은 조직에서 더 심한 손상을 유발한다.

정답 및 키워드 갑 전기 손상 시 상처 크기 ➊ 출구 상처 > 입구 상처

43 ⚠ 틀리기 쉬운 문제 | 출제율 ★★ □□□

열로 인한 질환에 대한 설명 및 응급처치에 대한 설명으로 옳지 않은 것은?

갑. 열경련은 열 손상 중 가장 경미한 유형이다.

을. 일사병은 열 손상 중 가장 흔히 발생하며 어지러움, 두통, 경련, 일시적으로 쓰러지는 등의 증상을 나타낸다.

병. 열사병은 열 손상 중 가장 위험한 상태로 땀을 많이 흘려 피부가 축축하다.

정. 일사병 환자 응급처치로 시원한 장소로 옮긴 후 의식이 있으면 이온음료 또는 물을 공급한다.

열사병은 땀을 흘리는 증상이 없어요!

열사병은 가장 중증인 유형으로 피부가 뜨겁고 건조하며 붉은색으로 변한다. 열사병 증상으로 대개 땀을 분비하는 기전(현상)이 억제되어 땀을 흘리지 않는다.

정답 및 키워드 병 열사병 ➊ 땀을 흘리지 말 것

44 ⚠ 틀리기 쉬운 문제 | 출제율 ★★ ☐☐☐

근골격계 손상 응급처치로 옳지 않은 것은?

갑. 붕대를 감을 때에는 중심부위에서 신체의 말단부위 쪽으로 감는다.

을. 부목고정 시 손상된 골격은 위쪽과 아래쪽의 관절을 모두 고정한다.

병. 부목 고정 시 손상된 관절은 위쪽과 아래쪽에 위치한 골격을 함께 고정한다.

정. 고관절탈구 시 현장에서 정복술을 시행하지 않는다.

> 붕대는 말단부에서 중심부쪽으로 감아요.

붕대는 신체의 말단부위에서 중심부위 쪽으로 감아야 심장에 돌아오는 정맥혈의 순환을 돕는다.

💡 **정답 및 키워드** 갑 **붕대 감기** ▶ 말단부에서 중심부로

45 난이도 ★★★ | 출제율 ★★ ☐☐☐

절단 환자 응급처치 방법으로 가장 옳은 것은?

갑. 절단물은 바로 얼음이 담긴 통에 넣어서 병원으로 간다.

을. 절단물은 바로 시원한 물이 담긴 통에 넣어서 병원으로 간다.

병. 절단된 부위는 깨끗한 거즈나 천으로 감싸고 비닐주머니에 밀폐하여 얼음이 닿지 않도록 얼음이 채워진 비닐에 보관한다.

정. 절단부위 지혈을 위하여 지혈제를 뿌린다.

💡 **정답 및 키워드** 병 **신체 절단물 응급처치** ▶ 얼음이나 물에 닿지 않게

46 ⚠ 틀리기 쉬운 문제 | 출제율 ★★ ☐☐☐

화학 화상에 대한 응급처치 중 옳지 않은 것은?

갑. 화학화상은 화학반응을 일으키는 물질이 피부와 접촉할 때 발생한다.

을. 연무 형태의 강한 화학물질로 인하여도 기도, 눈에 화상이 발생하기도 한다.

병. 중화제를 사용하여 제거할 수 있도록 한다.

정. 눈에 노출 시 부드러운 물줄기를 이용하여 손상된 눈이 아래쪽을 향하게 하여 세척한다.

중화제는 원인물질과 화학반응을 일으킬 수 있으며 이때 발생되는 열로 인하여 조직손상이 더욱 악화될 수 있으므로 사용하지 말아야 한다.

💡 **정답 및 키워드** 병 **화학 화상에 대한 응급처치** ▶ 중화제 사용×

47 ⚠ 틀리기 쉬운 문제 | 출제율 ★★ ☐☐☐

경련 시 응급처치 방법에 대한 설명으로 옳은 것은?

갑. 경련하는 환자 손상을 최소화하기 위하여 경련 시 붙잡거나 움직임을 멈추게 한다.

을. 경련하는 환자를 발견 시 기도유지를 위해 손가락으로 입을 열어 손가락을 넣고 기도유지를 한다.

병. 경련 중 호흡곤란을 예방하기 위해 입-입 인공호흡을 한다.

정. 경련 후 기면상태가 되면 환자의 몸을 한쪽 방향으로 기울이고 기도가 막히지 않도록 한다.

기도가 막히지 않도록 경련 후 환자의 몸을 한쪽 방향으로 기울이거나 기도유지를 위한 관찰이 필요하다.

💡 **정답 및 키워드** 정 **환자가 기면(깊은 수면)상태가 되면** ▶ 기도가 막히지 않도록

48 난이도 ★★ | 출제율 ★★ ☐☐☐

뇌졸중 환자에 대한 주의사항으로 옳지 않은 것은?

갑. 입안 및 인후 근육이 마비될 수 있으므로 구강을 통하여 음식물 섭취에 주의한다.

을. 의식을 잃었을 시 혀가 기도를 막을 수 있으므로 기도 유지에 주의한다.

병. 뇌졸중 증상 발현 시간은 중요하지 않다.

정. 뇌졸중 대표 조기증상은 편측마비, 언어장애, 시각장애, 어지럼증, 심한두통 등이 있다.

정답 **병**

49 난이도 ★★★ | 출제율 ★★ ☐☐☐

협심증에 대한 설명으로 옳지 않은 것은?

갑. 가슴통증의 지속시간은 보통 1시간 이상을 초과하여 나타난다.

을. 니트로글리세린을 혀 밑에 넣으면 관상동맥을 확장시켜 심근으로의 산소공급을 증가시킨다.

병. 휴식을 취하면 심장의 산소요구량이 감소되어 통증이 소실될 수 있다.

정. 심근으로의 산소공급이 결핍되면 환자는 가슴통증을 느낀다.

💡 **정답 및 키워드** **갑** 협심증 지속시간 ▶ 보통 3~8분간, 드물게 10분 이상

50 난이도 ★★★ | 출제율 ★★ ☐☐☐

해파리에 쏘였을 때 대처요령으로 옳지 않은 것은?

갑. 쏘인 즉시 환자를 물 밖으로 나오게 한다.

을. 증상으로는 발진, 통증, 가려움증이 나타나며 심한 경우 혈압저하, 호흡곤란, 의식불명 등이 나타날 수 있다.

병. 남아있는 촉수를 제거해주고 바닷물로 세척해준다.

정. 해파리에 쏘인 모든 환자는 식초를 이용하여 세척해준다.

💡 **정답 및 키워드** **정** 해파리에 쏘였을 때 ▶ 식초로 세척하지 말 것

51 난이도 ★★ | 출제율 ★★ ☐☐☐

부목 고정의 일반 원칙에 대한 설명으로 옳지 않은 것은?

갑. 상처는 부목을 적용하기 전에 소독된 거즈로 덮어준다.

을. 골절부위를 포함하여 몸 쪽 부분과 먼 쪽 부분의 관절을 모두 고정해야 한다.

병. 골절이 확실하지 않을 때에는 손상이 의심되더라도 부목은 적용하지 않는다.

정. 붕대로 압박 후 상처보다 말단부위의 통증, 창백함 등 순환·감각·운동상태를 확인한다.

 골절이 확실하지 않더라도 손상이 의심될 때에는 부목으로 고정한다.

정답 **병**

52 ⚠ 틀리기 쉬운 문제 | 출제율 ★★★ ☐☐☐

생존수영의 방법으로 옳지 않은 것을 고르시오.

갑. 구조를 요청할 때는 누워서 고함을 치거나 두 손으로 구조를 요청한다.

을. 익수자가 여러 명일 경우 이탈되지 않도록 서로 껴안고 하체를 서로 압박하고 잡아준다.

병. 부력을 이용할 장비가 있으면 가슴에 밀착시켜 체온을 유지한다.

정. 온몸에 힘을 뺀 상태에서 몸을 뒤로 젖혀 하늘을 보는 자세를 취한다.

 두 손으로 구조를 요청하게 되면 에너지 소모가 많고, 부력장비를 놓치기 쉽다. 또한 몸이 가라앉을 가능성이 있기 때문에 구조를 요청할 때에는 한 손으로 흔든다.

💡 **정답 및 키워드** **갑** 생존수영 구조 시 ▶ 한 손으로 구조 요청할 것

53 난이도 ★★ | 출제율 ★★★ □□□

침실에서 석유난로를 사용하던 중 담뱃불에서 인화되어 유류 화재가 발생하였다. 이 화재의 종류는?

갑. A급 화재
을. B급 화재
병. C급 화재
정. D급 화재

화재의 종류 및 특징

종류	화재 물질 및 소화
일반화재 (A급)	• 목재, 종이, 섬유 등 • 냉각소화(포소화기, 물 소화기)
유류화재 (B급)	• 석유, 가스, 오일 등 • CO_2, 증발성 액체, 분말, 포소화기
전기화재 (C급)	• CO_2, 증발성 액체
금속화재 (D급)	• 마그네슘, 칼륨, 나트륨 등 • 마른 모래, 팽창질석

정답 및 키워드 🔆 유류 화재 ▶ Ｂ급 화재

54 난이도 ★ | 출제율 ★★ □□□

화재 발생 시 조치사항으로 <u>옳지 않은</u> 것은?

갑. 화재구역의 통풍을 차단하고 선내 조명등 전원은 유지
을. 발화원과 인화성 물질이 무엇인가 알아내어 소화방법 강구
병. 초기 진화 실패 시 퇴선을 대비하여 필요 장비 확보
정. 소화 작업과 동시에 화재 진화 실패 시의 대책을 강구

 화재구역의 추가 화재가 발생하지 않도록 전원도 차단한다.

정답 및 키워드 🔆 화재 발생 시 조치사항 ▶ 조명등 전원 유지✕

55 난이도 ★★★ | 출제율 ★★ □□□

화재 발생 시 유의사항에 대한 설명으로 옳은 것을 고르시오.

갑. 화재 발생원이 풍상측에 있도록 보트를 돌리고 엔진을 정지한다.
을. 엔진룸 화재와 같은 B급 유류 화재에는 대부분의 소화기 사용이 가능하다.
병. 화재 예방을 위해 기름이나 페인트가 묻은 걸레는 공기가 잘 통하지 않는 곳에 보관한다.
정. C급 화재인 전기화재에 물이나 분말소화기는 부적합하여 포말소화기나 이산화탄소(CO_2) 소화기를 사용한다.

정답 및 키워드 🔆 B급 유류 화재 ▶ 대부분 소화기로 사용 가능

56 난이도 ★★★ | 출제율 ★★★ □□□

동력수상레저기구 화재 시 소화 작업을 하기 위한 조종 방법으로 가장 <u>옳지 않은</u> 것은?

갑. 선수부 화재 시 선미에서 바람을 받도록 조종한다.
을. 상대 풍속이 0이 되도록 조종한다.
병. 선미 화재 시 선수에서 바람을 받도록 조종한다.
정. 중앙부 화재 시 선수에서 바람을 받도록 조종한다.

 화재의 확산은 바람의 영향을 많이 받으므로 상대풍속이 0이 되도록 선박을 조종한다.
선수 화재 시 → 선미에서,
선미 화재 시 → 선수에서,
중앙부 화재 시 → 정횡에서
바람을 받으며 소화작업을 한다.

정답 및 키워드 🔆 중앙부 화재 시 ▶ 정횡에서 바람을 받도록

57 난이도 ★★ | 출제율 ★★ ☐☐☐

휴대용 CO_2 소화기의 최대 유효거리는?

갑. 4.5~5m

을. 1.5~2m

병. 2.5~3m

정. 3.5~4m

💡 이 문제의 키워드 🔵 CO_2 소화기 유효거리 🔶 1.5~2m

58 난이도 ★★★ | 출제율 ★★ ☐☐☐

보기 의 화상의 정도는 몇 도 화상인가?

> 보기
>
> 피부 표피와 진피 일부의 화상으로 수포가 형성되고 통증이 심하며 일반적으로 2주에서 3주 안으로 치유된다.

갑. 1도 화상

을. 2도 화상

병. 3도 화상

정. 4도 화상

- 1도 화상: 피부 표피층만 손상된 상태로 동통이 있으며 피부가 붉게 변하나 수포는 생기지 않음
- 2도 화상: 뜨거운 물, 증기, 기름, 불 등에 의해서 손상을 받고 수포가 생기며 통증을 동반
- 3도 화상: 진피의 전 층이나 진피 아래의 피부 밑 지방까지 손상된 화상이다. 3도 화상을 입은 부분은 건조되어 피부가 마른 가죽처럼 되면서 색깔이 변한다.

💡 정답 및 키워드 🔵 수포 형성 🔶 2도 화상

59 난이도 ★★ | 출제율 ★★ ☐☐☐

흡입화상에 대한 설명으로 옳지 않은 것은?

갑. 흡입화상은 화염이나 화학물질을 흡입하여 발생하며 짧은 시간 내에 호흡기능상실로 진행 될 수 있다.

을. 초기에 호흡곤란 증상이 없었더라면 정상으로 볼 수 있다.

병. 흡입 화상으로 인두와 후두에 부종이 발생될 수 있다.

정. 흡입 화상 시 안면 또는 코털 그을림이 관찰될 수 있다.

 흡입화상
- 의미: 밀폐된 공간에서 화재발생시 고온의 열기를 흡입하였거나, 이산화탄소, 연소물질의 흡입으로 손상을 받은 것
- 흡입화상은 초기에는 호흡곤란 증상이 없었더라도 시간이 진행함에 따라 호흡곤란이 발생할 수 있다.

정답 🔵 을

60 난이도 ★★★ | 출제율 ★★ ☐☐☐

1도 화상에 대한 설명 중 알맞은 것은?

갑. 피부 표피층만 화상, 일광 화상 시 주로 발생

을. 진피의 전층이 손상

병. 수포 형성, 표피와 진피 일부의 화상

정. 피부가 갈색 혹은 흑색으로 변함

💡 정답 및 키워드 🔵 갑 1도 화상 🔶 피부 표피층, 일광 화상

Power Driven Leisure Vessel

출제문항수
10

CHAPTER

02

운항 및 운용

알려두기 이 과목은 선박에 대해 다소 전문적인 내용을 다룹니다. 생소한 분야이지만 조금만 집중하여 해설과 함께 공부하시면 크게 어렵지 않습니다.

01 선박 일반

예상출제문항수 1-2

1 ⚠ 틀리기 쉬운 문제 | 출제율 ★★ □□□

선박의 주요 치수로 옳지 않은 것은?

갑. 폭
을. 길이
병. 깊이
정. 높이

🔍 정답 및 키워드 정 선박의 주요 치수 ▶ 길이, 폭, 깊이 (높이×)

2 난이도 ★★★ | 출제율 ★★ □□□

보기 의 ( )안에 들어갈 말로 옳은 것을 고르시오.

> 보기
>
> 선체가 수면 아래에 잠겨 있는 깊이를 나타내는 ( )는 선체의 선수부와 중앙부 및 선미부의 양쪽 현측에 표시되어 있다.

갑. 길이
을. 건현
병. 트림
정. 흘수

🔍 정답 및 키워드 정 수면 아래에 잠겨있는 깊이 ▶ 흘수

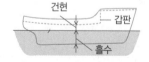

3 난이도 ★★★ | 출제율 ★ □□□

선박이 충분한 건현이 필요한 이유는?

갑. 수심을 알기 위하여 필요하다.
을. 예비부력을 가져 안전항해를 하기 위하여 필요하다.
병. 선박의 저항, 추진력 계산에 필요하다.
정. 배의 속력을 계산하는데 필요하다.

 건현(freeboard): 물에 잠기지 않는 선체의 높이로 선체 중앙부 상갑판의 선측 상면에서 만재흘수선까지의 수직 거리를 말한다. 건현이 클수록 선박의 예비부력이 크고 복원력이 커 선박의 안전성이 높다.

🔍 정답 및 키워드 을 건현 ▶ 예비부력, 안전항해

4 난이도 ★★★ | 출제율 ★★ □□□

선박에서 흘수를 조사하는 이유로 가장 옳은 것은?

갑. 선박의 항행이 가능한 수심을 알 수 있다.
을. 예비부력을 알 수 있다.
병. 선박의 저항력을 계산할 수 있다.
정. 해수의 침입을 방지할 수 있다.

🔍 정답 및 키워드 갑 흘수 조사 ▶ 수심 파악

5 난이도 ★★ | 출제율 ★★ □□□

선체의 가장 넓은 부분에 있어서 양현 외판의 외면에서 외면까지의 수평거리는?

갑. 전폭   을. 전장
병. 건현   정. 수선장

🔍 정답 및 키워드 갑 선체의 가장 넓은 부분 ▶ 전폭

6 난이도 ★★★ | 출제율 ★★ ☐☐☐

보기 의 (   )안에 들어갈 말로 옳은 것을 고르시오.

> **보기**
>
> 선체가 세로 길이 방향으로 경사져 있는 정도를 그 경사각으로써 표현하는 것보다 선수 흘수와 선미 흘수의 차이로써 나타내는 것이 미소한 경사 상태까지 더욱 정밀하게 표현할 수 있는 방법이다. 이와 같이 길이 방향의 선체 경사를 나타내는 것을 (   )이라 한다.

갑. 길이
을. 건현
병. 트림
정. 흘수

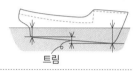

트림

정답 및 키워드 병 선체 경사(선수 흘수와 선미 흘수의 차) ❯ 트림

---

7 난이도 ★★★ | 출제율 ★★ ☐☐☐

모터보트로 얕은 수로를 항해하기에 가장 적당한 선체 트림상태는?

갑. 선수트림
을. 선미트림
병. 선수미 등흘수
정. 약간의 선수트림

- 흘수: 물속에 잠기는 깊이(정도)
- 등흘수: 선미흘수와 선수흘수가 같은 상태를 말한다. 수심이 얕은 수역을 항해할 때 이 상태가 적당하다.
- 트림: 선체의 길이방향의 경사를 말함(선미흘수≠선수흘수)

선미 흘수 / 선수 흘수

정답 및 키워드 병 수심이 얕은 구역를 항해할 때 ❯ 등흘수

---

8 난이도 ★★ | 출제율 ★★★ ☐☐☐

보기 의 (   )안에 들어갈 말로 옳은 것을 고르시오.

> **보기**
>
> (   )이란, 선박이 물 위에 떠 있는 상태에서 외부로부터 힘을 받아 경사하려고 할 때의 저항, 또는 경사한 상태에서 그 외력을 제거하였을 때 원래의 상태로 돌아오려고 하는 힘을 말한다.

갑. 감항성
을. 만곡부
병. 복원력
정. 이븐킬

정답 및 키워드 병 원래의 상태로 돌아오려고 하는 힘 ❯ 복원력

---

9 난이도 ★★★ | 출제율 ★★ ☐☐☐

복원력 감소의 원인이 <u>아닌</u> 것은?

갑. 선박의 무게를 줄이기 위하여 건현의 높이를 낮춤
을. 연료유 탱크가 가득차 있지 않아 유동수가 발생
병. 갑판 화물이 빗물이나 해수에 의해 물을 흡수
정. 상갑판의 중량물을 갑판아래 창고로 이동

갑. 건현의 높이: 물에 잠기지 않는 선체의 높이로 선체 중앙부 상갑판의 선측 상면에서 만재흘수선까지의 수직 거리를 말하며, 건현이 클수록 복원력이 크다.
을. 유동수: 연료의 출렁임

일정한 흘수에서 무게중심의 위치가 낮아질수록 복원력이 커진다. 즉, 중량물을 선박의 아래 부분으로 이동할 경우 배의 무게중심이 아래로 내려가면서 안정성과 복원력이 증가한다.

복원력 / 갑판 / 건현

무게중심이 아래로 갈수록 복원력이 향상됨

정답 및 키워드 정 복원력 감소의 원인이 아닌 것 ❯ 상갑판의 중량물을 갑판아래 창고로 이동

10
난이도 ★★★ | 출제율 ★★★

복원력이 증가함에 따라 나타나는 영향에 대한 설명으로 옳지 않은 것은?

갑. 화물이 이동할 위험이 있다.

을. 승무원의 작업능률을 저하시킬 수 있다.

병. 선체나 기관 등이 손상될 우려가 있다.

정. 횡요 주기가 길어진다.

┌가로 횡, 흔들릴 요
횡요 주기: 앞에서 보았을 때 선체가 한쪽으로 최대한 경사진 상태에서 다른 쪽으로 기울었다를 반복하며 원위치로 되돌아오는 시간을 말하며, 복원력이 증가하면 횡요 주기가 짧아진다.

정답 및 키워드 **정** 복원력이 증가하면 ▶ 횡요 주기가 짧아짐

11
난이도 ★★★ | 출제율 ★★

복원력을 좋게 하기 위한 방법으로 가장 옳은 것은?

갑. 무거운 화물을 선박의 낮은 부분으로 옮겨 무게중심을 낮춘다.

을. 무거운 화물을 선박의 높은 부분으로 옮겨 무게중심을 높인다.

병. 무거운 화물을 갑판으로 적재한다.

정. 무거운 화물을 바다에 버린다.

복원력을 증가시키려면 무거운 화물을 하부에 두어 무게중심이 아래로 낮춘다.
※ 무게중심: 어떤 물체에 중력이 작용할 때 그 물체에서 가장 안정된 지점을 말하며, 아래에 위치하는 것이 좋다.

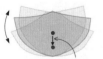
무게중심을 아래로

정답 및 키워드 **갑** 복원력 ▶ 무게중심 낮춤

12
난이도 ★★★ | 출제율 ★★★

(   )에 적합한 것은?

> **보기**
> 타(舵)는 선박에 (   )과 (   )을 제공하는 장치이다.
>   A. 감항성 B. 보침성 C. 복원성 D. 선회성

갑. A.감항성, C.복원성

을. A.감항성, D.선회성

병. B.보침성, C.복원성

정. B.보침성, D.선회성

타(舵)는 '키'를 말하며, 키를 통해 조종방향을 제어하므로 보침성과 선회성을 제공한다.
※ 보침성: 배가 똑바로 가도록 유지하는 것
※ 선회성: 선수의 방향을 바꾸기 위해 선회하는 것
※ 감항성: 안전한 항해를 유지하는 선박 상태

정답 및 키워드 **정** 타의 역할 ▶ 보침성, 선회성

13
난이도 ★★★ | 출제율 ★★

닻의 역할로 옳지 않은 것은?

갑. 선박을 임의의 수면에 정지 또는 정박시킨다.

을. 좁은 수역에서 선회하는 경우에 이용된다.

병. 부두에 접안 및 이안 시에 보조 기구로 사용된다.

정. 침로 유지에 사용된다.

침로 유지는 키(Rudder)의 역할이다.

정답 및 키워드 **정** 닻의 역할이 아닌 것 ▶ 침로 유지

14
난이도 ★★ | 출제율 ★★

협수로 통과 시나 입출항 통과 시에 준비된 위험 예방선은?

갑. 피험선   을. 중시선

병. 경계선   정. 위치선

정답 및 키워드 **갑** 위험 예방선 ▶ 피험선

02 항해 계기

예상출제문항수 **1-3**

1 난이도 ★★★ | 출제율 ★★★   □□□

해상에서 선박이 항해한 거리를 나타낼 때 사용하는 단위는?

갑. 노트   을. 미터
병. 해리   정. 피트

정답 및 키워드   **병** 해상에서의 거리 단위 ▶ 해리

2 난이도 ★★ | 출제율 ★★★   □□□

1해리를 미터 단위로 환산한 것으로 올바른 것은?

갑. 1,582m   을. 1,000m
병. 1,852m   정. 1,500m

해리(N/M = Nautical Mile): 해상에서의 거리 단위

정답 및 키워드   **병** 1해리 ▶ 1,852m

3 난이도 ★ | 출제율 ★★   □□□

선박 'A호'는 20노트(knot)의 속력으로 3시간 30분 동안 항해하였다면, 선박 'A호'의 항주 거리는?

갑. 50해리
을. 60해리
병. 65해리
정. 70해리

1노트(선박의 속력 단위) = 1시간에 1해리만큼 항주할 때의 속력

$$속도(노트) = \frac{거리(해리)}{시간} \rightarrow 거리 = 20 \times 3.5 = 70해리$$

정답 및 키워드   **정** 항주거리 구하기 ▶ **70**해리

4 난이도 ★ | 출제율 ★★   □□□

입항을 위해 이동 중 항·포구까지의 거리가 5해리 남았음을 알았다면, 레저기구의 속력이 10노트로 이동하면 입항까지 소요되는 시간은 얼마인가?

갑. 10분
을. 20분
병. 30분
정. 40분

$$속도(노트) = \frac{거리(해리)}{시간} \rightarrow 10노트 = \frac{5해리}{시간}$$

$$\rightarrow 시간 = \frac{5해리}{10노트} = 0.5(시) = 30(분) \qquad ※1시간 = 60분이므로$$

정답 및 키워드   **병** 소요시간 구하기 ▶ 30분

5 난이도 ★★★ | 출제율 ★★★   □□□

해조류를 선수에서 3노트로 받으며 운항중인 레저기구의 대지속력이 10노트 일 때 대수속력은?

갑. 3노트
을. 7노트
병. 10노트
정. 13노트

대수속력: 조류(및 풍력)에 의한 속력을 제외한 배가 가지는 속력을 말하며, 엔진 출력에 의한 속력을 의미한다. 즉,

대지속력(실제속력) = 대수속력 ± 조류 유속
(+ : 순류일 때, − : 역류일 때)

→ 10노트=대수속력 −3
→ 대수속력=10+3=13노트

※ 해조류를 받는다는 것은 '역류'가 흐르는 것을 말한다.

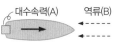

| 대수속력(A) | 역류(B) | 순류(B) | 대수속력(A) |

대지속력 C = A−B   대지속력 C = A+B

⚓ 조류가 역류일 때 대지속력   ⚓ 조류가 순류일 때 대지속력

정답 및 키워드   **정** 대수속력 구하기 ▶ 13노트

6

난이도 ★★★ | 출제율 ★★★   ☐☐☐

유속 5노트의 해류를 뒤에서 받으며, GPS로 측정한 선속이 15노트라면, 대수속력(S)과 대지속력(V)은 얼마인가?

갑. S = 10노트, V = 15노트
을. S = 10노트, V = 10노트
병. S = 20노트, V = 5노트
정. S = 15노트, V = 15노트

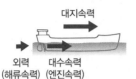
대지속력
외력   대수속력
(해류속력)   (엔진속력)

해류를 뒤에서 받으므로 순류이며, GPS 측정속력은 배의 실제 선속 즉, '대지속력'을 말한다. 그러므로 대지속력은 '15노트'이다.
순류를 받을 때 '대지속력(V) = 대수속력(S) + 유속'이므로
→ 대수속력(S) = 15노트 − 5노트 = 10노트

정답 **갑**

7 ⚠

틀리기 쉬운 문제 | 출제율 ★★★   ☐☐☐

보기의 상황에서 두 개의 (   ) 안에 들어갈 알맞은 단어를 고르시오.

> **보기**
>
> 최고속 대지속력 20노트로 설계된 모터보트를 전속 RPM으로 운행 중 GPS 플로터를 확인하였더니 현재 속력이 22노트였다. 추측할 수 있는 현재의 조류는 (①)이며, 유속은 약 (②) 노트 내외라 추정할 수 있다.

갑. ① 순조, ② 2노트
을. ① 역조, ② 2노트
병. ① 순조, ② 4노트
정. ① 역조, ② 4노트

※ 최고속 대지속력 20노트로 설계: 대수속력(조류가 없다고 가정할 때의 기관속력
※ GPS의 지시속력 = 대지속력 = 실제속력 = 22노트

대지속력(실제속력) = 대수속력 ± 조류 유속
→ '22 = 20±조류 유속' 이므로 조류 유속은 2가 되고, +가 되어야 한다.
즉, 현재 조류는 '순류(+)'이며, 유속은 '2노트'이다.

정답 **갑**

8

난이도 ★★★ | 출제율 ★★★   ☐☐☐

대지속력을 잘 설명하는 것은?

갑. 선박이 항해 중 수면과 이루는 속력
을. 상대속력이라고 한다.
병. 조류의 영향을 별로 받지 않는다.
정. 목적지의 도착예정시간(ETA)를 구할 때 사용한다.

※ 대수속력(speed through water): 선박이 수면상을 지나는 속력 (= 기관 속력)
※ 대지속력(speed over ground): 대수속력에서 해류의 영향을 가감한 속력(전진 속도 = 실제속력 = 육지에서 바라본 속력)
목적지의 도착예정시간(ETA)를 구할 때는 대지속력(실제 속력)으로 계산한다.

정답 및 키워드 **정** 대지속력 ● 목적지의 도착예정시간(ETA)를 구할 때 사용

9 ⚠

틀리기 쉬운 문제 | 출제율 ★★★   ☐☐☐

해도에 나타나지 않은 것은?

갑. 조류 속도   을. 조류 방향
병. 수심   정. 풍향

해도의 요소: 수심, 조류, 항로, 등심선, 저질, 장애물
※ 풍향은 수시로 변하므로 해도로 표시하지 않는다.

정답 및 키워드 **정** 해도에 없는 것 ● 풍향

10

난이도 ★ | 출제율 ★★★   ☐☐☐

해도 도식에서 의심되는 수심을 나타내는 것은?

갑. PD
을. PA
병. SD
정. WK

Sounding of **D**oubtful depth
수심 측정   의심스러운 깊이

정답 및 키워드 **병** 의심되는 수심 ● SD

11 난이도 ★ | 출제율 ★★★ □□□

해도에서 수심이 같은 장소를 연결한 선을 무엇이라 하는가?

갑. 경계선　　　　　　　을. 등고선
병. 등압선　　　　　　　정. 등심선

※ 등고선: 높이가 같은 지점을 이은 선
※ 등압선: 압력이 같은 지점을 이은 선

정답 및 키워드　**정** 수심이 같은 지점을 연결한 선 ▶ 등심선

---

12 난이도 ★ | 출제율 ★★ □□□

해도에서 "RK"라 표시되는 저질은?

갑. 펄　　　　　　　　　을. 자갈
병. 모래　　　　　　　　정. 바위

• 펄 M – Mud flat　• 자갈 G – Gravel
• 모래 S – Sand　　• 바위 RK – RocK

정답 및 키워드　**정** RK ▶ 바위

---

13 난이도 ★★ | 출제율 ★★ □□□

해도에 표기된 조류에 대한 설명으로 옳은 것은?

갑. 해도에 표기된 조류의 방향 및 속도는 측정치의 최대방향과 최소속도이다.
을. 해도에 표기된 조류의 방향 및 속도는 측정치의 최대방향과 최대속도이다.
병. 해도에 표기된 조류의 방향 및 속도는 측정치의 평균방향과 평균속도이다.
징. 해도에 표기된 조류의 방향 및 속도는 측정치의 최소방향과 최소속도이다.

정답 및 키워드　**병** 조류의 방향 및 속도 ▶ 측정치의 평균

---

14 ⚠ 틀리기 쉬운 문제 | 출제율 ★★ □□□

항해 중 해도를 이용할 때 주의사항으로 가장 적합한 것을 고르시오.

갑. 해저의 요철이 불규칙한 곳을 항행한다.
을. 등심선이 기재되지 않은 것은 측심이 정확한 곳이다.
병. 수심이 고르더라도 수심이 얕고 저질이 암초인 공백지를 항행한다.
정. 자세히 표현된 구역은 수심이 복잡하게 기재되었더라도 정밀하게 측량된 것으로 볼 수 있다.

을: 등심선이 기재되지 않은 것은 정밀하게 측정되지 않았거나 해저 요철이 심한 곳으로 주의하여야 한다.
갑, 병: 해저가 불규칙하거나 수심이 얕으면 좌초 위험이 크다.
　　※ 공백지(空白紙): 수심 숫자가 없는 해도상의 공백면
정: 도재된 수심이 조밀하거나 등심선 등이 기재된 것이 정밀하게 측정된 것으로, 소해된 구역은 수심이 조잡해 보이더라도 정밀하게 측정된 것이라 안전하다.
　　※ 소해된 구역: 안전한 항해를 위하여, 바다에 부설한 기뢰 따위의 위험물을 치워 없애는 일

정답 및 키워드　**정** 해도 ▶ 자세히 표현된 구역은 정밀 측량된 것

---

15 난이도 ★★★ | 출제율 ★★★ □□□

선박에서 상대방위란 무엇인가?

갑. 선수를 기준으로 한 방위
을. 물표와 물표 사이의 방위각 차
병. 나북을 기준으로 한 방위
정. 진북을 기준으로 한 방위

정답 및 키워드　**갑** 상대방위 ▶ 선수를 기준으로 한 방위 (↔ 진방위)

16 난이도 ★★★ | 출제율 ★★★ ☐☐☐

동력수상레저기구를 조종할 때 확인해야 할 계기로 옳지 않은 것은?

갑. 엔진 회전속도(RPM) 게이지
을. 온도(TEMP) 게이지
병. 압력(PSI) 게이지
정. 축(SHAFT) 게이지

 축(SHAFT) 게이지는 축의 휨을 측정하는 측정공구이다.

🔵 정답 및 키워드 　정 조종할 때 확인할 계기가 아닌 것 ▶ 축(SHAFT) 게이지

17 난이도 ★ | 출제율 ★★★ ☐☐☐

두 지점 사이의 실제 거리와 해도에서 이에 대응하는 두 지점 사이의 거리의 비는?

갑. 축척　　　　　　을. 지명
병. 위도　　　　　　정. 경도

 축척: 실제의 거리를 지도상에 축소하여 표시하였을 때의 축소 비율 (예 1:5,000, 1:50,000, 1:100,000)

🔵 정답 및 키워드 　갑 실제 거리와 해도의 거리 비 ▶ 축척

18 난이도 ★ | 출제율 ★★ ☐☐☐

자기 컴퍼스(Magnetic compass)의 특징으로 옳지 않은 것은?

갑. 구조가 간단하고 관리가 용이하다.
을. 전원이 필요 없다.
병. 단독으로 작동이 불가능하다.
정. 오차를 지니고 있으므로 반드시 수정해야 한다.

🔵 정답 및 키워드 　병 자기 컴퍼스 ▶ 전원 필요없이 단독 작동

19 난이도 ★★★ | 출제율 ★★★ ☐☐☐

점장도에 대한 설명으로 옳지 않은 것은?

갑. 항정선이 직선으로 표시된다.
을. 침로를 구하기에 편리하다.
병. 두 지점간의 최단거리를 구하기에 편리하다.
정. 자오선과 거등권은 직선으로 나타낸다.

 점장도: 흔히 사용되는 세계지도의 모습이다. 점장도는 고위도로 갈수록 왜곡이 심하므로 두 지점간의 거리가 부정확하다.

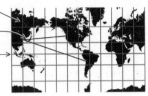

고위도로 갈수록 왜곡이 심하다.
항정선의 실례 (두 점 사이의 선분)
적도가 원통에 접함 (원통이 수직일 때)

정답 　병

20 난이도 ★★★ | 출제율 ★★★ ☐☐☐

항해 중 임의 물표의 방위를 측정하여 선박의 위치를 구하고자 한다. 선위 측정에 필요한 항해장비는?

갑. 음향 측심기(Echo sounder)
을. 자기 컴퍼스(Magnetic Compass)
병. 육분의(Sextant)
정. 도플러 로그(Doppler log)

 자기 컴퍼스(Magnetic Compass): 지구자장의 방향을 고려하여 북쪽을 지시하는 나침판을 말한다.

🔵 정답 및 키워드 　을 선위(선박의 위치) 측정 ▶ 자기 컴퍼스

21 난이도 ★★★ | 출제율 ★★★ ☐☐☐

컴퍼스(나침의)의 자차가 생기는 원인이 아닌 것은?

갑. 선수 방위가 변할 때
을. 선수를 여러 방향으로 잠깐 두었을 때
병. 선체가 심한 충격을 받았을 때
정. 지방 자기의 영향을 받을 때

🔵 정답 및 키워드 　을 컴퍼스 자차 원인 ▶ 선수를 동일한 방향으로 장시간 둠

22 난이도 ★★★ | 출제율 ★★★ □□□

침로에 대한 설명 중 옳은 것은?

갑. 진침로와 자침로 사이에는 자차만큼의 차이가 있다.

을. 선수미선과 선박을 지나는 자오선이 이루는 각이다.

병. 자침로와 나침로 사이에는 편차만큼의 차이가 있다.

정. 보통 북을 000°로 하여 반시계 방향으로 360°까지 측정한다.

- 침로 : 지침이 가리키는 방향, 선수미선과 선박을 지나는 자오선이 이루는 각을 의미한다.
- 진침로와 자침로 사이에는 **편차**만큼의 차이가 있고, 자침로와 나침로 사이에는 **자차**만큼의 차이가 있다.
- 북을 000°로 하여 **시계 방향**으로 360°까지 측정한다.
- ※ 자오선: 북쪽과 남쪽을 잇는 가상의 선
- ※ 자차: 선박 내의 자기장이 지구의 자기장에 상호작용 하면서 발생하는 나침반의 오차

정답 및 키워드 🟢 **을 침로** ▶ 선수미선과 선박을 지나는 자오선이 이루는 각

23 난이도 ★★★ | 출제율 ★★★ □□□

나침로 198°, 자차 4°W, 편차 3°E이고 풍향은 SE (남동) 풍압차 3°일 때 진침로는?

갑. 202°　　　　　을. 200°

병. 197°　　　　　정. 194°

나침로(나침 방위)에서 편차, 자차, 풍압차를 반영한 각도가 진침로 (지구의 자오선을 기준으로 실제 배가 진행방향의 방위)이다.

진짜 북쪽
자북　진북　나북
→ 자차: 자북과 나북(나침판 자체의 오차로 가르키는 북쪽) 의 차이로, 편동(E)이면 더하고, 편서(W)면 빼준다.
→ 편차: 진북과 자북(지구의 자성에 의해 가르키는 북쪽) 의 차이로, 편동(E)이면 더하고, 편서(W)면 빼준다.
진침로
선수미선
실제 항적(진침로)

외력(풍압차): 바람에 의해 밀려 선수미선과 실제 항적과의 차이로, 남동쪽(오른쪽)이므로 진북에 대해 실제 항적은 '+'가 된다.

즉, 자차가 W방향이므로 −4°, 편차가 E방향이므로 +3°, 풍압차는 남동쪽이므로 +3°를 적용하면

∴ 198°(나침로) − 4°W(자차) + 3°E(편차) + 3°(풍압차) = 200°(진침로)

정답 및 키워드 🟢 **을 진침로** ▶ 200°

24 난이도 ★★★ | 출제율 ★★★ □□□

항해 중 어느 한쪽 현에서 바람을 받으면 풍하측으로 떠밀려 실제 지나온 항적과 선수미선이 일치하지 않을 때 그 각을 무엇이라 하는가?

갑. 편차

을. 시침로

병. 침로각

정. 풍압차

풍압차(또는 유압차): 바람이나 조류에 떠밀릴 때 항적과 선수미선 사이에 생기는 각도

바람
--→ 항적
--- 선수미선

정답 및 키워드 🟢 **정 바람으로 실제 항적과 차이** ▶ 풍압차

25 난이도 ★ | 출제율 ★★★ □□□

모터보트에서 사용하는 항해장비 중 레이더의 특징으로 옳지 않은 것은?

갑. 날씨에 영향을 받지 않는다.

을. 충돌방지에 큰 도움이 된다.

병. 탐지거리에 제한을 받지 않는다.

정. 자선 주의의 지형 및 물표가 영상으로 나타난다.

레이더는 성능이 아무리 좋아도 측정거리에 제한을 받는다.

정답 및 키워드 🟢 **병 레이더 특징으로 틀린 것** ▶ 탐지거리에 제한을 받지 않는다.

26 난이도 ★ | 출제율 ★★

자이로컴퍼스(Gyro compass)의 특징 및 작동법에 관한 설명으로 옳지 않은 것은?

갑. 자이로컴퍼스는 고속으로 회전하는 회전체를 이용하여 진북을 알게 해주는 장치이다.

을. 스페리식 자이로컴퍼스를 사용하고자 할 때에는 4시간 전에 기동하여야 한다.

병. 자이로컴퍼스는 자기컴퍼스와 다르게 어떠한 오차도 없다.

정. 방위를 간단히 전기신호로 바꿀 수 있어 여러 개의 리피터 컴퍼스를 동작시킬 수 있다.

정답 및 키워드 병 **자이로컴퍼스** ▶ 오차가 있음 (위도 오차, 속도 오차, 가속도 오차 등)

27 난이도 ★★ | 출제율 ★★

상대선에서 본선과 같은 주파수대의 레이더를 사용하고 있을 때 나타나는 현상은?

갑. 맹목구간   을. 해면반사
병. 간섭현상   정. 기상장해현상

정답 및 키워드 병 **같은 주파수대 레이더 사용** ▶ 간섭현상

28 ⚠️ 틀리기 쉬운 문제 | 출제율 ★★

레이더 플로팅을 통해 알 수 있는 타선 정보로 옳지 않은 것은?

갑. 선박 형상   을. 진속력
병. 진침로   정. 최근접 거리

레이더 플로팅에는 선박이 점이나 기호로 표시되며 형상은 알 수 없다.
레이더 플로팅: 레이더 표시기의 영상을 이용하여 목표물의 검출, 추미 매개 변수의 계산 및 정보의 표시를 하는 모든 과정

정답 및 키워드 갑 **레이더 플로팅으로 알 수 없는 정보** ▶ 선박 형상

29 ⚠️ 틀리기 쉬운 문제 | 출제율 ★★★

선박에 설치된 레이더의 기능으로 볼 수 없는 것은?

갑. 거리측정   을. 풍속측정
병. 방위측정   정. 물표탐지

정답 및 키워드 을 **레이더의 기능** ▶ 풍속 측정✗

30 난이도 ★★ | 출제율 ★★

레이더에서는 여러 주변 장치로부터 다양한 정보를 받아 화면상에 표시한다. 레이더에 연결되는 주변 장치로 옳지 않은 것은?

갑. 자이로컴퍼스   을. GPS
병. 선속계   정. VHF

레이더에 연결되는 장치: 자이로컴퍼스, GPS, 선속계
※ VHF(Very High Frequency): 초단파 통신기기

정답 정

31 난이도 ★★★ | 출제율 ★★★

레이더 화면의 영상을 판독하는 방법에 대한 설명으로 가장 옳지 않은 것은?

갑. 상대선의 침로와 속력 변경으로 인해 상대방위가 변화하고 있다면 충돌의 위험이 없다고 가정한다.

을. 다른 선박의 침로와 속력에 대한 정보는 일정한 시간 간격을 두고 계속적인 관측을 해야 한다.

병. 해상의 상태나 눈, 비로 인해 영상이 흐려지는 부분이 생길 수 있다는 것도 알고 있어야 한다.

정. 반위 변화가 거의 없고 거리가 가까워지고 있으면 상대선과 충돌의 위험성이 있다는 것이다.

상대선의 침로와 속력의 변경 외에 컴퍼스 방위와 거리를 서로 관련시켜서 판단해야 한다.

정답 갑

32 ⚠ 틀리기 쉬운 문제 | 출제율 ★★★ ☐☐☐

초단파(VHF) 통신설비를 갖춘 수상레저기구의 무선통신 방법으로 가장 옳은 것은?

갑. 송신 전력은 가능한 최대 전력으로 사용해야 한다.

을. 중요한 단어나 문장을 반복해서 말하는 것이 좋다.

병. 채널 16은 조난, 긴급, 안전 호출용으로만 사용되어야 한다.

정. 조난 통신을 청수한 때에는 즉시 채널을 변경한다.

🔶 정답 및 키워드 **병** 초단파(VHF) 통신설비 ▶ 채널 **16**(조난, 긴급, 안전 호출용)

33 난이도 ★★★ | 출제율 ★★ ☐☐☐

교차방위법을 실시하기 위해 물표를 선정할 때 주의사항으로 옳지 않은 것은?

갑. 위치가 정확하고 잘 보이는 목표를 선정한다.

을. 다수의 물표를 선정하는 것이 좋다.

병. 먼 목표보다 가까운 목표를 선정한다.

정. 두 물표 선정 시에는 교각이 30° 미만인 것을 피한다.

 교차방위법: 항해 중 배에서 2~3개의 연안 목표물의 각도를 재고, 그 방위선을 해도에 그려, 그 교차점을 찾아 배의 현재 위치를 측정하는 방법
목표물은 해도상의 위치가 명확한 것이어야 하며, 너무 먼 것보다 가까운 거리의 것을 정하는 편이 좋다.

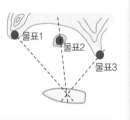

🔶 정답 및 키워드 **을** 교차방위법의 물표 선정 시 ▶ 2~3개의 목표물

34 난이도 ★ | 출제율 ★★ ☐☐☐

모터보트의 현재 위치 측정방법으로 가장 정확한 방법은?

갑. 위성항법장치(GPS)　　을. 어군탐지기
병. 해안선　　　　　　　　정. 수심측정기

🔶 정답 및 키워드 **갑** 모터보트의 현재 위치 측정 ▶ 위성항법장치(GPS)

35 난이도 ★★★ | 출제율 ★★★ ☐☐☐

안전한 항해를 하기 위해 변침 지점과 물표를 미리 선정해 두어야 한다. 이 때 주의사항으로 옳지 않은 것은?

갑. 변침 후 침로와 거의 평행 방향에 있고 거리가 먼 것을 선정한다.

을. 변침하는 현측 정횡 부근의 뚜렷한 물표를 선정한다.

병. 곶, 등부표 등은 불가피한 경우가 아니면 이용하지 않는다.

정. 물표가 변침 후의 침로 방향에 있는 것이 좋다.

 변침 물표는 변침 시 자선의 위치를 파악하는 기준이 되며, 물표가 변침 후의 침로 방향에 있고 그 침로와 평행인 방향에 있으면서 거리가 가까운 것을 선정한다.

🔶 정답 및 키워드 **갑** 변침 후 물표는 ▶ 가까운 것으로 선정

36 난이도 ★ | 출제율 ★★★ ☐☐☐

소형 모터보트의 중, 고속에서의 직진과 정지에 대한 설명으로 가장 옳지 않은 것은?

갑. 키는 사용한 만큼 반드시 되돌려야 하고, 침로 수정은 침로선을 벗어나기 전에 한다.

을. 침로유지를 위한 목표물은 가능한 가까운 쪽의 있는 목표물을 선정한다.

병. 키를 너무 큰 각도로 돌려서 사용하는 것보다 필요한 만큼 사용한다.

정. 긴급시를 제외하고는 급격한 감속을 해서는 안 된다.

🔶 침로유지를 위한 목표물 설정: 직선 침로를 똑바로 활주하기 위해서는 가능한 한 먼 쪽에 있는 목표물을 설정하고 그 목표물과 선수가 계속 일직선이 되도록 조종한다.

🔶 정답 및 키워드 **을** 침로유지를 위한 목표물 선정 시 ▶ 가능한 먼 쪽을 선정

37

중시선에 대한 설명 중 가장 옳지 않은 것은?

갑. 중시선은 일정시간에만 보인다.

을. 선박의 위치 편위를 중시선을 활용하여 손쉽게 알 수 있다.

병. 관측자는 2개의 식별 가능한 물표를 하나의 선으로 볼 수 있다.

정. 통항 계획의 수립 단계에서 찾아낸 자연적이고 명확하게 식별할 수 있는 물표로도 표시할 수 있다.

 중시선은 2~3개의 식별 가능한 물표가 일직선상에 겹쳐보일 때 연결한 직선이다. 중시선을 통해 내 선박이 안전한 항로 위에 있는지, 편위되어 있는지 활용한다. 물표는 야간에도 명확하게 식별 가능하도록 도등을 활용한다.

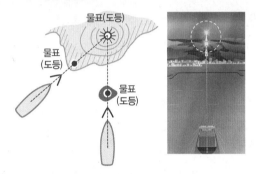

물표(도등)
물표(도등)
물표(도등)

정답 및 키워드 **갑** 중시선의 설명으로 옳지 않은 것 ▶ 일정시간에만 보인다.

38

좁은 수로나 항만의 입구 등에 2~3개의 등화를 앞뒤로 설치하여 그 중시선에 의해 선박을 인도하도록 하는 것은?

갑. 부등   을. 도등
병. 임시등   정. 가등

 도등(leading light): 중시선을 활용할 때 항구나 협수로 등에서 안전항로를 표시하는 등대
※ 부등: 등대 부근의 위험 구역을 비추기 위한 등화

정답 및 키워드 **을** 중시선에 의해 선박을 인도 ▶ 도등

39

연안항해에서 선위를 측정할 때 가장 부정확한 방법은?

갑. 한 목표물의 레이더 방위와 거리에 의한 방법

을. 레이더 거리와 실측 방위에 의한 방법

병. 둘 이상 목표물의 레이더 거리에 의한 방법

정. 둘 이상 목표물의 레이더 방위에 의한 방법

 목표물의 레이더 방위에 의한 선위 측정 방법으로 정확도가 떨어진다.
※ 가장 정확한 선위 측정법: 레이더 거리+실측 방위
※ 선위: 선박의 위치

정답 및 키워드 **정** 선위 측정 시 가장 부정확한 방법 ▶ 레이더 방위만

40 ⚠

위성항법장치(GPS) 플로터에 대한 설명으로 가장 옳지 않은 것은?

갑. GPS 플로터의 모든 해도는 선위확인 등 안전한 항해를 위한 목적으로 사용할 수 있다.

을. GPS 위성으로부터 정보를 수신하여 자선의 위치, 시간, 속도 등이 표시된다.

병. 표시된 데이터로 선박항해에 필요한 정보를 제공한다.

정. 화면상에 각 항구의 해도와 경위도선, 항적 등을 표시할 수 있다.

 일반적인 GPS 플로터의 내장된 전자해도는 간이전자해도로서 항해 **보조용**으로 제작된 것이 많다. 운용자가 안전한 항해를 위해서는 반드시 국가기관의 승인을 받은 **정규해도를 사용**해야 한다.

정답 **갑**

41 난이도 ★★★ | 출제율 ★★★ □□□

해도 하단 좌측에 기재되는 '소개정' 관련 보기 에 대한 설명 중 옳은 것은?

> **보기**
>
> 소개정(Small Correction) (19)312, 627 (20)110

갑. 소개정 최종 개보는 2020년 110번 항까지이다.

을. 소개정이란 해도의 제작처에서 개보(정정)하는 것이다.

병. "(20)110"의 뜻은 2020년 1월10일 개보하였다는 기록이다.

정. 국립해양조사원에서 매달 소개정을 위한 항행통보를 발행한다.

 자동차 네비게이션을 최신 버전으로 업데이트하는 것과 같이 해도(바다 길)도 항상 최신 상태로 만드는 것을 '소개정'이라 하며 국립해양조사원에서 작업을 한다. 항행통보의 관련 항을 개정하면 하단 좌측에 보기 와 같은 '소개정 기록'을 기재한다.

표기 : '( )' 안에는 해당년도의 뒤 두 자리 숫자를 기재, '( )' 오른편에는 항행통보의 개정 관련항 번호를 기록한다.

보기 는 19년 312항, 627항까지 개보, 20년에는 110번 항까지 개보되었음을 의미하여 해도의 소개정 내역 및 누락 여부 확인이 가능하다.

💡 **정답 및 키워드** 갑 소개정 (20)110 ➡ 2020년 110번 항까지 개보

42 난이도 ★★★ | 출제율 ★★ □□□

선박자동식별장치(AIS)에 대한 설명으로 <u>옳지 않은 것</u>은?

갑. 레이더로 식별이 어려운 전파 장애물의 뒤쪽에 위치하는 선박도 식별할 수 있으나, 시계가 좋지 않는 경우에는 식별이 불가능 하다.

을. VTS(선박교통관제)에 정보를 제공하여 선박 통항 관제를 원활하게 하는 데에 있다.

병. 정적정보에는 선명, 선박길이, 선박 종류 등이 포함된다.

정. 선박 상호간에 선명, 침로, 속력 등을 교환하여 항행 안전을 도모하는 데에 있다.

 선박자동식별장치(AIS, Automatic Identification System): 시계가 좋지 않은 경우에도 상대선의 선명, 침로, 속력 등의 식별 가능하므로 선박 충돌방지에 효과적이다.

정답 갑

43 난이도 ★★★ | 출제율 ★★ □□□

평수구역을 항해하는 총톤수 2톤 이상의 소형선박에 반드시 설치해야 하는 무선통신 설비는?

갑. 초단파대 무선설비

을. 중단파(MF/HF) 무선설비

병. 위성통신설비

정. 수색구조용 레이더 트렌스폰더(SART)

- 평수구역: 평온함을 유지하는 수역
- 초단파대 무선설비: 무선전화 및 디지털선택호출장치

💡 **정답 및 키워드** 갑 **총톤수 2톤 이상의 소형선박** ➡ 초단파대 무선설비

44 난이도 ★★★ | 출제율 ★★ □□□

비상위치 지시용 무선표지설비(EPIRB)에 대한 설명으로 <u>옳지 않은 것</u>은?

갑. 선박이 침몰할 때 떠올라서 조난신호를 발신한다.

을. 위성으로 조난신호를 발신한다.

병. 조타실 안에 설치되어 있어야 한다.

정. 자동작동 또는 수동작동 모두 가능하다.

 비상위치 지시용 무선표지설비: 선교(Top bridge)에 설치되어 선박이 침몰했을 때 자동으로 부상하여 위성을 통해 조난신호를 전송한다.

💡 **정답 및 키워드** 병 **비상위치 지시용 무선표지설비(EPIRB)** ➡ 선교에 설치

신호기는 30페이지 참조

1 난이도 ★★ | 출제율 ★★★ ☐☐☐

보트나 부이에 국제신호서상 A기가 게양되어 있을 때, 깃발이 뜻하는 의미는?

갑. 스쿠버 다이빙을 하고 있다.
을. 낚시를 하고 있다.
병. 수상스키를 타고 있다.
정. 모터보트 경기를 하고 있다.

 A(알파기): '본선은 잠수부를 내리고 있으니 저속으로 피하라'

정답 **갑**

2 난이도 ★★ | 출제율 ★★ ☐☐☐

보기 의 설명으로 가장 옳은 신호 방법은?

> 보기
> 본선은 조난중이다. 즉시 지원을 바란다.

갑. AC   을. DC
병. NC   정. UC

 NC는 'November Charlie'의 약자로 November는 부정, Charlie는 긍정의 의미가 있다. NC의 순서대로 깃발을 올리면 조난, 구난신호 (SOS)가 된다

정답 및 키워드 **병** 조난중, 지원 ▶ **NC**

3 난이도 ★★ | 출제율 ★★ ☐☐☐

보기 의 신호 방법으로 옳은 것은?

> 보기
> 피하라 : 본선은 조종이 자유롭지 않다.

갑. D   을. E
병. F   정. G

정답 및 키워드 **갑** 피하라 ▶ **D**(Delta)   국제 문자기 신호(델타)

4 난이도 ★★ | 출제율 ★★ ☐☐☐

보기 의 신호 방법으로 옳은 것은?

> 보기
> 본선에 불이 나고, 위험 화물을 적재하고 있다. 본선을 충분히 피하라.

갑. J   을. K
병. L   정. M

정답 및 키워드 **갑** 충분히 피하라 ▶ **J**(Juliet)   국제 문자기 신호(줄리엣)

5 난이도 ★★ | 출제율 ★★ ☐☐☐

보기 의 신호 방법으로 옳은 것은?

> 본선의 기관은 후진중이다.

갑. T   을. S
병. V   정. W

정답 및 키워드 **을** 후진 ▶ **S**(Sierra)   국제 문자기 신호(시에라)

6 난이도 ★★ | 출제율 ★★ ☐☐☐

그림 의 문자기로 가장 옳은 것은?

그림

갑. A   을. B
병. H   정. I

정답 및 키워드 **정** 일본국기 모양 ▶ **I**

7 난이도 ★★ | 출제율 ★★ ☐☐☐

그림 은 "의료수송 식별표시"이다. 설명으로 가장 옳지 않은 것은?

그림

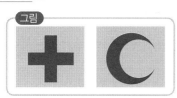

갑. 단독으로 사용하여야 한다.

을. 단독 또는 공동으로 사용할 수 있다.

병. 선측, 선수, 선미 또는 갑판상에 백색바탕에 적색으로 할 것

정. 제네바협정에서 정한 의료수송에 종사함으로 보호받을 수 있는 선박의 식별표시이다.

정답 및 키워드 갑 의료수송 식별 표시 ▶ 단독 또는 공동으로 사용

8 난이도 ★★★ | 출제율 ★★★ ☐☐☐

보기 의 그림이 의미하는 것은?

갑. 비상집합장소

을. 강하식탑승장치

병. 비상구조선

정. 구명뗏목

비상집합장소: 선박비상상황 발생 시 탈출을 위해 모이는 장소

정답 갑

9 난이도 ★ | 출제율 ★★★ ☐☐☐

동력수상레저기구는 위험물 운반선 부근을 통항 시 멀리 떨어져서 운항하여야 한다. 위험물 운반선의 국제 문자 신호기로 옳은 것은?

갑. A기(왼쪽 흰색 바탕 l 오른쪽 파랑색 바탕 〈 모양)

을. B기(빨간색 바탕 기류, 오른쪽 〈 모양)

병. Q기(노란색 바탕 사각형 기류)

정. H기(왼쪽 흰색 바탕 l 오른쪽 빨간색 바탕 사각형 기류)

정답 및 키워드 을 위험물 운반선 ▶ B기(빨간색)

10 난이도 ★ | 출제율 ★★★ ☐☐☐

바다에 사람이 빠져 수색 중인 선박을 발견하였다. 이 선박에 게양되어 있는 국제 기류 신호는 무엇인가?

갑. F기(흰색 바탕에 마름모꼴 빨간색 모양 기류)

을. H기(왼쪽 흰색 바탕 l 오른쪽 빨간색 바탕 사각형 기류)

병. L기(왼쪽 위 노란색, 아래 검정색 l 오른쪽 상단 검정색, 아래 노란색)

정. O기(왼쪽 아래 노란색, 오른쪽 위 빨간색 사선 모양 기류)

정답 및 키워드 정 바다에 사람이 빠졌을 때 국제 기류 신호 ▶ O기

11 난이도 ★★ | 출제율 ★★ ☐☐☐

음향표지 또는 무중신호에 대한 설명으로 옳지 않은 것은?

갑. 밤에만 작동한다.

을. 사이렌이 많이 쓰인다.

병. 공중음신호와 수중음신호가 있다.

정. 일반적으로 등대나 다른 항로표지에 부설되어 있다.

정답 및 키워드 갑 음향표지 또는 무중신호 ▶ 주야간 모두 작동

12 난이도 ★★ | 출제율 ★★★ ☐☐☐

우리나라의 우현항로 표지의 색깔은?

갑. 녹색

을. 홍색

병. 황색

정. 흑색

- -

🔦 정답 및 키워드   을 **우현항로 표지의 색** ● 홍색

13 난이도 ★★ | 출제율 ★★★ ☐☐☐

보기 에서 설명하는 것으로 알맞은 것을 고르시오.

> 보기
>
> 주간에 두표는 2개의 흑색 원추형으로 상부흑색, 하부황색의 방위표지는?

갑. 북방위 표지

을. 서방위 표지

병. 동방위 표지

정. 남방위 표지

 북방위 표지
— 흑색
— 황색

- -

정답 **갑**

14 난이도 ★ | 출제율 ★★ ☐☐☐

북방위 표지가 뜻하는 것은?

갑. 북쪽이 안전수역이니까 북쪽으로 항해할 수 있다.

을. 북쪽을 제외한 다른 지역이 안전수역이다.

병. 남쪽이 안전수역이니까 남쪽으로 항해할 수 있다.

정. 남쪽과 북쪽이 안전수역이니까 남쪽 또는 북쪽으로 항해할 수 있다.

 방위표지가 설치된 방향이 안전수역이다.

- -

🔦 정답 및 키워드   갑 **북방위표지** ● 북쪽으로 항해하면 안전

15 난이도 ★★ | 출제율 ★★ ☐☐☐

고립장해표지에 대한 설명 중 옳지 않은 것은?

갑. 이 표지의 주변이 가항수역이다.

을. 두표는 흑구 두 개가 수직으로 연결되어 있다.

병. 암초, 침선 등 고립된 장애물 위에 설치 또는 계류하는 표지이다.

정. 이 표지가 있는 수역 일대는 가항수역으로 수로 중간이나 연안으로 가는 접근로를 표시한다.

 방위표지와 달리 고립장해표지가 있는 곳은 암초 등으로 위험하다는 의미이므로 '접근하지 말라'는 표시이다.

- -

🔦 정답 및 키워드   정 **고립장해표지의 설명이 아닌 것** ● 가항수역이 아님

16 난이도 ★ | 출제율 ★★★ ☐☐☐

우리나라의 우현표지에 대한 설명으로 옳은 것은?

갑. 우측항로가 일반적인 항로임을 나타낸다.

을. 공사구역 등 특별한 시설이 있음을 나타낸다.

병. 고립된 장애물 위에 설치하여 장애물이 있음을 나타낸다.

정. 항행하는 수로의 우측 한계를 표시함으로, 표지 좌측으로 항행해야 안전하다.

 우현표지는 우측에 암초, 공사 등의 장애물이 있을 때 그 한계를 나타낸 것이므로 우현표지의 좌측으로 항행하라는 의미이다.

- -

🔦 정답 및 키워드   정 **우현 표지** ● 우측 한계를 표시

04 수상레저기구의 조종술 예상출제문항수 **3-5**

1
난이도 ★★ | 출제율 ★★★

'선체가 파도를 받으면 동요한다.' 선박의 복원력과 가장 밀접한 관계가 있는 운동은?

갑. 롤링(rolling)   을. 서지(surge)

병. 요잉(yawing)   정. 피칭(pitching)

 복원력은 배가 좌우로 흔들릴 때 발생되므로 롤링과 관계가 있다.

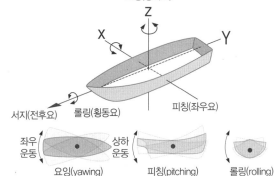

정답 및 키워드 **갑** **복원력** ▶ 롤링

2
난이도 ★★★ | 출제율 ★★★

보기 의 설명으로 옳은 것을 고르시오.

> **보기**
> 선수가 좌우 교대로 선회하려는 왕복 운동이며, 선박의 보침성과 깊은 관계가 있다.

갑. 롤링(rolling)   을. 서지(surge)

병. 요잉(yawing)   정. 피칭(pitching)

 보침성: 원하는 방향으로 똑바로 갈 수 있는 성질(침로안정성)

정답 및 키워드 **병** **선수가 좌우 교대, 보침성** ▶ 요잉

> **정리하기**
> • 복원력, 러칭, 전복과 관련 : 롤링
> • 보침성과 관련 : 요잉
> • 피칭과 관련 : 선수미 등흘수

3
난이도 ★★★ | 출제율 ★★

모터보트 운항 시 속력을 낮추거나 정지해야 할 경우로 옳지 않은 것은?

갑. 농무에 의한 시정이 제한된 경우

을. 다른 보트가 추월을 시도하는 경우

병. 좁은 수로에서 침로만을 변경하기 어려운 경우

정. 진행 침로방향에 장애물이 있을 경우

 정답 및 키워드 **을** **속력을 낮추거나 정지해야 할 경우로 틀린 것** ▶
다른 보트가 추월을 시도

4
난이도 ★★★ | 출제율 ★★

동력수상레저기구를 운항할 때 높은 파도를 넘는 방법으로 가장 적당한 것은?

갑. 파도 방향과 선체가 평행이 되도록 한다.

을. 파도를 선수 20~30° 방향에서 받도록 한다.

병. 파도 방향과 직각이 되도록 한다.

정. 파도와 관계없이 정면에서 바람을 받도록 한다.

 히브 투(Heave to): 선수를 풍랑 쪽으로 향하게 하여 조타가 가능한 최소의 속력으로 전진하는 방법으로, 풍랑을 선수 좌우현 25~35° (또는 20~30°)로 받으며, 최소의 속력으로 운항한다.

정답 및 키워드 **을** **높은 파도를 넘는 방법** ▶ 선수 **20~30** ° 방향

5
난이도 ★★★ | 출제율 ★★

황천으로 항해가 곤란할 때 바람을 선수 좌·우현 25~35도로 받으며 타효가 있는 최소한의 속력으로 전진하는 것을 무엇이라고 하는가?

갑. 히브 투(heave to)

을. 스커딩(scudding)

병. 라이 투(lie to)

정. 브로칭 투(Broaching to)

• **타효**: 조타가 가능한(조타가 유효하게 작용하는)

정답 및 키워드 **갑** **황천 항해 시 최소한의 속력으로 전진** ▶ 히브 투

6 난이도 ★★★ | 출제율 ★★ ☐☐☐

보기 의 설명으로 옳은 것을 고르시오.

> **보기**
>
> 황천으로 항행이 곤란할 때, 풍랑을 선미 쿼터(quarter)에서 받으며, 파에 쫓기는 자세로 항주하는 방법이며, 이 방법은 선체가 받는 충격 작용이 현저히 감소하고, 상당한 속력을 유지할 수 있으나, 보침성이 저하되어 브로칭 현상이 일어날 수도 있다.

갑. 라이 투   을. 빔 엔드
병. 스커딩   정. 히브 투

 스커딩: 마치 서핑보드로 파도를 타듯, 파도에 쫓기는 듯한 자세로 풍랑을 선미쪽에만 받으므로 충격이 감소되는 효과가 있다.
※ 황천 항행: 폭풍과 태풍 등의 악천후 속에서 항해
※ 보침성: 진직성 유지
※ 브로칭: 옆으로 기울어짐

범선의 스커딩 모습

 정답 및 키워드 **병** 풍랑을 선미쿼터에서 받고, 파에 쫓기는 자세 ❷ 스커딩

---

7 ⚠ 틀리기 쉬운 문제 (비교 체크 – 히브 투, 스커딩) ☐☐☐

풍랑을 선미 좌·우현 25~35도에서 받으며, 파에 쫓기는 자세로 항주하는 것을 무엇이라고 하는가?

갑. 히브 투   을. 스커딩
빙. 라이 투   정. 러칭

황천 항해 시 조종법 → 히브투, 스커딩, 라이투
• 히브 투: 'heave'는 '배가 들썩인다'는 의미이므로 선수(뱃머리) 앞에 파도를 두고 천천히 전진하는 방법
• 스커딩: 'scudding'은 순주(順走)의 의미로, 파도를 뒤에 두고 속력을 높여 파에 쫓기는 자세로 전진하는 방법
• 라이 투: 선박을 정지한 채로 바람의 흐름을 거스르지 않게 비바람과 파도 속에 떠 있는 방법

정답 및 키워드 **을** 황천 항해 시 파에 쫓기는 자세로 항주 ❷ 스커딩

---

8 난이도 ★★★ | 출제율 ★★★ ☐☐☐

황천 항해 중 선박조종법으로 <u>옳지 않은</u> 것은?

갑. 라이 투(Lie to)
을. 히브 투(Heave to)
병. 스커딩(Scudding)
정. 브로칭(Broaching)

> **황천 항해 중 선박조종법**
> • 히브 투(Heave to)
> • 스커딩(Scudding)
> • 라이 투(Lie to)

 브로칭 현상: 러칭과 같이 옆으로 기울어지는 현상을 말하며 브로칭, 러칭은 조종법이 아니라 위험 상황에 해당한다. 선박이 파도를 선미로부터 받으며 항해할 때 선체 중앙이 파도의 고점이나 저점에 위치하면 급격한 선수 동요에 의해 선체가 파도와 평행하게 놓여진다. 이 때 파도가 갑판을 덮치고 파도에 의해 선체가 옆으로 크게 기울어져 전복될 위험이 높다.

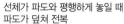 선체가 파도와 평행하게 놓일 때 파도가 덮쳐 전복

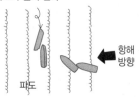
파도

항해 방향

⬆ 브러칭 현상

정답 및 키워드 **정** 황천 항해 중 선박조종법으로 틀린 것 ❷ 브로칭

---

9 난이도 ★★ | 출제율 ★★ ☐☐☐

보기 의 설명으로 옳은 것을 고르시오.

> **보기**
>
> 브로칭 현상이 발생하면 파도가 갑판을 덮치고 대각도의 선체 횡경사가 유발되어 선박이 전복될 위험이 있다.

갑. 동조 횡동요   을. 러칭
병. 브로칭   정. 슬래밍

 횡동요, 브로칭, 러칭, 슬래밍은 항해 시 파도에 의해 위험한 상황을 나타내며, 황천 항해 중 선박조종법과 구분한다.
┌→ '힘껏 내리치다'는 의미
※ 슬래밍(slamming): 선체가 항해 중 높은 파도를 만날 때 선수부가 파도를 타고 올라갔다가 아래로 떨어지며 수면에 강타될 때 충격이 가하게 되는 것

정답 및 키워드 **병** 브로칭 현상이 발생 ❷ 브로칭

10

난이도 ★★★ | 출제율 ★★ ☐☐☐

[보기]의 설명으로 옳은 것을 고르시오.

선체가 횡동요 중에 옆에서 돌풍을 받든지 또는 파랑 중에서 대각도 조타를 하면 선체는 갑자기 큰 각도로 경사하게 된다.

갑. 동조 횡동요
을. 러칭
병. 브로칭
정. 슬래밍

횡동요(≒ 롤링): 선박의 길이 방향을 중심으로 주기적인 회전 왕복 운동

롤링(횡요) / 돌풍

정답 및 키워드 횡동요, 돌풍 ▶ 러칭

11

난이도 ★★★ | 출제율 ★★ ☐☐☐

폭풍우 시 대처방법으로 옳지 않은 것은?

갑. 파도의 충격과 동요를 최대로 줄이기 위해 속력을 줄이고 풍파를 선수 20~30° 방향에서 받도록 조종한다.
을. 파도의 충격과 동요를 최대로 줄이기 위해 속력을 줄이고 풍파를 우현 90° 방향에서 받도록 조종한다.
병. 파도를 보트의 횡방향에서 받는 것은 대단히 위험하다.
정. 보트의 위치를 항상 파악하도록 노력한다.

풍파를 90° 방향으로 받으면 전복 위험이 크다.

정답 및 키워드 선박 간 충돌 시 조치사항 틀린 것 ▶
풍파를 우현 **90**° 방향에서 받도록 조종

12

난이도 ★★★ | 출제율 ★★ ☐☐☐

수심이 얕은 해역을 항해할 때 발생하는 현상으로 옳지 않은 것은?

갑. 조종 성능 저하
을. 속력 감소
병. 선체 침하 현상
정. 공기 저항 증가

공기 저항은 수심과 관계없이 수면 상부 선체의 형상, 선속, 풍속 그리고 풍향의 영향을 받는 것을 말한다.

침하현상(squat)

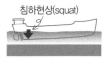

※ 침하 현상 : 선미가 아래로 끌리는 것

정답 및 키워드 얕은 수심에서 발생 현상이 아닌 것 ▶ 공기 저항 증가

13

난이도 ★★★ | 출제율 ★★ ☐☐☐

선박이 전진 중 횡방향에서 바람을 받으면 선수는 어느 방향으로 향하나?

갑. 변화 없이 지속유지
을. 바람이 불어가는 방향
병. 풍하방향
정. 바람이 불어오는 방향

선박이 전진 중에 바람을 횡방향으로 받으면 선체가 선속과 바람의 힘을 합친 방향으로 나아가면서 선미가 풍하 쪽으로 떠밀려 결국 선수는 바람이 불어오는 방향으로 향한다.

바람 / 바람

정답 및 키워드 횡방향에서 바람을 받으면 ▶ 선수는 바람이 **불어오는** 방향

14

난이도 ★★ | 출제율 ★★★ ☐☐☐

전타 선회 시 제일 먼저 생기는 현상은?

갑. 킥(Kick)
을. 종거
병. 선회경
정. 횡거

14~17은 킥(kick) 현상에 대한 문제이예요. 자주 출제됩니다.

※ 전타: 방향키의 각도를 바꾸는 것

정답 및 키워드 선회 시 제일 먼저 생기는 현상 ▶ 킥

chapter 02

15
난이도 ★★★ | 출제율 ★★★

킥(Kick) 현상에 대한 설명으로 옳지 않은 것은?

갑. 원침로에서 횡 방향으로 무게중심이 이동한 거리로 선미 킥은 배 길이의 1/4~1/7정도 이다.

을. 장애물을 피할 때나 인명구조 시 유용하게 사용한다.

병. 선속이 빠른 선박과 타효가 좋은 선박은 커지며, 전타 초기에 현저하게 나타난다.

정. 선회 초기 선체는 원침로보다 안쪽으로 밀리면서 선회한다.

킥 현상: 선회 초기 선체는 무게중심에 의해 원침로보다 바깥으로 밀리면서 선회한다.

무게중심 궤적

원침로

선회 반지름

킥(kick): 선회 초기 선체가 원침로보다 바깥쪽으로 밀린다.

⬆ 선회 시 현상

정답 및 키워드 ㉑ **선회 초기 현상** ▶ 원침로보다 안쪽으로 밀림

16
난이도 ★★★ | 출제율 ★★

보기 **의 (   )안에 들어갈 말로 옳은 것을 고르시오.**

> **보기**
> 직진 중인 선박이 전타를 행하면, 초기에 수면 상부의 선체는 (㉠) 경사하며, 신회를 계속하면 신체는 각속도로 정상 선회를 하며 (㉡) 경사하게 된다.

갑. ㉠ 내방, ㉡ 내방　　　을. ㉠ 내방, ㉡ 외방

병. ㉠ 외방, ㉡ 내방　　　정. ㉠ 외방, ㉡ 외방

초기에 수면 상부의 선체는 안쪽으로 경사하며, 선회를 계속하면 정상 선회를 하며 바깥쪽으로 경사하게 된다.

정답 및 키워드 ㉓ **선회 시 선체경사** ▶ 내방경사 후 외방경사

17
난이도 ★★★ | 출제율 ★★

선외기 등을 장착한 활주형 선박에서 운항 중 선회하는 경우 선체경사는?

갑. 외측경사

을. 내측경사

병. 외측경사 후 내측경사

정. 내측경사 후 외측경사

활주형 선박(모터보트)를 선회할 때 킥 현상에 의해 선회권의 안쪽으로 경사(내측경사), 선회를 계속하면 선체는 일정한 각속도로 정상 선회(외측경사)한다.

횡경사

외측경사

외측경사 (일정 경사)

외측경사 / 내측경사

내측경사

⬆ 선회 시 경사

정답 및 키워드 ㉓ **선회 시 선체경사** ▶ 내측경사 후 외측경사

18 ⚠ 틀리기 쉬운 문제 | 출제율 ★★★

좌초 후 자력으로 이초할 때 유의사항으로 가장 옳은 것은?

갑. 암초 위에 얹힌 경우, 구조가 될 때까지 무작정 기다린다.

을. 저조가 되기 직전에 시도하고 바람, 파도, 조류 등을 이용한다.

병. 선체 중량을 경감 할 필요가 있을 땐 이초 시작 직후에 실시한다.

정. 갯벌에 얹혔을 때에는 선체를 좌우로 흔들면서 기관을 사용하면 효과적이다.

암초에 얹힌 경우에는 썰물(저조)이 진행 중일 때 좌우로 흔들면 배의 기울기가 커져 전복의 위험이 있으므로 주의해야 하나 갯벌의 경우는 무관하다.
※ **이초**: 항해 중 암초에 걸린 배가 암초에서 떨어져 다시 물에 뜨는 것

정답 및 키워드 ㉓ **갯벌에서 자력으로 이초** ▶ 선체를 좌우로 흔들면서

19
난이도 ★★★ | 출제율 ★★　　　□□□

운항 중 보트가 얕은 모래톱에 올라앉은 경우 제일 먼저 취해야 하는 조치는?

갑. 선체의 파손 확인

을. 조수간만 확인

병. 배의 위치를 확인

정. 기관(엔진)을 정지

엔진은 회전하는데 프로펠러가 강제적으로 정지되면 변속기나 추진축 등에 손상을 초래하므로 가장 먼저 엔진을 먼저 정지시켜야 한다.

정답 및 키워드 정 모래톱에 올라앉은 경우 ◐ 엔진 정지

20
난이도 ★★★ | 출제율 ★★★　　　□□□

해양사고 대처에 있어 보기 와 같은 판단들은 무엇을 시도하기 전에 고려할 사항인가?

> 보기
> • 손상 부분으로부터 들어오는 침수량과 본선의 배수 능력을 비교하여 물에 뜰 수 있을 것인가
> • 해저의 저질, 수심을 측정하고 끌어낼 수 있는 시각과 기관의 후진 능력을 판단
> • 조류, 바람, 파도가 어떤 영향을 줄 것인가
> • 무게를 줄이기 위해 적재된 물품을 어느 정도 해상에 투하하면 물에 뜰 수 있겠는가

갑. 충돌　　　　　　을. 접촉

병. 좌초　　　　　　정. 이초

좌초 사고 즉시의 조치
① 즉시 기관을 정지
② 손상부 파악
③ 손상부 확대 가능성에 주의하여 후진 기관 사용 여부 판단
④ 자력 **이초** 가능 여부 판단
⑤ **이초** 결정 시 이초를 위한 방법을 선택한다.
　보기 는 좌초 또는 임의 좌주 후 탈출하기 위한 이초법 시도 시 고려할 사항들이다.

※ 좌초: 배가 암초에 얹힌 상태
※ 좌주: 물이 얕은 곳의 바닥이나 모래가 쌓인 곳에 배가 걸림

정답 정

21
난이도 ★★ | 출제율 ★★　　　□□□

이안 거리(해안으로부터 떨어진 거리)를 결정할 때 고려해야 할 사항으로 옳지 않은 것은?

갑. 선박의 크기 및 제반 상태

을. 항로의 교통량 및 항로 길이

병. 해상, 기상 및 시정의 영향

정. 해도의 수량 및 정확성

배와 해안선과의 거리를 결정할 때 해도(섬)와는 무관하다.

정답 및 키워드 정 이안 거리 결정 시 고려사항이 아닌 것 ◐ 섬의 갯수와 정확성

22
난이도 ★★★ | 출제율 ★★　　　□□□

보기 의 등질에 대한 설명으로 알맞지 않은 것은?

> 보기
> **Fl(3)WRG.15s 21m 15-11M**

갑. 21m : 평균해수면상의 등고 21m이다.

을. 15s : 3회의 섬광을 15초에 1주기로 비춘다.

병. Fl(3) : 빛이 일정한 간격으로 3회의 섬광을 보인다.

정. WRG : 지정된 영역안에서 서로 다른 백, 홍, 청등이 비춘다.

등질: 등화의 식별을 위한 빛의 상태(구분)

정답 및 키워드 정 등질 ◐ WRG: White(백), Red(홍), Green(녹)

23
난이도 ★ | 출제율 ★★　　　□□□

등대의 광달거리의 설명으로 가장 옳지 않은 것은?

갑. 관측안고가 높을수록 길어진다.

을. 등고가 높을수록 길어진다.

병. 광력이 클수록 길어진다.

정. 날씨와는 관계없다.

광달거리: 빛이 도달하는 최대거리

정답 및 키워드 정 광달거리 ◐ 날씨에 따라 다르다.

24 난이도 ★★★ | 출제율 ★★ ☐☐☐

모터보트가 전복될 위험이 가장 큰 경우는?

갑. 기관 공전이 생길 때

을. 횡요주기와 파랑의 주기가 일치할 때

병. 조류가 빠른 수역을 항해할 때

정. 선수 동요를 일으킬 때

롤링(횡요)

↑파랑

그림에서 배가 좌측으로 기울어질 때 우측에 파도가 올라가면 보트는 좌측으로 전복될 우려가 커요.

• 횡요주기: 배를 앞에서 보았을 때 좌우로 흔들리는 주기
• 파랑주기: 파도의 파동 주기

배의 기울기에 파도에 의한 기울기가 더해지면 전복위험이 크다.

정답 및 키워드 🔑 **모터보트 전복** ▶ 횡요주기와 파랑 주기가 일치

25 ⚠ 틀리기 쉬운 문제 | 출제율 ★★★ ☐☐☐

안전한 속력을 결정할 때에 고려하여야 할 사항과 가장 거리가 먼 것은?

갑. 시계의 상태

을. 해상교통량의 밀도

병. 선박의 승선원과 수심과의 관계

정. 선박의 정지거리·선회성능, 그 밖의 조종성능

정답 및 키워드 🔑 **병** 안전한 속력을 결정할 때 고려사항 아닌 것 ▶ 선박의 승선원과 수심과의 관계

26 난이도 ★★★ | 출제율 ★★★ ☐☐☐

보기의 (   )안에 들어갈 말로 옳은 것을 고르시오.

> **보기**
>
> 선체가 앞으로 나아가면서 물을 배제한 수면의 빈 공간을 주위의 물이 채우려고 유입하는 수류로 인해, 주로 뒤쪽 선수미 선상의 물이 앞쪽으로 따라 들어오는데 이것을 (   )라고 한다.

갑. 배출류   을. 흡입류

병. 횡압류   정. 추적류(반류)

추적류(반류): 배가 앞으로 나갈 때 추진기에 의해 밀려나는 물이 흡입류에 의해 빠진 부분으로 이동하며 발생하는 물의 흐름

배 중간 부분에는 물이 프로펠러로 흡입되며 압력이 낮아짐

추적류(반류): 선미측 B 압력이 A 압력보다 높으므로 역류가 발생한다.

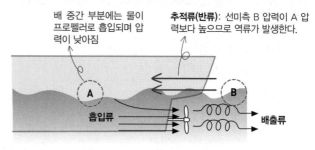
A   B
흡입류   배출류

정답 및 키워드 🔑 **정** 진행 시 선미쪽 물이 앞으로 들어오는 것 ▶ 추적류(반류)

27 난이도 ★★★ | 출제율 ★★★ ☐☐☐

동력수상레저기구 두 대가 근접하여 나란히 고속으로 운항할 때 어떤 현상이 일어나는가?

갑. 수류의 배출작용 때문에 멀어진다.

을. 평행하게 운항을 계속하면 안전하다.

병. 흡인작용에 의해 서로 충돌할 위험이 있다.

정. 상대속도가 0에 가까워 안전하다.

흡인작용: 바람이나 조류, 압력차, 속도에 의한 흡입류 등에 의해 선체 중간부의 압력이 낮아진다. 이때 나란히 운항하는 선박 사이에서 저압부가 중첩되면서 흡인력이 크게 작용하여 서로를 잡아당기는 현상이다.
(압력은 높은 곳에서 낮은 곳으로 이동하므로 선수미의 고압이 다른 선박의 저압으로 이동하며 흡인작용이 발생한다)

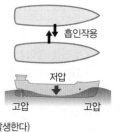
흡인작용
저압
고압   고압

정답 및 키워드 🔑 **병** 2대가 근접하여 나란히 고속 운항할 때의 현상 ▶ 흡인작용

28 난이도 ★★★ | 출제율 ★★　□□□

우회전 프로펠러로 운행하는 선박이 계류 시 우현계류보다 좌현계류가 더 유리한 이유는?

갑. 후진 시 배출류의 측압작용으로 선미가 좌선회하는 것을 이용한다.

을. 후진 시 횡압력의 작용으로 선미가 좌선회하는 것을 이용한다.

병. 후진 시 반류의 작용으로 선미가 좌선회하는 것을 이용한다.

정. 후진 시 흡수류의 작용으로 선수가 우회두하는 것을 이용한다.

- **횡압력**: 우회전 프로펠러의 경우 전진 시 프로펠러 상부보다 하부에 작용하는 압력이 크므로 횡압력에 의해 선수를 좌편향시킨다.
- **배출류의 측압작용**: 후진 중일 때 프로펠러는 시계반대방향으로 회전하며, 좌현측 배출류는 선체 형상을 따라 흘러나가지만, 우현측 배출류는 우측미 외벽을 때리며 선미가 좌측으로, 선수는 우측으로 회두된다.

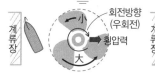
⬆ 전진 시(횡압력)

⬆ 후진 시(배출류의 측압작용)

 정답 및 키워드 **갑** 좌현계류가 유리한 이유 ▶ 후진 시 배출류의 측압작용

---

29 난이도 ★★★ | 출제율 ★★　□□□

모터보트 상호간의 흡인·배척 작용을 설명한 내용으로 옳지 않은 것은?

갑. 접근거리가 가까울수록 흡인력이 크다.

을. 추월시가 마주칠 때보다 크다.

병. 저속 항주시가 크다.

정. 수심이 얕은 곳에서 뚜렷이 나타난다.

모터보트 상호작용(흡인·배척 작용)
선박의 선수, 중앙, 선미 주변의 압력은 그림과 같이 선·수미에서 높으며, 중앙이 낮게 나타난다. 이때 양 선박 사이에 생기는 수압에 따른 간섭으로 흡인·배척 작용이 일어난다. (작용하는 압력의 크기는 선수부 > 선미부 > 선체 중앙부이다)

정답 및 키워드 **병** 흡인·배척 작용 ▶ 고속 항주 시 크다

[배에 작용하는 압력]

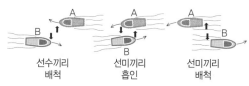
선수끼리 배척　선미끼리 흡인　선미끼리 배척
⬆ 반대 방향으로 항행할 때

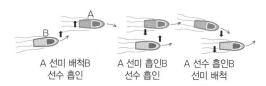
A 선미 배척B 선수 흡인　A 선미 흡인B 선수 흡인　A 선수 흡인B 선미 배척
⬆ 같은 방향에서 추월할 때

30 난이도 ★★ | 출제율 ★★★　□□□

모터보트의 선회 성능에 대한 설명으로 가장 옳지 않은 것은?

갑. 속력이 느릴 때 선회 반경이 작고 빠를 때 크다.

을. 선회 시는 선체 저항의 증가로 속력은 떨어진다.

병. 타각이 클 때보다 작을 때 선회 반경이 크다.

정. 프로펠러가 1개인 경우 좌우의 선회권의 크기는 차이가 없다.

프로펠러가 1개인 경우 프로펠러 회전방향으로 횡압력이 작용하며, 이로 인해 선수가 반대로 편향되므로 좌우 선회 시 영향을 받는다. (29번 참조)

 정답 및 키워드 **정** 프로펠러가 1개인 경우 ▶ 선회권 차이가 없다×

31 난이도 ★★★ | 출제율 ★★ □□□

수로 둑의 영향에 대한 설명으로 옳지 않은 것은?

갑. 수로의 중앙을 항행할 때에는 별 영향을 받지 않는다.

을. 둑에서 가까운 선수 부분은 둑으로부터 흡인 작용을 받는다.

병. 둑에서 가까운 선수 부분은 둑으로부터 반발 작용을 받는다.

정. 수로의 중앙을 항행할 때에는 좌우의 수압 분포가 동일하다.

 선박이 수로를 지날 때 수로의 한쪽으로 치우치면 둑에서 가까운 선수 부분은 둑으로부터 반발 작용을 받고, 선미 부분은 흡인 작용을 받는다.

정답 및 키워드 **을** 둑에서 가까운 선수 부분 ▶ 반발 작용

32 난이도 ★★★ | 출제율 ★★★ □□□

선박이 우현쪽으로 둑에 접근할 때 선수가 받는 영향은?

갑. 우회두한다.

을. 흡인된다.

병. 반발한다.

정. 영향이 없다.

 둑이나 계류장 접근: 전진 중 **선수는 반발**하고, 선미는 안벽쪽으로 붙으려는 흡인 경향이 있다. (※ 참고: 두 선박이 가까운 거리에서 나란히 고속 항주할 때도 흡인 현상이 있다)

정답 및 키워드 **병** 우현쪽으로 둑에 접근할 때 선수가 받는 영향 ▶ 반발

33 난이도 ★★★ | 출제율 ★★★ □□□

모터보트를 계류장에 접안할 때 주의사항으로 옳지 않은 것은?

갑. 타선의 닻줄 방향에 유의한다.

을. 선측 돌출물을 걷어 들인다.

병. 외력의 영향이 작을 때 접안이 쉽다.

정. 선미 접안을 먼저 한다.

 앞 문제의 이유로 선수를 먼저 접안시킨다.

정답 및 키워드 **정** 계류장 접안 시 ▶ 선수를 먼저 접안

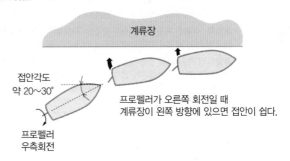

34 난이도 ★★★ | 출제율 ★★ □□□

모터보트를 현측으로 접안하고자 한다. 선·수미 방향을 기준으로 진입각도가 가장 적당한 것은?

갑. 계류장과 평행하게

을. 약 20~30°

병. 약 45~60°

정. 직각

 ※ 현측: 보트의 좌우 측면

정답 및 키워드 **을** 옆으로 접안 시 진입 각도 ▶ 20~30°

35 난이도 ★★★ | 출제율 ★★★

모터보트를 조종할 때 활주 상태에 대한 설명으로 가장 옳은 것은?

갑. 정지된 상태에서 속도전환 레버를 조작하여 전진 또는 후진하는 것

을. 속력을 증가시키면 양력이 증가되어 가벼운 선수 쪽에 힘이 미치게 되어 선수가 들리는 상태

병. 모터보트의 속력과 양력이 증가되어 선수 및 선미가 수면과 평행상태가 되는 것

정. 선회 초기에 선미는 타를 작동하는 반대 방향으로 밀려 나는 것

 양력(lift): 비행기의 날개와 같이 유선체 상하에 흐르는 유체의 압력차(A−B)에 의해 물체를 띄우는 힘으로, 고속에서 양력이 커지면 선미쪽을 올리는 힘이 발생하여 선수 및 선미가 수면과 평행상태가 된다.
활주: 수면 위를 일정한 속도에 도달하면 유체 동역학적 힘을 받아서 선체가 떠올라 물의 저항이 훨씬 적은 상태에서 고속으로 전진하는 상태

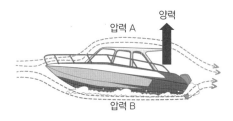

압력 A
양력
압력 B

정답 및 키워드 병 **활주 상태** ▶ 속력과 양력이 증가되어 선수·선미가 수면과 평행상태가 되는 것

36 난이도 ★ | 출제율 ★★

모터보트의 조타설비에 대한 설명으로 맞는 것은?

갑. 무게를 측정하기 위한 설비
을. 크기를 측정하기 위한 설비
병. 운항 방향을 제어하는 설비
정. 강도를 측정하기 위한 설비

 조타설비: 키를 이용하여 변침하거나 침로를 유지할 때 필요한 장치

정답 및 키워드 병 **조타설비** ▶ 방향 제어

37 난이도 ★★ | 출제율 ★★★

항해 시 변침 목표물로서 <u>옳지 않은</u> 것은?

갑. 등대
을. 부표
병. 입표
정. 산꼭대기

 부표는 위치가 이동될 수 있으므로 변침 목표물로는 부적당하다.

※ 부표(Buoy, 부이): 항만이나 하천 등 선박이 항행하는 위치 수면에 띄워 항로를 안내하거나, 암초의 위치 등을 알리는 표지판

정답 및 키워드 을 **변침 목표물 옳지 않은 것** ▶ 부표

38 난이도 ★ | 출제율 ★★

모터보트에 승선 및 하선을 할 때 주의사항으로 <u>옳지 않은</u> 것은?

갑. 부두에 있는 사람이 모터보트를 붙잡아 선체가 움직이지 않도록 한 후 승선한다.

을. 모터보트의 선미 쪽 부근에서 1명씩 자세를 낮추어 조심스럽게 타고 내려야 한다.

병. 승선할 때에는 모터보트와 부두사이의 간격이 안전하게 승선할 수 있는지 확인한다.

정. 승선 위치는 전후좌우의 균형을 유지하도록 가능한 낮은 자세를 취한다.

정답 및 키워드 을 **모터보트에 승선/하선 할 때** ▶ 보트 중앙 쪽 부근에서

39 난이도 ★★★ | 출제율 ★★ ☐☐☐

바람이나 조류가 모터보트의 움직임에 미치는 영향에 관한 설명 중 가장 올바른 것은?

갑. 바람과 조류는 모두 모터보트를 이동만 시킨다.

을. 바람은 회두를 일으키고 조류는 모터보트를 이동시킨다.

병. 바람은 모터보트를 이동시키고 조류는 회두를 일으킨다.

정. 바람과 조류는 모두 회두만을 일으킨다.

 바람에 의해서도 모터보트가 떠밀리기도 하지만 주로 선수를 편향시켜 회두를 일으키고, 조류는 조류가 흘러오는 반대방향으로 모터보트를 밀리게 한다.
※ 회두(回頭): 뱃머리(선수)가 돌아가는 현상

정답 및 키워드 🔵 **바람, 조류의 영향** ◐ 바람 → 회두, 조류 → 모터보트 이동

40 난이도 ★★★ | 출제율 ★★ ☐☐☐

협수로와 만곡부에서의 운용에 대한 설명으로 옳은 것은?

갑. 만곡의 외측에서 유속이 약하다.

을. 만곡의 내측에서는 유속이 강하다.

병. 통항 시기는 계류시나 조류가 약한 때를 피한다.

정. 조류는 역조 때에는 정침이 잘 되나 순조 때에는 정침이 어렵다.

 만곡부의 외측에서 유속이 강하고, 내측에서는 약하므로 순조 때 정침이 어렵고, 역조 때 정침이 잘 된다.
※ 정침(定針): 배가 침로(針路)를 일정하게 유지함
※ 순조(順潮): 배가 가는 쪽으로 흐르는 조류(↔역조)

정답 및 키워드 🔵 **협수로와 만곡부** ◐ 순조때 정침 어려움

순조일 때 유속의 영향을 받기 쉬워 침로가 변경되기 쉽다.(정침이 어려움)

유속 빠름 / 유속 느림 / 역조일 때 유속의 변동이 있더라도 역방향으로 받으므로 순조때보다 침로를 일정하게 유지하기 쉽다.

41 난이도 ★★★ | 출제율 ★★ ☐☐☐

굴곡이 없는 협수로를 통과할 때 적절한 시기는?

갑. 역조시일 때   을. 순조시일 때

병. 계류시일 때   정. 와류시일 때

 굴곡이 심할 협수로를 통과할 때 순조일 경우 회두되기 쉬워 충돌위험이 크므로 가급적 역조 시 통과한다. 이와 반대로 굴곡이 없는 협수로를 통과할 때 순조 시에 통과한다.
※ 협수로를 통과하는 시기
1. 일반 원칙: 낮에 조류가 약한 시기에 통과
2. 굴곡이 없는 곳: 순조 시에 통과
3. 굴곡이 심한 곳: 역조 시에 통과

정답 및 키워드 🔵 **굴곡이 없는 협수로** ◐ 순조

42 난이도 ★★★ | 출제율 ★★★ ☐☐☐

좁은 수로에서 보트 운항자가 주의하여야 할 것으로 옳은 것은?

갑. 속력이 너무 빠르면 조류영향을 크게 받으며, 타의 효력도 나빠져서 조종이 곤란할 수 있다.

을. 야간에는 보트의 조종실 등화를 밝게 점등하여 타 선박이 나의 존재를 확인하기 쉽도록 한다.

병. 음력 보름 만월인 야간에는 해면에 파랑이 있고 달이 후방에 있을 때가 전방 경계에 용이하다.

정. 일시에 대각도 변침을 피하고, 조류 방향과 직각되는 방향으로 선체가 가로 놓이게 되면 조류 영향을 크게 받는다.

 좁은 수로에서 조류가 비교적 급하므로 조류 방향과 직각되는 방향으로 선체가 가로로 놓이면 조류의 영향을 가장 많이 받는다.
※ 대각도 변침(급변침): 배의 항로를 큰 각도로 변경하는 것

정답 및 키워드 🔵 **좁은 수로에서 주의사항** ◐ 한번에 큰 각도로 변침하지 말고, 조류 방향과 직각이 되지 않도록 한다.

43 난이도 ★ | 출제율 ★★★   ☐☐☐

좁은 수로에서 선박 조종 시 주의해야 할 내용으로 옳지 않은 것은?

갑. 회두 시 대각도 변침

을. 인근 선박의 운항상태를 지속 확인

병. 닻 사용 준비상태를 계속 유지

정. 안전한 속력 유지

일반 항로에서 변침할 경우 대각도로 변침해야 하나 좁은 수로에서의 대각도 변침은 전복 위험이 크므로 소각도로 여러 번 변침해 회두(선수를 변경)해야 한다.

정답 및 키워드 **갑** 좁은 수로에서 회두 시 ▶ 소(小) 각도로 여러 번 변침

44 난이도 ★★★ | 출제율 ★★★   ☐☐☐

모터보트를 조종할 때 조류의 영향을 설명한 것 중 가장 옳지 않은 것은?

갑. 선수 방향의 조류는 타효가 좋다.

을. 선수 방향의 조류는 속도를 저하시킨다.

병. 선미 방향의 조류는 조종 성능이 향상된다.

정. 강조류로 인한 보트 압류를 주의해야 한다.

조류가 빠른 수역에서 선수 방향의 조류(역조)는 타효가 커서 조종이 잘 되지만, 선미 방향의 조류(순조)는 조종 성능이 저하된다.
※ 타효(Rudder Effect): 타의 변화에 따른 선박의 회전능력의 효율

정답 및 키워드 **병** 선미 방향의 조류 ▶ 조종 성능이 저하

45 난이도 ★ | 출제율 ★★   ☐☐☐

다른 동력수상레저기구 또는 선박을 추월하려는 경우에는 추월당하는 기구의 진로를 방해하여서는 안 된다. 이 때 두 선박 간의 관계에 대한 설명으로 가장 옳지 않은 것은?

갑. 운항규칙상 2미터 이내로 근접하여 운항하면 안 된다.

을. 가까이 항해 시 두 선박 간에 당김, 밀어냄, 회두 현상이 일어난다.

병. 선박의 상호 간섭작용이 충돌 사고의 원인이 된다.

정. 선박 크기가 다를 경우 큰 선박이 훨씬 큰 영향을 받는다.

정답 및 키워드 **정** 선박 크기가 다를 경우 ▶ 작은 선박이 더 큰 영향

46 난이도 ★★★ | 출제율 ★★   ☐☐☐

레저기구가 다른 레저기구를 추월하며 지날 때 나타나는 현상으로 옳지 않은 것은?

갑. 레저기구 주위의 압력 변화로 두 선박 사이에 당김, 밀어냄, 회두 작용이 일어난다.

을. 소형 레저기구는 보다 큰 레저기구에 흡착되는 경향이 많다.

병. 이러한 작용은 충돌 사고의 원인이 되기도 한다.

정. 소형 레저기구가 훨씬 작은 영향을 받는다.

두 선박이 서로 가깝게 마주치거나, 한 선박이 추월하는 경우 선박 주위의 압력 변화로 당김, 밀어냄, 회두 작용이 발생한다. 특히, 소형 레저기구는 큰 레저기구에 흡인되는 경향이 많아 충돌 사고의 원인이 되기도 한다.

정답 및 키워드 **정** 다른 레저기구 추월 시 ▶ 소형 레저기구가 큰 영향을 받음

47 난이도 ★ | 출제율 ★★   ☐☐☐

선박 상호간의 영향으로 추월 및 마주칠 때의 설명으로 옳지 않은 것은?

갑. 상호 간섭 작용을 막기 위해 저속으로 한다.

을. 소형선은 선체가 작아서 쉽게 끌려들 수 있다.

병. 상호간섭작용을 막기 위해 상대선과의 거리를 작게 한다.

정. 추월할 때에는 추월선과 추월 당하는 선박은 선수나 선미의 고압 부분끼리 마주치면 서로 반발한다.

정답 및 키워드 **병** 선박 간의 상호 간섭 작용 방지 ▶ 상대선과의 거리를 크게

48
난이도 ★ | 출제율 ★★★

계류 중인 동력수상레저기구 인근을 통항하는 선박 또는 동력수상레저기구가 유의하여야 할 내용으로 옳지 않은 것은?

갑. 통항 중인 레저기구는 가급적 저속으로 통항한다.
을. 계류 중인 레저기구는 계선줄 등을 단단히 고정한다.
병. 통항 중인 레저기구는 가능한 접안선 가까이 통항한다.
정. 계류 중인 레저기구는 펜더 등을 보강한다.

 정답 및 키워드 병 **통항 중인 레저기구** ▶ 접안선에서 멀리 떨어져 통항

49 ⚠️
틀리기 쉬운 문제 | 출제율 ★★★

상대선박과 충돌위험이 가장 큰 경우는?

갑. 방위가 변하지 않을 때
을. 거리가 변하지 않을 때
병. 방위가 빠르게 변할 때
정. 속력이 변하지 않을 때

> 선박은 자동차처럼 급정지가 어려우므로 충돌회피 시 변침과 충분한 거리가 가장 중요해요.

 정답 및 키워드 갑 **충돌위험이 가장 큰 경우** ▶ 방위가 변하지 않을 때

50
난이도 ★★★ | 출제율 ★★

항해 중 선박이 충돌하였을 때의 조치로서 옳지 않은 것은?

갑. 주기관을 정지시킨다.
을. 두 선박을 밀착시킨 상태로 밀리도록 한다.
병. 절박한 위험이 있을 때는 음향신호 등으로 구조를 요청한다.
정. 선박을 후진시켜 두 선박을 분리한다.

> 충돌 후 억지로 배를 분리시키면 충돌 부위에 물 유입량이 많아져 침수 위험이 더 커질 수 있다.

정답 및 키워드 정 **선박 간 충돌 시 조치사항** ▶ 후진시켜 분리시키지 말 것

51 ⚠️
틀리기 쉬운 문제 | 출제율 ★★★

해상에서 선박 간 충돌 또는 장애물과의 접촉 사고 시에 조치하여야 할 사항으로 가장 옳지 않은 것은?

갑. 충돌을 피하지 못할 상황이라면 타력을 줄인다.
을. 충돌이나 접촉 직후에는 기관을 전속으로 후진하여 충돌 대상과 안전거리 확보가 우선이다.
병. 파공이 크고 침수가 심하면 격실 밀폐와 수밀문을 닫아서 충돌 또는 접촉된 구획만 침수되도록 한다.
정. 충돌 후 침몰이 예상되는 상황이면 해상으로 탈출을 대비하여야 하며, 수심이 낮은 곳에 임의 좌주를 고려한다.

> 충돌이나 접촉 직후 선체가 떨어지면 수면 아래 파열된 부분으로 해수 유입량이 커지므로 손상부가 파악될 때까지 유지하는 것이 더 안전할 수 있다.

 정답 및 키워드 을 **선박 간 충돌 시 조치사항** ▶
충돌이나 접촉 직후 후진하여 충돌 대상과 안전거리 확보×

52 ⚠️
틀리기 쉬운 문제 | 출제율 ★★★

선박 충돌 시 조치사항으로 가장 옳지 않은 것은?

갑. 인명구조에 최선을 다한다.
을. 침수량이 배수량보다 많으면 배수를 중단한다.
병. 침몰할 염려가 있을 때에는 임의좌초 시킨다.
정. 퇴선할 때에는 구명조끼를 반드시 착용한다.

> 많은 양의 물이 유입되더라도 부력 상실 전까지 시간 확보를 위해 배수를 중단해서는 안 된다.

 정답 및 키워드 을 **선박 간 충돌 시 조치사항** ▶ 침수량이 많으면 배수 중단×

53 난이도 ★★★ | 출제율 ★★★ ☐☐☐

해양사고 발생 시 수상레저기구를 구조정으로 활용한 인명구조 방법으로 가장 옳지 않은 것은?

갑. 가능한 조난선의 풍상쪽 선미 또는 선수로 접근한다.

을. 접근할 때 충분한 거리를 유지하며 계선줄을 잡는다.

병. 구조선의 풍하 현측으로 이동하여 구조자를 옮겨 태운다.

정. 조난선에 접근 시 바람에 의해 압류되는 것을 주의한다.

 구조정은 조난선의 **풍하쪽** 선미 또는 선수에 접근한다.
※ 풍하쪽: 바람이 선박을 향해 불어올 때 선박에 의해 바람이 가려지는 쪽

정답 및 키워드 **갑** 구조정으로 인명구조 ❯ 조난선의 풍하쪽으로

54 난이도 ★★ | 출제율 ★★★ ☐☐☐

모터보트 운항 중 우현 쪽으로 사람이 빠졌을 때 가장 먼저 해야 할 일은?

갑. 좌현 변침   을. 우현 변침

병. 기관 후진   정. 기관 전진

 이 문제는 여러 형태로 나오고 출제비율도 높아요.
모터 선수를 익수자 방향으로 향하도록 변침한다.

정답 및 키워드 **을** 우현 쪽 익수자 ❯ 우현 변침

55 난이도 ★★★ | 출제율 ★★ ☐☐☐

선박의 조난신호에 관한 사항으로 옳지 않은 것은?

갑. 조난을 당하여 구원을 요청하는 경우에 사용하는 신호이다.

을. 조난신호는 국제해사기구가 정하는 신호로 행해야 한다.

병. 구원 요청 이외의 목적으로 사용해서는 안 된다.

정. 유사시를 대비하여 정기적으로 조난신호를 행해야 한다.

정답 및 키워드 **정** 조난신호 ❯ 유사시에만 사용

56 난이도 ★★★ | 출제율 ★★ ☐☐☐

고무보트를 운항하기 전에 확인할 사항으로 옳지 않은 것은?

갑. 공기압을 점검한다.

을. 기관(엔진) 부착 정도를 확인한다.

병. 흔들림을 방지하기 위해 중량물을 싣는다.

정. 연료를 점검한다.

 중량물의 쏠림으로 인해 보트의 균형을 잃을 수 있다.

정답 및 키워드 **병** 고무보트 운항 전 확인 사항으로 틀린 것 ❯ 중량물을 싣는다.

57 난이도 ★★★ | 출제율 ★★★ ☐☐☐

야간에 항해 시 주의사항으로 가장 옳지 않은 것은?

갑. 양 선박이 정면으로 마주치면 서로 오른쪽으로 변침하여 피한다.

을. 다른 선박을 피할 때에는 소각도로 변침한다.

병. 기본적인 항법 규칙을 철저히 이행한다.

정. 적법한 항해등을 점등한다.

정답 및 키워드 **을** 야간에 다른 선박을 피할 때 ❯ 대각도로 변침

58 ⚠ 틀리기 쉬운 문제 | 출제율 ★★★ ☐☐☐

동력수상레저기구의 야간 항해 시 주의사항으로 옳은 것은?

갑. 모든 등화는 밖으로 비치도록 한다.

을. 레이더에 의하여 관측한 위치를 가장 신뢰한다.

병. 다소 멀리 돌아가는 일이 있더라도 안전한 침로를 택하는 것이 좋다.

정. 등부표 등은 항해 물표로서 의심할 필요가 없다.

 '갑'과 '병' 혼동에 주의

정답 및 키워드 **병** 야간 항해 시 ❯ 멀리 돌아가도 안전한 침로를 택함

59 난이도 ★ | 출제율 ★

모터보트로 야간 항해 시 항법과 관계가 적은 것은?

갑. 기본적인 항법규칙을 지킨다.

을. 양 선박이 마주치면 우현 변침한다.

병. 기적과 기관을 사용해서는 안 된다.

정. 다른 선박의 등화를 발견하면 확인하고 자선의 조치를 취한다.

💡 **정답 및 키워드** **병** 야간 항해 시 ▶ 기적과 기관 사용

60 ⚠ 틀리기 쉬운 문제 | 출제율 ★★★

시정이 제한될 때 지켜야 할 것으로 옳은 것은?

갑. 안전속력

을. 최저속력

병. 안전묘박

정. 제한속력

> 시정의 視는 '볼 시', 程은 '한도 정'을 뜻하므로 '눈으로 보이는 정도'를 의미해요. 즉, 목표물을 명확하게 식별할 수 있는 최대 거리를 말해요.

'갑'과 '을', '정' 혼동에 주의

※ 묘박(錨泊): 선박이 해상에서 닻을 내리고 운항을 정지하는 것

💡 **정답 및 키워드** **갑** 시정이 제한될 경우 ▶ 안전속력으로 운행

61 난이도 ★★ | 출제율 ★★

시정이 제한된 상태에 대한 설명으로 옳지 않은 것은?

갑. 안개 속

을. 침로 전면에 안개덩이가 있는 때

병. 눈보라가 많이 내리는 때

정. 해안선이 복잡하여 시야가 막히는 경우

💡 **정답 및 키워드** **정** 시정 제한 상태 아닌 것 ▶ 해안선이 복잡해 시야가 막히는 경우

62 ⚠ 틀리기 쉬운 문제 | 출제율 ★★

제한 시계의 원인으로 가장 거리가 먼 것은?

갑. 눈

을. 안개

병. 모래바람

정. 야간 항해

💡 **정답 및 키워드** **정** 제한된 시계의 원인 아닌 것 ▶ 야간 항해

63 ⚠ 틀리기 쉬운 문제 | 출제율 ★★

시계가 제한된 상황에서 항행 시 주의사항으로 <u>옳지 않은 것</u>은?

갑. 낮이라 할지라도 반드시 등화를 켠다.

을. 상황에 적절한 무중신호를 실시한다.

병. 기관을 정지하고 닻을 투하한다.

정. 엄중한 경계를 실시하고, 필요시 경계원을 증가 배치한다.

시계가 제한되더라도 침로를 변경하면 다른 배와의 충돌우려가 있으므로 배를 정지시키면 안된다.

💡 **이 문제의 키워드** **병** 시계 제한 상황에서 주의사항이 아닌 것 ▶ 기관 정지, 닻 투하

64 난이도 ★ | 출제율 ★★★

항해 중 안개가 끼었을 때 본선의 행동사항 중 가장 옳은 것은?

갑. 최고의 속력으로 빨리 인근 항구에 입항한다.

을. 레이다에만 의존하여 최고 속력으로 항해한다.

병. 안전한 속력으로 항해하며 가용할 수 있는 방법을 다하여 소리를 발생하고 근처에 항해하는 선박에 알린다.

정. 컴퍼스를 이용하여 선위를 구한다.

💡 **정답 및 키워드** **병** 안개가 끼었을 때 행동사항 ▶ 소리를 발생하여 자선의 위치를 알림

65 난이도 ★★ | 출제율 ★★ ☐☐☐

항행 중 비나 안개 등에 의해 시정이 나빠졌을 때 조치 사항으로 옳지 않은 것은?

갑. 낮에도 항해등을 점등하고 속력을 줄인다.
을. 다른 선박의 무중신호 청취에 집중한다.
병. 주변의 무중신호 청취를 위해 기적이나 싸이렌은 작동하지 않는다.
정. 시계가 좋아질 때를 기다린다.

霧는 '안개 무'를 뜻하므로 '안개 중의 신호'를 뜻해요.

무중신호(霧中信號)
선박에서 보내는 신호의 하나로, 안개·눈 등으로 앞이 보이지 않을 때(시정이 나쁠 때) 기적이나 싸이렌 등으로 배의 위치나 움직임을 알리는 신호

🔆 정답 및 키워드 **병** 시정이 나빠졌을 때 조치사항 아닌 것 ◐
기적이나 싸이렌은 작동하지 않는다

66 난이도 ★★★ | 출제율 ★★ ☐☐☐

수상레저 활동자가 지켜야 할 운항규칙에 대한 설명으로 옳지 않은 것은?

갑. 다른 수상레저기구와 정면으로 충돌할 위험이 있을 때에는 음성신호, 수신호 등 적당한 방법으로 상대에게 이를 알리고 우현 쪽으로 진로를 피해야 한다.
을. 다른 수상레저기구의 진로를 횡단하는 경우에 충돌의 위험이 있을 때에는 다른 수상레저기구를 오른쪽에 두고 있는 수상레저기구가 진로를 피해야 한다.
병. 다른 수상레저기구와 같은 방향으로 운항하는 경우에는 2미터 이내로 근접하여 운항해서는 안 된다.
정. 안개 등으로 가시거리가 0.5마일 이내로 제한되는 경우에는 수상레저기구를 운항해서는 안 된다.

🔆 정답 및 키워드 **정** 안개 등으로 운항 금지 ◐ 가시거리 0.5 **km** 이내(마일×)

67 ⚠ 틀리기 쉬운 문제 | 출제율 ★★ ☐☐☐

육상에 계선줄을 연결하여 계류할 경우, 계선줄의 길이를 결정하는데 우선 고려하여야 할 사항으로 가장 적당한 것은?

갑. 수심   을. 조수간만의 차
병. 흘수   정. 선체트림

밀물/썰물에 따라 계선주(항구나 부둣가에 배의 로프를 걸어 놓는 쇠말뚝)와 선박 사이의 계선줄 길이가 달라진다.

※ 계선줄: 선박을 부두 등에 붙들어 매는 데 쓰는 로프줄

🔆 정답 및 키워드 **을** 계선줄 길이를 결정할 때 고려사항 ◐ 조수간만의 차

68 난이도 ★ | 출제율 ★★ ☐☐☐

모터보트를 조종할 때 주의할 사항으로 적당하지 않은 것은?

갑. 좌우를 살피며 안전속력을 유지한다.
을. 움직일 수 있는 물건은 고정한다.
병. 자동 정지줄은 항상 몸에 부착한다.
정. 교통량이 많은 해역은 최대한 신속하게 이탈한다.

교통량이 많은 해역에서는 충돌 위험이 크므로 주의하며 이탈한다.

🔆 정답 **정** 교통량이 많은 해역에서는 신속하게 이탈

69 ⚠ 틀리기 쉬운 문제 | 출제율 ★★ ☐☐☐

여객이나 화물을 운송하기 위하여 쓰이는 용적을 나타내는 톤수는?

갑. 총톤 수   을. 순톤 수
병. 배수톤 수   정. 재화중량톤 수

'갑', '을', '병' 혼동에 주의

🔆 정답 및 키워드 **을** 운송에 쓰이는 용적 ◐ 순톤수(Net Tonnage)

70 난이도 ★ | 출제율 ★★

수상오토바이에 대한 설명으로 옳지 않은 것은?

갑. 핸들과 조종자의 체중이동으로 방향을 변경한다.

을. 선체의 안전성이 좋아 전복할 위험이 적다.

병. 후진장치가 없는 것도 있다.

정. 선외기 보트에 비해 낮은 수심에서 운항할 수 있다.

 수상오토바이는 선폭이 좁기 때문에 안전성이 떨어져 전복 위험이 크다.

💡 **정답** 을 선체의 안전성이 좋아 전복할 위험이 적다.

71 ⚠ 틀리기 쉬운 문제 | 출제율 ★★

선박 침수 시 조치로 옳지 않은 것은?

갑. 즉각적인 퇴선조치

을. 침수원인 확인 후 응급조치

병. 수밀문을 밀폐

정. 모든 수단을 이용하여 배수

💡 **정답 및 키워드** 갑 **선박 침수 시 조치** ▶ 즉각적인 퇴선 조치×

72 난이도 ★★★ | 출제율 ★★

선박의 기관실 침수 방지대책에 대한 설명으로 옳지 않은 것은?

갑. 방수 기자재를 정비한다.

을. 해수관 계통의 파공에 유의한다.

병. 해수 윤활식 선미관에서의 누설량에 유의한다.

정. 기관실 선저밸브를 모두 폐쇄한다.

 선저 밸브는 평상시에는 열어 배에 고인 물을 배출시키며, 침수 시에만 잠궈 침수를 막는다. 즉, 평상 시 침수 방지대책으로 밸브를 잠궈서는 안된다.

💡 **정답 및 키워드** 정 **침수 방지대책이 아닌 것** ▶ 선저밸브 개방

Power Driven Leisure Vessel

출제문항수
5

CHAPTER

03

동력수상레저기구
장치(기관)

이 과목의 일부 문제는 다소 논란을 줄 여지가 있으나 해양경찰청의 공개문제에서 출제되므로 감안하기 바랍니다. 또한 이 과목의 출제문항수는 5개이나 비전공자에게 다소 어렵습니다. 기계공학적인 내용이 많아 이해가 어려우면 문제와 답을 익숙하게 외우는 것 밖에 없으니 다른 과목을 좀더 집중하고, 이 과목에 시간을 너무 할애하지 마시기 바랍니다.

 ## 01 내연기관
예상출제문항수 **1-2**

1
난이도 ★★ | 출제율 ★★ □□□

4행정 사이클 기관에서 크랭크축을 회전시켜 동력을 발생시키는 행정은?

갑. 흡입행정　　　　을. 압축행정
병. 폭발행정　　　　정. 배기행정

- 흡입행정: 피스톤이 내려오며 공기(또는 공기+연료)를 실린더에 흡입
- 압축행정: 피스톤이 상승하며 공기(또는 공기+연료)를 압축
- 폭발행정: 압축된 공기(또는 공기+연료)에 연료를 분사하거나 점화하여 연소(폭발)시켜 그 압력에 의해 피스톤이 내려오며 동력을 발생
- 배기행정: 피스톤이 상승하며 연소가스를 실린더 밖으로 배출

정답 및 키워드 **병** 동력을 발생시키는 행정 ● 폭발행정

2
난이도 ★★★ | 출제율 ★★★ □□□

가솔린기관에 비해 디젤기관이 갖는 특성으로 옳은 것은?

갑. 시동이 용이하다.
을. 운전이 정숙하다.
병. 압축비가 높다.
정. 마력당 연료소비율이 높다.

디젤엔진은 흡입공기를 압축하여 고온고압의 공기에 연료를 분사시켜 착화하는 방식으로, 가솔린엔진에 비해 행정을 길게 하여 압축비가 높은 특징이 있다.(즉 압축비가 높아야 한다)

정답 및 키워드 **병** 디젤기관 ● 압축비가 높다

3
난이도 ★★★ | 출제율 ★★★ □□□

내연기관의 열효율을 높이기 위한 조건으로 옳지 않은 것은?

갑. 배기로 배출되는 열량을 적게 한다.
을. 압축압력을 낮춘다.
병. 용적효율을 좋게 한다.
정. 연료분사를 좋게 한다.

열효율이 높다는 것은 연료가 실제 동력으로 이용되는 정도가 높아진다는 의미로, 4행정 사이클 엔진의 압축압력(혼합기 또는 공기가 압축되어 있을 때의 압력)은 높을수록 열효율이 좋다.

정답 및 키워드 **을** 열효율을 높이기 위한 조건 ● 압축압력을 높임

4
난이도 ★★★ | 출제율 ★★★ □□□

디젤기관에서 연료소비율이란?

갑. 기관이 1시간에 소비하는 연료량
을. 연료의 시간당 발열량
병. 기관이 1시간당 1마력을 얻기 위해 소비하는 연료량
정. 기관이 1실린더당 1시간에 소비하는 연료량

연료소비율이란 1시간동안 1마력을 얻기 위해 얼마만큼의 연료를 소비하느냐를 나타낸다.
※ 마력: 말 한 마리가 1초 동안 75kgf 무게를 1m 움직일 수 있는 일의 크기

1마력이란
1초
1m
75kgf

정답 및 키워드 **병** 연료소비율 ● 1시간당 1마력을 얻기 위해 소비하는 연료량

5
난이도 ★★ | 출제율 ★★

가솔린 기관의 연료가 구비해야 할 조건에 들지 않은 것은?

갑. 내부식성이 크고, 저장 시에 안정성이 있어야 한다.

을. 옥탄가가 높아야 한다.

병. 휘발성(기화성)이 작아야 한다.

정. 연소 시 발열량이 커야 한다.

 가솔린 엔진은 연소에 원활한 혼합기를 형성하기 위해 연료의 기화성이 커야 한다.
※ 옥탄가: 연소를 할 때 이상폭발(노킹)을 일으키지 않는 정도를 수치로 나타낸 것으로, 옥탄가가 높을수록 좋은 연료다.

💡 이 문제의 **키워드** 🔵병 **가솔린 기관의 연료 구비조건** ◉ 휘발성(기화성)이 클 것

6
난이도 ★★★ | 출제율 ★★

디젤기관의 압축압력이 저하하는 원인으로 옳지 않은 것은?

갑. 실린더 라이너의 마모가 클 때

을. 피스톤 링의 마모, 절손 또는 고착되었을 때

병. 배기밸브와 밸브시트의 접촉이 안 좋을 때

정. 배기밸브 타펫 간격(tappet clearance)이 너무 클 때

 타펫(tappet) 간격은 밸브 스템(valve stem) 상부와 로커 암(rocker arm) 사이의 간격을 말하며, 밸브 간극(밸브와 밸브 시트 사이의 간극)에 영향을 준다. 타펫 간격이 너무 작으면 밸브가 밸브시트에 완전히 닫히지 않아 압축공기가 누출된다. 압축압력이 낮다는 것은 압축공기의 누출로 인해 공기가 충분히 압축되지 못하면 연료가 착화하기 어려워 연료소비량이 증가하고 시동이 어렵게 된다.
'갑'~'병'은 압축공기가 누출되는 원인, 즉 압축압력이 저하되는 원인이다.

💡 이 문제의 **키워드** 🔴정 **압축압력의 저하 원인이 아닌 것** ◉
배기밸브 타펫 간격이 너무 클 때

7
난이도 ★★★ | 출제율 ★★

연료유 연소성을 향상시키는 방법으로 옳지 않은 것은?

갑. 연료유를 미립화한다.

을. 연료유를 가열한다.

병. 연소실을 보온한다.

정. 냉각수 온도를 낮춘다.

 원활한 작동를 위해 엔진 온도(냉각수 온도)는 적정 온도(80~100℃)가 되어야 한다.

💡 이 문제의 **키워드** 🔴정 **연료 연소성의 향상 방법 아닌 것** ◉ 냉각수 온도 낮춤

8
난이도 ★★ | 출제율 ★★★

내연기관에서 피스톤(piston)의 주된 역할 중 가장 옳지 않은 것은?

갑. 새로운 공기(소기)를 실린더 내로 흡입 및 압축

을. 상사점과 하사점 사이의 직선 왕복운동

병. 고온고압의 폭발 가스압력을 받아 연접봉을 통해 크랭크샤프트에 회전력 발생

정. 회전운동을 통해 외부로 동력을 전달

 회전운동을 통해 외부로 동력을 전달하는 것은 크랭크축이다.
※ 연접봉(커넥팅로드): 피스톤의 직선왕복운동을 크랭크축에 전달하여 회전운동으로 변환하는 연결장치이다.

💡 이 문제의 **키워드** 🔴정 **피스톤의 역할이 아닌 것** ◉
회전운동을 통해 외부로 동력을 전달

chapter 03

9 난이도 ★★ | 출제율 ★★★ □□□

고속 내연기관에서 알루미늄 합금 피스톤을 많이 쓰는 이유로 가장 옳은 것은?

갑. 값이 싸다.

을. 중량이 가볍다.

병. 강인하다.

정. 대량생산이 가능하다.

 알루미늄은 금속 중 가벼운 특징이 있으며, 다른 금속과 합금하여 내식성, 가공성을 향상시켜 사용한다. (엔진에도 사용)

정답 및 키워드 **을** 알루미늄 합금 피스톤 ▶ 가볍다

---

10 난이도 ★★★ | 출제율 ★★★ □□□

내연기관의 피스톤 링(Piston ring)이 고착되는 원인으로 옳지 않은 것은?

갑. 실린더 냉각수의 순환량이 과다할 때

을. 링과 링 홈의 간격이 부적당할 때

병. 링의 장력이 부족할 때

정. 불순물이 많은 연료를 사용할 때

 피스톤 링은 피스톤에 설치되어 피스톤 벽과 피스톤 사이에 기밀을 유지시키고, 실린더 벽과 피스톤 사이를 윤활하는 오일량을 제어한다.
'피스톤 링의 고착'이란 엔진 과열로 인해 피스톤과 실린더 벽이 늘어붙는 현상이다. 냉각수의 순환량이 많으면 실린더의 온도는 낮아지므로 고착 원인과 거리가 멀다.

정답 및 키워드 **갑** 피스톤 링의 고착 원인이 아닌 것 ▶ 냉각수의 순환량 과다

---

11 난이도 ★★★ □□□

디젤기관에서 피스톤 링 플러터(Flutter) 현상의 영향으로 옳은 것은?

갑. 윤활유 소비가 감소한다.

을. 기관의 효율이 높아진다.

병. 압축압력이 높아진다.

정. 블로바이 현상이 나타난다.

· **플러터**: 피스톤이 고속으로 운동할 때 피스톤 링이 링 홈의 상하로 움직이며 진동을 일으키는 것으로, 피스톤 링과 실린더 벽 및 홈의 상·하면 사이에 공간이 생겨 가스 누설 증가의 원인이 된다.
· **블로바이(Blow-by) 현상**: 실린더의 압축행정 시 실린더 벽과 피스톤 사이의 틈 사이로 미량의 혼합가스가 새어나오는 현상

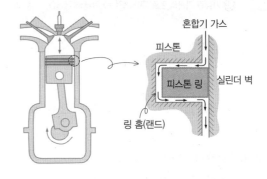

정답 및 키워드 **정** 피스톤 링 플러터의 영향 ▶ 블로바이 현상

---

12 난이도 ★★★ | 출제율 ★★ □□□

디젤엔진 연소실 내에 연료분사가 되지 않는 원인으로 옳지 않은 것은?

갑. 연료유 관내의 프라이밍이 불충분할 때

을. 연료 여과기의 오손이 심할 때

병. 연료탱크 내에 물이 들어가거나 연료탱크의 밸브가 잠겼을 때

정. 공기탱크 압력이 낮아졌을 때

 '갑', '을', '병'은 연료분사가 원활하지 않은 원인이 되며, 공기탱크의 압력과는 무관하다.

정답 및 키워드 연료분사가 안되는 원인이 아닌 것 ▶
정 공기탱크 압력이 낮아졌을 때

13 난이도 ★★★ | 출제율 ★★ ☐☐☐

과급(supercharging)이 기관의 성능에 미치는 영향에 대한 설명 중 옳은 것은 모두 몇 개인가?

보기
① 평균 유효압력을 높여 기관의 출력을 증대시킨다.
② 연료소비율이 감소한다.
③ 단위 출력 당 기관의 무게와 설치 면적이 작아진다.
④ 미리 압축된 공기를 공급하므로 압축 초의 압력이 약간 높다.
⑤ 저질 연료를 사용하는데 불리하다.

갑. 2개　　　　　　　을. 3개
병. 4개　　　　　　　정. 5개

過는 '과할 과', 給는 '공급할 급'를 나타내므로 '(공기를) 과하게 공급한다'는 의미입니다.

과급(슈퍼차저)은 엔진 동력을 이용하여 연소실에 강제적으로 많은 공기를 공급해 엔진의 흡입효율을 높이고 출력과 회전력을 증가시키는 장치로, 공기가 많아지므로 질이 다소 낮은 연료를 사용하는데 **유리**하다.
참고) 과급(터보차저)는 배기가스에 의해 작동된다.

정답 및 키워드　**병** 과급의 영향이 아닌 것 ◐ 저질 연료 사용에 불리

14 난이도 ★★★ | 출제율 ★★★ ☐☐☐

불꽃점화기관에서 불꽃(스파크)을 튀기기 위하여 고전압을 발생시키는 장치는?

갑. 케이블　　　　　　을. 카브레터
병. 점화코일　　　　　정. 점화플러그

불꽃점화기관은 '가솔린 기관'을 말한다.
디젤기관은 흡입공기를 고압으로 압축시키면 온도가 높아지고, 여기에 연료를 분사시켜 점화시키지만, 가솔린 기관은 압축된 혼합가스(연료+공기)에 점화플러그로 불꽃을 튀겨 점화시킨다. 불꽃을 튀기려면 전압이 매우 높아야 하는데, 이에 **점화코일**이 배터리 전압(12볼트)을 고전압(2만~3만 볼트)으로 승압시키는 역할을 한다.

정답 및 키워드　**병** 불꽃점화기관 ◐ 점화코일

15 난이도 ★★★ | 출제율 ★★★ ☐☐☐

플라이휠의 주된 설치 목적은?

갑. 크랭크축 회전속도의 변화를 감소시킨다.
을. 기관의 과속을 방지한다.
병. 기관의 부착된 부속장치를 구동한다.
정. 축력을 증가시킨다.

크랭크축을 회전시키는 힘은 폭발행정에서만 발생하고 다른 행정에서는 발생하지 않으므로 크랭크축의 회전속도가 일정하지 않게 된다.
그러므로 크랭크축 끝에 무거운 플라이휠을 설치하여 회전 관성력을 이용하여 크랭크축의 **회전속도 변화를 감소**시켜 일정하게 유지시킨다. (즉, 폭발행정에서 발생한 회전력을 축적해 두었다가 다른 행정에서 회전력이 약해졌을 때 일정하게 함)

정답 및 키워드　**갑** 플라이휠 ◐ 크랭크축 회전속도의 변화를 감소

16 난이도 ★★★ | 출제율 ★★★ ☐☐☐

내연기관을 장기간 저속으로 운전하는 것이 곤란한 이유로 옳지 않은 것은?

갑. 실린더 내 공기압축의 불량으로 불완전 연소가 일어난다.
을. 연소온도와 압력이 낮아 열효율이 낮아진다.
병. 연료분사펌프의 작동이 불량하여 연료분사상태가 불량해진다.
정. 크랭크축의 회전속도가 느려 흡기 및 배기 밸브의 개폐시기가 불량해진다.

흡기 및 배기 밸브의 개폐시기가 불량하면 엔진 부조(떨림), 출력 부족, 시동꺼짐의 원인이 된다.

정답　**정**

17
난이도 ★★★ | 출제율 ★★

디젤기관의 취급 불량에 의한 크랭크축의 손상 원인 중 가장 <u>옳지 않은</u> 것은?

갑. 과부하운전, 노킹의 발생

을. 장시간 저속운전

병. 축 중심의 부정, 유간극의 부정

정. 시동시의 충격, 장시간 위험회전수에서 운전

크랭크축의 손상 원인은 축의 불균형, 장기간의 고회전 지속, 과부하, 충격 등이 있다.

🔆 **정답 및 키워드** 🔷 **크랭크축의 손상 원인이 아닌 것** ▶ 장시간 저속운전

18
난이도 ★★★ | 출제율 ★★★

모터보트 선외기에 과부하 운전이 장시간 지속되었을 때 기관에 미치는 영향으로 <u>맞지 않은</u> 것은?

갑. 연료분사 압력이 낮아진다.

을. 피스톤 및 피스톤링의 마멸이 촉진된다.

병. 흡·배기밸브에 카본이 퇴적되어 소기효율이 떨어진다.

정. 배기가스가 배출량이 많아진다.

과부하 운전의 장시간 지속은 연료분사량이 많아진다는 의미이며, 연료분사 압력이 낮으면 연료분사량이 부족해져 과부하 운전과는 무관하다.
을. 과열로 인해 윤활작용이 떨어져 마멸 촉진
병. 카본은 주로 연료공급량이 많아질 때 불완전 연소된 탄소 미립자를 말하며 연소실, 피스톤이나 밸브, 배기라인 등에 퇴적되기 쉽다. 퇴적량이 많아지면 배기가 원활하지 못해 공기흡입량이 낮아진다.
정. 과부하 운전을 하므로 그만큼 배기가스가 배출량이 많아진다.

🔆 **정답 및 키워드** 🔷 **과부하 운전 지속의 영향이 아닌 것** ▶ 연료분사 압력이 낮아짐

19
난이도 ★★★ | 출제율 ★★

가솔린기관 배기가스 소음을 줄이는 방법으로 <u>옳지 않은</u> 것은?

갑. 배기가스의 팽창

을. 배기가스의 노즐을 통한 분출

병. 배기가스의 냉각

정. 배기가스의 팽창과 냉각

🔆 **정답 및 키워드** 🔷 **배기가스 소음 감소 방법** ▶ 배기가스의 팽창·냉각

20
난이도 ★★★ | 출제율 ★

디젤기관에서 짙은 흑색(검정색) 배기색이 나타나는 원인으로 <u>옳지 않은</u> 것은?

갑. 소기(흡기) 압력이 너무 높을 때

을. 분사시기와 분사상태가 불량하여 불안전 연소가 일어날 때

병. 과부하 운전을 하고 있을 때

정. 연소에 필요한 공기량이 부족할 때

배기색이 검정색인 때는 주로 흡입공기량이 부족한 경우다. 원인으로는 소기(흡기)압력이 너무 낮거나, 불완전 연소, 과부하 운전 시 등이 있다.
※ 소기 : 2행정에서 연소실 내부의 배기가스를 배출한 뒤 공기를 밀어 넣는 과정으로 압력이 낮으면 흡입공기량이 부족해진다.

🔆 **정답 및 키워드** 🔷 **흑색 배기색 원인 아닌 것** ▶ 소기 압력이 높을 때

21
난이도 ★★★ | 출제율 ★★★

기관의 배기가스가 흰색이 되는 원인은?

갑. 연료유 중에 수분이 혼입되었을 경우

을. 냉각수가 부족한 경우

병. 기관에 과부하가 걸렸을 경우

정. 베어링 등의 운동부가 발열되었을 경우

🔆 **정답 및 키워드** 🔷 **배기가스 색이 흰색일 때** ▶ 연료에 수분 혼입

22 난이도 ★★ | 출제율 ★★★　□□□

엔진 시동 중 회전수가 급격하게 높아질 때 점검할 사항으로 옳지 않은 것은?

갑. 거버너 위치 등을 점검

을. 한꺼번에 많은 연료가 공급되는지를 확인

병. 시동 전 가연성 가스를 배제했는지를 확인

정. 냉각수 펌프의 정상 작동여부를 점검

 회전수가 급격하게 높아지는 것은 연료 분사량이 많아지는 것과 관련이 있으며 냉각장치와는 무관하다.
※ 엔진의 급속한 회전은 연료 분사량과 관련 있다.
갑. 거버너: 부하에 따라 연료공급량을 조절해주는 장치
병. 시동 전에 연소실 내에 가연성 가스가 존재하면 시동 때 그만큼 연료량이 많아진다.

정답 및 키워드 🉑 **정 시동 중 회전수가 급격히 높아질 때 점검 아닌 것** ◈ 냉각수 펌프

23 난이도 ★★★ | 출제율 ★★★　□□□

가솔린 엔진의 녹킹과 조기점화에 관한 설명으로 옳지 않은 것은?

갑. 녹킹과 조기점화는 서로 인과관계는 있으나 그 현상은 전혀 다르다.

을. 혼합기가 점화플러그 이외의 방법에 의해 점화되는 것을 조기점화라 한다.

병. 가솔린엔진의 녹킹은 혼합기의 자연발화에 의하여 일어난다.

정. 조기점화는 연료의 종류로 억제한다.

 가솔린 엔진의 노킹(knocking)이란 실린더 내에 연소가 점화플러그의 점화에 의한 정상연소가 아닌 혼합기 말단부의 미연소 가스가 자연발화하는 현상이다. 주 원인은 압축 말에 점화플러그에 의한 점화가 아닌 엔진 온도가 높을 때 압축 중에 혼합기가 자연발화(조기점화)되고, 다시 점화플러그의 점화에 의한 연소로 압력이 비정상적으로 높아지며 그 충격에 의해 피스톤이 실린더 벽을 두드리는 노킹음이 발생한다.
옥탄가(Octane Rating, Octane Number)는 엔진에 연료로 사용되는 휘발유의 특성을 나타내는 수치 중 하나로, 노킹에 대한 저항성을 의미한다.
※ 이 문제는 다소 전문적인 내용으로 이해가 어려우면 문제와 답을 익히세요!

정답 및 키워드 🉑 **갑 녹킹과 조기점화** ◈ 인과관계나 현상이 같다

24 난이도 ★★★ | 출제율 ★★　□□□

가솔린 기관에서 노크와 같이 연소화염이 매우 고속으로 전파하는 현상을 무엇이라 하는가?

갑. 데토네이션(Detonation)

을. 와일드 핑(Wild ping)

병. 럼블(Rumble)

정. 케비테이션(Cavitation)

 이상 연소 현상에는 조기점화, 데토네이션이 있다. 조기점화는 정상발화 전에 발화하는 것이고, 데토네이션은 정상발화 후 또다른 발화를 말한다.

정답 및 키워드 🉑 **갑 노크와 같이 연소화염이 매우 고속으로 전파** ◈ 데토네이션

25 난이도 ★★★ | 출제율 ★★★　□□□

가솔린기관 진동발생 원인으로 가장 옳지 않은 것은?

갑. 배기가스 온도가 높을 때

을. 기관이 노킹을 일으킬 때

병. 위험회전수로 운전하고 있을 때

정. 베어링 틈새가 너무 클 때

 배기가스 온도상승은 불완전연소와 배기밸브 누설 등의 원인이다.

정답 및 키워드 🉑 **갑 진동발생 원인 아닌 것** ◈ 배기가스 온도가 높을 때

26 난이도 ★★★ | 출제율 ★★★　□□□

선외기 4행정기관(엔진) 진동 발생 원인으로 옳지 않은 것은?

갑. 점화플러그 작동이 불량할 때

을. 실린더 압축압력이 균일하지 않을 때

병. 연료분사밸브의 분사량이 균일하지 않을 때

정. 냉각수펌프 임펠러가 마모되었을 때

 냉각수펌프의 불량은 엔진과열의 원인이 되므로 진동과는 무관하다.

정답 정

27 난이도 ★★★ | 출제율 ★★ ☐☐☐

수상오토바이 출력저하 원인으로 옳지 않은 것은?

갑. Wear ring(웨어링) 과다 마모

을. Impeller(임펠러) 손상

병. 냉각수 자동온도조절밸브 고장

정. 피스톤링 과다 마모

냉각수 자동온도조절밸브는 냉각수에 관련된 장치로, 고장 시 과냉/과열은 출력저하의 원인이 될 수 있지만, 보기 중에서 '병'이 가장 거리가 멀다. (※ 문제 오류가 될 수 있음)

정답 및 키워드 **병** 출력저하 원인 아닌 것 ▶ 냉각수 자동온도조절밸브 고장

28 난이도 ★★★ | 출제율 ★★★ ☐☐☐

연료소모량이 많아지고, 출력이 떨어지는 직접적인 원인으로 맞는 것은?

갑. 피스톤 및 실린더 마모가 심할 때

을. 윤활유 온도가 높을 때

병. 냉각수 압력이 낮을 때

정. 연료유 공급압력이 높을 때

피스톤 및 실린더 마모가 심하면 압축압력이 떨어지고, 혼합기 누설로 인해 연료소모량이 많아지고 출력이 떨어지게 된다.

정답 및 키워드 **갑** 연료소모량 多, 출력 감소 ▶ 피스톤, 실린더 마모

29 난이도 ★★★ | 출제율 ★★ ☐☐☐

모터보트 시동 전 점검사항으로 옳지 않은 것은?

갑. 배터리 충전상태 확인한다.

을. 연료탱크 에어벤트를 개방한다.

병. 엔진오일 및 연료유량 점검

정. 냉각수 검수구에서 냉각수 확인

엔진과열을 방지하기 위해 시동 전에도 냉각수 확인이 필요하나 이 문제에서는 시동 후 점검사항으로 구분하고 있다.

정답 및 키워드 **정** 냉각수 확인 ▶ 시동 후 점검

30 난이도 ★★ | 출제율 ★★★ ☐☐☐

선외기(outboard) 기관(엔진)의 시동 전 점검사항으로 옳지 않은 것은?

갑. 엔진오일의 윤활방식이 자동 혼합장치일 경우 잔량을 확인한다.

을. 연료탱크의 환기구가 열려있는가를 확인한다.

병. 비상정지스위치가 RUN에 있는지 확인한다.

정. 엔진내부의 냉각수를 확인한다.

선외기 엔진은 냉각수가 엔진 내부에 따로 없고 엔진 외부의 해수나 담수를 흡입하여 냉각시키는 시스템이다.

※ 선외기(船外機): 모트보트와 같이 선체 외부에 쉽게 장착 또는 탈착할 수 있는 기계장치

정답 및 키워드 **정** 선외기 시동 전 점검사항 아닌 것 ▶ 냉각수 확인

31 난이도 ★★★ | 출제율 ★★ ☐☐☐

기관(엔진) 시동 후 점검사항으로 옳지 않은 것은?

갑. 기관의 상태를 점검하기 위해 모든 계기를 관찰한다.

을. 연료, 오일 등의 누출 여부를 점검한다.

병. 기관(엔진)의 시동모터를 점검한다.

정. 클러치 전·후진 및 스로틀레버 작동상태를 점검한다.

시동모터는 엔진을 시동할 때 필요한 장치이므로 엔진 시동 후에는 점검할 필요가 없다.

※ 클러치: 엔진의 동력을 변속기에 전달/차단하는 역할

※ 스로틀레버: 엔진의 출력을 조정하는 역할

정답 및 키워드 **병** 시동 후 점검사항 아닌 것 ▶ 시동모터 점검

32 난이도 ★★ | 출제율 ★★★ □□□

모터보트 속력이 떨어지는 직접적인 원인으로 옳지 않은 것은?

갑. 수면 하 선체에 조패류가 많이 붙어 있을 때

을. 선체가 수분을 흡수하여 무게가 증가했을 때

병. 선체 내부 격실에 빌지 량이 많을 때

정. 냉각수 압력이 낮을 때

냉각수 압력이 낮다는 것은 냉각수량이 부족하다는 의미로, 이는 엔진 과열의 원인이 되며, 모터보트 속력이 떨어지는 직접적인 원인이 아니다.
※ 빌지(bilge) 량: 배 바닥에 고여있는 물의 양

🔆 정답 및 키워드 **정** 속력 감소의 직접 원인이 아닌 것 ❯ 냉각수 압력

33 난이도 ★★ | 출제율 ★★★ □□□

선외기 가솔린기관(엔진)이 시동되지 않아 연료계통을 점검하고자 한다. 유의사항으로 옳지 않은 것은?

갑. 프라이머 밸브(primer valve)를 제거한다.

을. 연료필터(Fuel filter)에 불순물 또는 물이 차 있지 않은지 확인한다.

병. 연료계통 내에 누설되는 곳이 있는지 확인한다.

정. 연료탱크의 출구밸브 및 공기변(air vent)이 닫혀있는지 확인한다.

프라이머 밸브는 고무 재질로 만든 펌프로, 시동 초기에 시동이 잘 걸리지 않을 때 손으로 펌핑하면 연료탱크의 연료가 엔진측으로 흐르도록 되어 있어요. (어항에 물을 뺄 때 쓰는 도구와 같은 역할)
엔진측
연료탱크측

프라이머 밸브(primer valve): 프라이머 펌프를 의미하며, 초기 시동 또는 재시동 시 연료공급계통에 공기가 차 있을 경우 연료 공급이 되지 않으므로 탱크의 연료를 연료펌프까지 강제로 이송시켜주는 부속품이다. 시동이 잘 걸리지 않을 경우 펌핑하여 연료라인에 연료공급을 원활하게 해주는 역할을 한다.

🔆 정답 및 키워드 **갑** 시동되지 않아 연료계통 점검 아닌 것 ❯ 프라이머 밸브 제거

⬆ 연료공급 개념도

34 난이도 ★★ | 출제율 ★★★ □□□

모터보트 기관(엔진) 시동불량 시 점검사항으로 옳지 않은 것은?

갑. 자동정지 스위치 확인

을. 연료유량 확인

병. 냉각수량 확인

정. 점화코일용 퓨즈(Fuse) 확인

냉각수량은 엔진 온도와 관련이 있으며, 시동성과 전혀 관련이 없다.

🔆 정답 및 키워드 **병** 시동에 관한 점검사항 아닌 것 ❯ 냉각수량 확인

35 난이도 ★★★ | 출제율 ★★ □□□

수상오토바이 운항 중 기관(엔진)이 정지된 경우 즉시 점검해야 할 사항으로 옳지 않은 것은?

갑. 몸에 연결한 스톱스위치(비상정지)를 확인한다.

을. 연료 잔량을 확인한다.

병. 임펠러가 로프나 기타 부유물에 걸렸는지 확인한다.

정. 엔진의 노즐 분사량을 확인한다.

보기 중 노즐 분사량 확인은 즉시 점검하거나 일상 점검사항이 아니며, 정비사가 분해하여 점검할 필요가 있다.
※ 노즐: 연료를 실린더쪽으로 분사시키는 장치
※ 스톱스위치: 조종자가 조종석에서 이탈할 경우 자동으로 엔진을 정지시키는 비상정지스위치이다.

🔆 정답 및 키워드 **정** 기관 정지 시 즉시 점검사항이 아닌 것 ❯
노즐 분사량 확인

36 ⚠ 틀리기 쉬운 문제 | 출제율 ★★

선외기 가솔린 엔진의 연료유에 해수가 유입되었을 때 엔진에 미치는 영향으로 옳지 않은 것은?

갑. 연료유 펌프 고장원인이 된다.

을. 시동이 잘 되지 않는다.

병. 해수 유입 초기에 진동과 엔진 꺼짐 현상이 발생한다.

정. 윤활유가 오손된다.

 연료유에 해수가 혼합되면 연료 성분이 변하여 시동 불능 및 연료펌프 및 분사밸브 등의 고장을 유발한다.
※ 윤활유 오손과 관련이 없다.

정답 및 키워드 **정** 연료유에 해수 유입 시 영향 아닌 것 ▶ 윤활유 오손

---

37 난이도 ★★★ | 출제율 ★★★

레저기구의 운항 전 연료유 확보에 대한 설명으로 옳지 않은 것은?

갑. 예비 연료도 추가로 확보해야 한다.

을. 일반적으로 1마일(mile) 당 연료 소모량은 속력에 비례한다.

병. 연료 소모량을 알면 필요한 연료량을 구할 수 있다.

정. 기존 운항 기록을 통하여 속력에 따른 연료 소모량을 알 수 있다.

정답 및 키워드 **을** 1마일(mile) 당 연료 소모량 ▶ 속력의 제곱에 비례

---

02 윤활 및 냉각장치 예상출제문항수 ①

1 난이도 ★★★ | 출제율 ★★★

윤활유의 기본적인 역할로서 옳지 않은 것은?

갑. 감마작용　　　　을. 냉각작용

병. 산화작용　　　　정. 청정작용

 윤활유 역할: 감마(마찰 감소), 냉각, 청정, 기밀(누설 방지) 등
※ 산화는 윤활유의 성질에 영향을 주어 점도 등이 변한다.

정답 및 키워드 **병** 윤활유의 역할 아닌 것 ▶ 산화작용

---

2 난이도 ★★★ | 출제율 ★★★

실린더 윤활의 목적으로 옳지 않은 것은?

갑. 연소가스의 누설을 방지하기 위하여

을. 과열을 방지하기 위하여

병. 마찰계수를 감소시키기 위하여

정. 연료펌프 고착을 방지하기 위하여

 연료펌프는 연료로 윤활하므로 윤활유와는 무관하다.

정답 및 키워드 **정** 윤활유의 역할 아닌 것 ▶ 연료펌프 고착 방지

---

3 난이도 ★★★ | 출제율 ★★★

릴리프 밸브(relief valve)의 설명 중 맞는 것은?

갑. 압력을 일정치로 유지한다.

을. 압력을 일정치 이상으로 유지한다.

병. 유체의 방향을 제어한다.

정. 유량을 제어한다.

 유압장치 내에 압력이 설정 압력보다 커지면 장치 내 부품이나 라인이 파손될 우려가 있다. 이를 방지하기 위해 릴리프 밸브를 설치하여 유압의 일부를 탱크로 다시 보내 설정압력(일정치)을 일정하게 유지시키는 역할을 한다.

정답 및 키워드 **갑** 릴리프 밸브 ▶ 압력을 일정하게 유지

4 난이도 ★★★ | 출제율 ★★★ □□□

윤활유 소비량이 증가되는 원인으로 옳지 않은 것은?

갑. 연료분사밸브의 분사상태 불량

을. 펌핑작용에 의한 연소실 내에서의 연소

병. 열에 의한 증발

정. 크랭크케이스 혹은 크랭크축 오일리테이너의 누설

 윤활유 소비량은 누설과 연소(증발)와 연관이 있으며, 연료장치와는 무관하다.

정답 및 키워드 **갑** 윤활유 소비량의 증가 원인 아닌 것 ▶
연료분사밸브의 분사상태 불량

---

5 난이도 ★★★ | 출제율 ★★★ □□□

윤활유의 점도에 대한 설명으로 옳은 것은?

갑. 윤활유의 온도가 올라가면 점도는 낮아진다.

을. 점도가 너무 높으면 유막이 얇아져 내부의 마찰이 감소한다.

병. 점도가 높으면 마찰이 적어 윤활계통의 순환이 개선된다.

정. 점도가 너무 낮으면 시동은 곤란해지나 출력이 올라간다.

 점도는 '끈끈한 정도'를 나타낸다. 온도가 낮을수록 물엿처럼 끈끈해지며 점도가 높아지고, 온도가 올라갈수록 물처럼 연해지며 점도가 낮아진다.

정답 및 키워드 **갑** 윤활유 온도가 올라가면 ▶ 점도↓

---

6 난이도 ★★★ | 출제율 ★★ □□□

가솔린 기관에서 윤활유 압력저하가 되는 원인으로 옳지 않은 것은?

갑. 오일팬 내의 오일량 부족

을. 오일여과기 오손

병. 오일에 물이나 가솔린의 유입

정. 오일온도 하강

 오일온도가 하강하면 점도(끈끈한 정도)가 커져 오일압력이 상승한다.

정답 및 키워드 **정** 윤활유 압력저하 원인 아닌 것 ▶ 오일온도 하강

---

7 난이도 ★★ | 출제율 ★★ □□□

윤활유의 취급상 주의사항으로 옳지 않은 것은?

갑. 이물질이나 물이 섞이지 않도록 한다.

을. 점도가 적당한 윤활유를 사용한다.

병. 여름에는 점도가 높은 것, 겨울에는 점도가 낮은 것을 사용한다.

정. 고온부와 저온부에서 함께 쓰는 윤활유는 온도에 따른 점도 변화가 큰 것을 사용한다.

 병. 여름에는 온도가 높으므로 점도가 낮아지므로 점도가 높은 것을, 겨울에는 온도가 낮으므로 점도가 높아지므로 낮은 것을 사용한다.
정. 점도가 낮으면 유막이 끊어져 윤활작용이 원활하지 않아 마멸작용이 떨어지고, 점도가 너무 높으면 각 부품이 오일에 대한 저항성이 커 출력이 떨어지고 연비가 나빠진다. 그러므로 점도변화가 작은 것이 좋다.

정답 및 키워드 **정** 윤활유 ▶ 온도에 따른 점도 변화가 적어야 한다.

---

8 난이도 ★★ | 출제율 ★★ □□□

선외기(outboard) 엔진에서 주로 사용되는 냉각방식은?

갑. 냉매가스식

을. 공랭식

병. 부동액냉각식

정. 담수 또는 해수냉각식

 자동차와 달리 수상보트나 수상오토바이의 선외기 엔진은 냉각수를 주입하여 엔진을 냉각하지 않고, 담수나 해수를 흡입시켜 엔진을 냉각시킨다.

why? 엔진의 뜨거운 냉각수를 냉각시키기 위해 워터펌프를 구동해야 하지만, 배 밖의 담수나 해수의 온도가 더 낮기 때문에 냉각효율이 좋고 워터펌프를 구동할 필요도 없다.

정답 **정**

⬆ 선외기 엔진

chapter **03**

9 난이도 ★★★ | 출제율 ★★ ☐☐☐

가솔린 기관(엔진)이 과열되는 원인으로서 옳지 않은 것은?

갑. 냉각수 취입구 막힘

을. 냉각수 펌프 임펠러의 마모

병. 윤활유 부족

정. 점화시기가 너무 빠름

 점화시기란 4행정 중 압축행정 말에 점화하는 때를 말한다. 점화시기가 빠르면 압축행정 말 이전에 점화가 일어나기 때문에 압축비가 높지 않아 출력이 떨어지는 원인이 되며, 엔진과열과는 관계가 없다. 과열은 주로 냉각계통과 관련이 있다. 윤활유가 부족하면 엔진의 각 부의 마찰로 인한 과열이 발생할 수 있다.

💡정답 및 키워드 🟢 **엔진과열 원인 아닌 것** ▶ 점화시기 너무 빠름

---

10 난이도 ★★★ | 출제율 ★★ ☐☐☐

수상오토바이 배기냉각시스템의 플러싱(관내 청소) 절차로 맞는 것은?

갑. 냉각수 호스연결 → 냉각수 공급 → 엔진기동 → 엔진운전(약5분) 후 정지 → 냉각수 차단

을. 냉각수 호스연결 → 엔진기동 → 냉각수 공급(약5분) → 냉각수 차단 → 엔진정지

병. 냉각수 호스연결 → 엔진기동 → 냉각수 공급(약5분) → 엔진정지 → 냉각수 차단

정. 엔진기동 → 냉각수 호스연결 → 냉각수 공급 → 엔진기동(약5분) → 엔진정지 → 냉각수 차단

호기냉정

앞에서 설명했듯 수상오토바이의 엔진은 해수 또는 담수로 냉각하므로 냉각 라인에 불순물이 퇴적되기 쉽다. 그러므로 이 불순물은 주기적으로 청소해야 하는 과정을 '플러싱'이라 한다.

플러싱의 과정은 '냉각수 **호**스연결 → 엔진**기**동 → **냉**각수 공급 → 냉각수 차단 → 엔진**정**지'이다. (암기법: 호기냉정)

※ '갑'과 '을'이 혼동되기 쉬우므로 주의한다.

정답 🟢 을

---

11 난이도 ★★★ | 출제율 ★★ ☐☐☐

냉각수 펌프로 주로 사용되는 원심 펌프에서 호수(프라이밍)를 하는 목적은?

갑. 흡입수량을 일정하게 유지시키기 위해서

을. 송출량을 증가시키기 위해서

병. 기동 시 흡입 측에 국부진공을 형성시키기 위해서

정. 송출측 압력의 맥동을 줄이기 위해서

 수상용 엔진의 냉각장치에는 물을 흡입하기 위해 원심펌프가 사용되는데 기동 시 먼저 펌프 내에 물을 채워 진공을 만들어주어야 한다. **why?** 통상 펌프의 위치가 수면보다 높기 때문에 수면 아래의 물을 펌프로 이동시키기 위해 흡입 측에 국부 **진공을 형성**시키기 위함이다. (즉, 수면 아래의 압력이 진공압보다 크므로 물을 쉽게 빨아들일 수 있다.)

💡정답 및 키워드 🔵 **원심 펌프에 호수(프라이밍)하는 목적** ▶ 흡입 측에 국부진공을 형성

---

12 난이도 ★★★ | 출제율 ★★ ☐☐☐

엔진의 냉각수 계통에서 자동온도조절기(서모스텟)의 역할 중 가장 옳지 않은 것은?

갑. 과열 및 과냉각을 방지한다.

을. 오일의 열화방지 및 엔진의 수명을 연장시킨다.

병. 냉각수의 소모를 방지한다.

정. 냉각수의 녹 발생을 방지한다.

 자동온도조절기(서모스텟)는 엔진의 냉각장치의 부속품으로, 엔진온도(냉각수 온도)가 높을 때 냉각수를 라디에이터(방열기)로 보내 열을 방출시키고, 온도가 낮을 때 냉각수를 엔진으로 다시 보내 정상온도(약 80~100℃)가 되기까지 과냉각을 방지한다. **why?** 엔진온도가 낮으면 엔진 출력이 낮아지고, 연료소모가 많아진다.

※ '을'과 '병'은 과열에 의한 영향을 방지한다는 뜻이다.

💡정답 및 키워드 🟢 **자동온도조절기(서모스텟) 역할 아닌 것** ▶ 녹 발생 방지

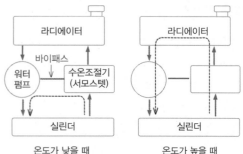

온도가 낮을 때   온도가 높을 때

엔진온도가 적정온도까지 상승하기 전까지 냉각수를 라디에이터로 보내지 않고, 워터펌프로 바이패스시켜 다시 엔진으로 보내 과냉을 방지한다.

13 난이도 ★★★ | 출제율 ★★★

내연기관의 냉각수 온도가 높을 때 나타나는 현상으로 옳지 않은 것은?

갑. 노킹(knocking)이 발생한다.

을. 피스톤링이 고착된다.

병. 실린더의 마모가 증가된다.

정. 윤활유 사용량이 증가된다.

 냉각수 온도가 높으면 피스톤링이 실린더벽에 고착될 우려가 있으며, 윤활유가 연소되기 쉬우므로 윤활유 사용량이 증가되어 윤활유 부족으로 실린더 마모가 증가되기 쉽다.
디젤엔진의 노킹은 가솔린 엔진과 달리 실린더 온도(냉각수 온도)가 낮아져 연소가 지연되어 발생한다. 디젤엔진의 냉각수 온도가 높으면 노킹을 방지하는 효과가 있다.

정답 및 키워드 **갑** 냉각수 온도가 높을 때 현상이 아닌 것 ▶ 노킹 발생

14 난이도 ★★ | 출제율 ★★★

추운 지역에서 냉각수 펌프를 장시간 사용하지 않을 때의 일반적인 조치로 가장 바람직한 방법은?

갑. 반드시 물을 빼낸다.

을. 펌프 케이싱에 그리스를 발라준다.

병. 펌프 내에 그리스를 넣어둔다.

정. 펌프를 분해하여 둔다.

 why? 추운 지역에 레저기구를 장시간 사용하지 않으면 냉각수 펌프(물펌프) 등 냉각계통에 고여있던 물이 얼어 동파의 위험이 있으므로 반드시 물을 빼야 한다.
그리스는 샤프트(축)과 고정부 사이에 발라 축의 회전을 원활하게 하는 윤활제로, 펌프 케이싱에 바르거나 펌프 내에 넣어두는 것이 아니다.

정답 및 키워드 **갑** 추운 지역 냉각수 펌프를 장시간 사용하지 않을 때 ▶ 반드시 물을 빼낸다.

---

03 프로펠러 및 추진장치 　　　예상출제문항수 1-2

1 난이도 ★★★ | 출제율 ★★

수상오토바이의 추진방식은?

갑. 원심펌프에 의한 추진방식

을. 임펠러 회전에 의한 워터제트 분사방식

병. 프로펠러 회전에 의한 공기분사방식

정. 임펠러 회전에 의한 공기분사방식

 수상오토바이는 해수(또는 담수)를 흡입하여 엔진-추진축에 연결된 임펠러를 회전시켜 배출류를 내뿜어 추진력을 얻는 방식이예요.

워터제트 분사방식

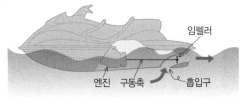

엔진　구동축　흡입구　임펠러

정답 및 키워드 **을** 수상오토바이 추진 방식 ▶
임펠러 회전에 의한 워터제트 분사방식

2 난이도 ★★★ | 출제율 ★★★

수상오토바이 운행 중 갑자기 출력이 떨어질 경우 점검해야 할 곳은?

갑. 냉각수 압력을 점검한다.

을. 연료혼합비를 점검한다.

병. 물 흡입구에 이물질 부착을 점검한다.

정. 임펠러의 피치를 점검한다.

 수상오토바이는 물을 흡입하여 임펠러에 거쳐 배출시키는 구조이므로, 물 흡입구가 이물질로 막히거나 이물질이 부착되어 있으면 물 흡입이 나빠져 갑자기 추진력이 떨어진다.

정답 및 키워드 **병** 출력이 떨어질 경우 ▶ 물 흡입구의 이물질 부착 점검

chapter 03

3
난이도 ★★★ | 출제율 ★★ ☐☐☐

프로펠러 효율에 관한 설명 중 옳지 않은 것은 ?

갑. 일정한 전달마력에 대해서 프로펠러의 회전수가 낮을 수록 효율이 좋다.

을. 후방 경사 날개는 선체와의 간극이 크게 되므로 효율이 좋다.

병. 강도가 허용하는 한 날개 두께를 얇게 하면 효율이 좋다.

정. 보스비가 크게 되면 일반적으로 효율이 좋다.

보스의 외경은 가능한 한 작아야 효율이 좋다.
※ 보스(boss)는 블레이드가 고정된 속이 빈 중심 구조부를 말하며, 보스비는 보스 지름을 추진기의 지름으로 나눈 값이다.

→ 블레이드
→ 보스(boss)

🔆 정답 및 키워드 　 청 프로펠러 효율 ◉ 보스비 작게

4
난이도 ★★★ | 출제율 ★★★ ☐☐☐

보기 의 (　)안에 들어갈 말로 옳은 것을 고르시오.

보기

스크루 프로펠러가 회전하면서 물을 뒤로 차 밀어 내면, 그 반작용으로 선체를 앞으로 미는 추진력이 발생하게 된다. 이와 같이 스크루 프로펠러가 360도 회전하면서 선체가 전진하는 거리를 (　)라 한다.

갑. 종거　　　　　　　을. 횡거

병. 리치　　　　　　　정. 피치

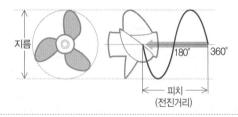

지름
180°　360°
피치
(전진거리)

🔆 정답 및 키워드 　 청 스크루 프로펠러가 360도 회전하며 전진하는 거리 ◉ 피치

5
난이도 ★★★ | 출제율 ★★★ ☐☐☐

프로펠러가 한번 회전할 때 선박이 나아가는 거리로 옳은 것은?

갑. ahead　　　　　　을. kick

병. pitch　　　　　　정. teach

정답 병

6
난이도 ★★★ | 출제율 ★★ ☐☐☐

프로펠러의 공동현상(Cavitation)이 발생되는 원인으로 옳지 않은 것은 모두 몇 개인가?

보기

① 날개 끝이 얇을 때

② 날개 끝 속도가 고속일 때

③ 프로펠러가 수면에 가까울 때

④ 날개의 단위 면적당 추력이 과다할 때

⑤ 프로펠러와 선체와의 간격이 좁을 때

갑. 0개　　　　　　　을. 1개

병. 2개　　　　　　　정. 3개

① 날개 끝이 두꺼울 때 공동현상이 일어난다.
② ～⑤는 압력이 떨어져 공동현상의 원인이 된다.

※ 캐비테이션(공동현상) : 액체의 국소압력이 증기압 이하로 떨어져 기포가 발생하는 현상 (발생한 기포는 압력이 높은 부분에 이르면 급격히 부서져 소음이나 진동의 원인이 됨)

정답 을

7
난이도 ★★★ | 출제율 ★★ ☐☐☐

추진기 날개면이 거칠어졌을 때 추진기 성능에 미치는 영향으로 옳지 않은 것은?

갑. 추력이 증가한다.

을. 소요 토크가 증가한다.

병. 날개면에 대한 마찰력이 증가한다.

정. 캐비테이션을 유발한다.

날개면이 거칠면 마찰저항이 커지므로 소요 토크(회전시키려는 힘)는 증가하고, 추력은 감소하고, 캐비테이션을 유발하여 추진효율이 떨어진다.

정답 및 키워드 🎐 **추진기 날개면이 거칠 때 영향 아닌 것** ▶ 추력 증가

---

8 난이도 ★★★ | 출제율 ★★★ □□□

프로펠러에 관한 설명 중 옳지 않은 것은?

갑. 프로펠러 직경은 날개수가 증가함에 따라 작아진다.

을. 전개면적비가 작을수록 프로펠러 효율은 감소한다.

병. 프로펠러의 날개는 공동현상에 의하여 손상을 받을 수 있다.

정. 가변피치 프로펠러의 경우 회전수 여유를 주지 않는다.

'전개면적비'란 프로펠러의 비틀어진 날개면을 평평하게 편 상태에서의 면적을 프로펠러가 회전할 때 날개 끝이 그리는 날개 끝 원 면적으로 나눈 값으로, 전개면적비가 작을수록 보스에 해당하는 부분이 그만큼 작아지므로 프로펠러의 효율이 좋아진다.

※ 프로펠러의 효율: 프로펠러를 회전시키는 동력이 얼마만큼 선박을 추진시키는가를 나타냄

정답 및 키워드 🎐 **프로펠러의 면적이 작을수록** ▶ 프로펠러 효율 좋아짐

---

9 난이도 ★★★ | 출제율 ★★★ □□□

프로펠러에 의해 발생하는 축계진동의 원인으로 옳지 않은 것은?

갑. 날개피치의 불균일

을. 프로펠러 날개의 수면노출

병. 프로펠러 하중의 증가

정. 공동현상의 발생

진동의 원인은 주로 불균형이 원인이다.
(※ '을'과 '정'은 프로펠러에 작용하는 압력이 불균형한 경우다.)

정답 및 키워드 🎐 **축계진동의 원인 아닌 것** ▶ 프로펠러 하중의 증가

---

10 난이도 ★★ | 출제율 ★★★ □□□

프로펠러가 수면 위로 노출되어 공회전하는 현상은?

갑. 피칭

을. 레이싱

병. 스웨잉

정. 롤링

'공회전'이란 엔진 또는 전동기의 회전력이 부하가 걸리지 않는 상태를 말한다. 즉, 회전력이 프로펠러를 통해 물에 대해 부하가 걸리지 않는 상태이다. (※ 자동차의 경우 지면이 부하에 해당됨)

정답 및 키워드 🎐 **프로펠러가 수면 위로 노출되어 공회전** ▶ 레이싱

---

11 난이도 ★★★ | 출제율 ★★★ □□□

프로펠러 축에 슬리브(sleeve)를 씌우는 주된 이유는?

갑. 윤활을 양호하게 하기 위하여

을. 진동을 방지하기 위하여

병. 회전을 원활하게 하기 위하여

정. 축의 부식과 마모를 방지하기 위하여

해수에 의해 축이 부식하는 것을 방지하기 위해 슬리브를 가열하여 끼운다.

슬리브
프로펠러 축

정답 및 키워드 🎐 **슬리브** ▶ 축의 부식과 마모 방지

---

12 난이도 ★★★ | 출제율 ★★ □□□

선외기 프로펠러에 손상을 주는 요인으로 옳지 않은 것은?

갑. 캐비테이션(공동현상)이 발생할 때

을. 프로펠러가 공회전할 때

병. 프로펠러가 기준보다 깊게 장착되어 있을 때

정. 전기화학적인 부식이 발생할 때

프로펠러가 기준 수면보다 깊게 장착되면 공회전이나 캐비테이션 등의 발생 가능성이 낮고, 추진효율이 개선된다.

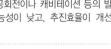

정답

캐비테이션에 의해 손상된 모습

13 난이도 ★★ | 출제율 ★★★ □□□

모터보트 운행 중 갑자기 선체가 심하게 떨림 현상이 나타날 때 즉시 점검해야 하는 곳으로 옳지 않은 것은?

갑. 크랭크축 균열 상태를 확인한다.
을. 프로펠러의 축계(shaft) 굴절여부를 확인한다.
병. 프로펠러의 파손상태를 점검한다.
정. 프로펠러에 로프가 감겼는지 확인한다.

 크랭크축은 엔진의 피스톤과 연결된 부품이며, 선체 내부 또는 선외기 내부에 위치하므로 즉시 점검이 어렵다.

정답 및 키워드 **갑** 떨림 현상이 나타날 때 즉시 점검할 수 없는 것 ❶ 크랭크축

14 난이도 ★★★ | 출제율 ★ □□□

클러치의 동력전달 방식에 따른 구분에 해당되지 않은 것은?

갑. 마찰클러치   을. 유체클러치
병. 전자클러치   정. 감속클러치

 클러치는 엔진동력을 변속기에 전달/차단하는 역할을 하는 것으로 마찰, 유체, 전자클러치가 있다.
• 마찰클러치 – 마찰제에 의해
• 유체클러치 – 오일에 의해
• 전자클러치 – 전자기력에 의해

정답 및 키워드 **정** 클러치 종류가 아닌 것 ❶ 감속클러치

15 난이도 ★★ | 출제율 ★★★ □□□

선체의 형상이 유선형일수록 가장 적어지는 저항은?

갑. 와류저항   을. 조와저항
병. 공기저항   정. 마찰저항

 유선형 : 위에서 봤을 때 물고기 모양과 같이 앞뒤가 가늘고 중간이 볼록한 곡선형을 말한다.
※ **조파저항** : 파도에 의해 발생하는 저항을 말한다.
※ **조와저항** : 와류에 의해 발생하는 저항을 말한다. 선체 형상이 급격히 변할 때 발생하는 소용돌이와 같은 유동에 의한 저항이다.

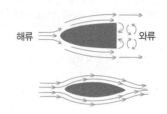

정답 및 키워드 **을** 유선형에 영향을 주는 저항 ❶ 조와저항

16 난이도 ★★★ | 출제율 ★★★ □□□

선체에 해초류 등이 번식할 때 커지는 저항은?

갑. 조파저항
을. 마찰저항
병. 공기저항
정. 와류저항

 선박에 붙은 해초류가 해류와 마찰을 일으켜 출력을 떨어지게 한다.

정답 및 키워드 **을** 선박의 해초류에 의한 저항 ❶ 마찰저항

17 난이도 ★★★ | 출제율 ★★★ □□□

모터보트가 저속으로 항해할 때 가장 크게 작용하는 선체 저항은?

갑. 마찰저항
을. 조파저항
병. 조와저항
정. 공기저항

 마찰저항 : 선체 표면이 물에 부딪혀 선체 진행을 방해하여 생기는 저항(가장 큰 비중을 차지함)

정답 및 키워드 **갑** 모터보트 저속으로 항해 ❶ 마찰저항

04 기타 장비 및 일상 정비점검 예상출제문항수 **0~1**

1 ⚠️ 틀리기 쉬운 문제 | 출제율 ★★ ☐☐☐

로프의 규격은 보통 무엇으로 표시하는가?

갑. 로프의 길이
을. 로프의 직경
병. 로프의 무게
정. 로프의 꼬임 수

💡 정답 및 키워드 **을** **로프 규격** ▶ 로프의 직경

2 난이도 ★★★ | 출제율 ★ ☐☐☐

로프의 시험 하중의 범위 내에서 안전하게 사용할 수 있는 최대의 하중을 무엇이라고 하는가?

갑. 시험 하중
을. 파단 하중
병. 충격 하중
정. 안전사용 하중

💡 정답 및 키워드 **정** **안전하게 사용할 수 있는 최대 하중** ▶ 안전사용 하중

3 ⚠️ 틀리기 쉬운 문제 | 출제율 ★★★ ☐☐☐

수상오토바이 출항 전 반드시 점검하여야 할 사항으로 옳지 않은 것은?

갑. 선체 드레인 플러그가 잠겨 있는지 확인한다.
을. 예비 배터리가 있는 것을 확인한다.
병. 오일량을 점검한다.
정. 엔진룸 누수 여부를 확인한다.

 출항 전 점검사항으로 배터리 충전상태를 확인해야 한다. (예비 배터리 확보 필요 없음)

💡 정답 및 키워드 **을** **수상오토바이 출항 전 점검사항 아닌 것** ▶ 예비 배터리

4 난이도 ★★★ | 출제율 ★★ ☐☐☐

기어(gear) 케이스에 물이 혼합되면 오일의 색깔은 어떻게 되는가?

갑. 붉은색
을. 녹색
병. 회색
정. 흑색

 기어 케이스에는 기어의 윤활을 위한 오일이 저장되어 있으며, 오일에 물이 섞이면 회색으로 변한다.

💡 정답 및 키워드 **병** **기어 케이스에 물 혼합 시 오일 색깔** ▶ 회색

5 난이도 ★★ | 출제율 ★★ ☐☐☐

모터보트의 전기설비 중에 설치되어 있는 퓨즈(Fuse)에 대한 설명 중 옳지 않은 것은?

갑. 전원을 과부하로부터 보호한다.
을. 부하를 과전류로부터 보호한다.
병. 과전류가 흐를 때 고온에서 녹아 전기회로를 차단한다.
정. 허용 용량 이상의 크기로 사용할 수 있다.

 퓨즈는 전기회로에 규정된 허용 용량(전압, 전류) 이상의 전기가 흐를 때 전기회로의 손상을 방지하기 위해 전류를 차단시키는 회로 보호 장치이다. 그러므로 반드시 **허용 전류량 이하**의 것으로 사용해야 한다.

💡 정답 및 키워드 **정** **퓨즈에 대한 설명** ▶ 허용 용량 이상의 크기 ✕

6 난이도 ★★★ | 출제율 ★★ ☐☐☐

기관실 빌지의 레벨 검출기로 많이 사용되는 것은?

갑. 토글 스위치
을. 플로트 스위치
병. 셀렉트 스위치
정. 리미트 스위치

 빌지(bilge)는 '배 밑바닥에 고인 오염수'를 말하며, 기관실 빌지의 레벨 검출기(플로트 스위치)는 침수가 일어날 때 물의 위험 수위를 검출하여 경보등 또는 경보벨을 통해 알려준다. (예 양변기 안의 수돗물을 자동으로 차단시키는 뜨개와 같은 장치 끝에 스위치를 달아 수위에 도달하면 램프나 벨을 울린다)

💡 정답 및 키워드 **을** **기관실 빌지의 레벨 검출기** ▶ 플로트 스위치

7 난이도 ★★★ | 출제율 ★★   □□□

전기기기의 절연상태가 나빠지는 경우로 옳지 않은 것은?

갑. 습기가 많을 때
을. 먼지가 많이 끼었을 때
병. 과전류가 흐를 때
정. 절연저항이 클 때

 절연저항이 크다는 것은 전기가 외부로 누설되지 않고 잘 막고 있는 것을 의미한다. 절연상태가 나쁘다는 것은 전기가 누설되기 쉽다는 의미이다.

정답 및 키워드 **정** 절연상태가 나빠지는 경우가 아닌 것 ❯ 절연저항이 클 때

---

8 난이도 ★★★ | 출제율 ★   □□□

멀티테스터기로 직접 측정할 수 없는 것은?

갑. 직류전압
을. 직류전류
병. 교류전압
정. 유효전력

멀티테스터: 전압, 전류, 저항 등의 전기량을 측정하는 기기이다.

정답 및 키워드 **정** 멀티테스터기로 측정할 수 없는 것 ❯ 유효전력

---

9 난이도 ★★★ | 출제율 ★   □□□

전기가 통하는 것은 도체, 통하지 않은 것은 부도체라고 한다. <보기> 중 부도체는 몇 개 인가?

> **보기**
> ① 금속   ② 해수   ③ 전해액
> ④ 백금   ⑤ 유리   ⑥ 고무
> ⑦ 운모

갑. 3개   을. 4개
병. 5개   정. 6개

• 도체 : 금속, 해수, 전해액, 백금
• 부도체 : 유리, 고무, 운모

※ 해수: 바닷물의 성분 중 염화나트륨의 염소 이온에 의해 전류가 흐름
※ 전해액: 배터리의 양극 사이에 리튬이온의 이동에 의해 전류가 흐름
※ 백금: 금은 전기전도율이 가장 좋다.

정답 및 키워드 **갑** 부도체 갯수 ❯ 3개

Power Driven Leisure Vessel

출제문항수
25

CHAPTER

04

동력수상레저기구
관련 법규

수상레저안전법 | 선박의 입항 및 출항 | 해사안전법 | 해양환경관리법

01 수상레저안전법 일반
예상출제문항수 1-2

1 ⚠ 틀리기 쉬운 문제 | 출제율 ★★★ □□□
수상레저안전법의 제정목적으로 가장 옳지 않은 것은?

갑. 수상레저사업의 건전한 발전을 도모
을. 수상레저활동의 안전을 확보
병. 수상레저활동으로 인한 사상자의 구조
정. 수상레저활동의 질서를 확보

수상레저활동의 안전과 질서를 확보하고, 수상레저사업의 건전한 발전을 도모함을 목적으로 한다.

🔅 정답 및 키워드 **병** 수상레저안전법의 제정목적 아닌 것 ▶ 사상자의 구조

2 난이도 ★★★ | 출제율 ★★★ □□□
수상레저안전법에 따른 수상의 정의로 올바른 것은?

갑. 기수의 수류 또는 수면
을. 바다의 수류나 수면
병. 담수의 수류 또는 수면
정. 해수면과 내수면

• 해수면: 바다의 수류나 수면
• 내수면: 하천, 강, 호수, 저수지 등의 수류나 수면

🔅 정답 및 키워드 **정** 수상의 정의 ▶ 해수면과 내수면

3 난이도 ★★★ | 출제율 ★★ □□□
수상레저안전법상 정의로 옳지 않은 것은?

갑. 웨이크보드는 수상스키의 변형된 형태로 볼 수 있다.
을. 강과 바다가 만나는 부분의 기수는 해수면으로 분류된다.
병. 수면비행선은 수상레저사업장에서 수상레저기구로 이용할 수 있지만, 선박법에 따라 등록하고, 선박직원법에서 정한 면허를 가지고 조종해야 한다.
정. 수상레저안전법상의 세일링요트는 돛과 마스트로 풍력을 이용할 수 있고, 기관(엔진)도 설치된 것을 말한다.

🔅 정답 및 키워드 **을** 해수면 ▶ 바다의 수류나 수면

4 난이도 ★★ | 출제율 ★★ □□□
수상레저안전법상 용어 정의로 옳지 않은 것은 ?

갑. 강과 바다가 만나는 부분의 기수는 해수면으로 분류된다.
을. 수상이란 해수면과 내수면을 말한다.
병. 래프팅이란 무동력수상레저기구를 이용하여 계곡이나 하천에서 노를 저으며 급류 또는 물의 흐름 등을 타는 수상레저 활동을 말한다.
정. 내수면이란 하천, 댐, 호수, 늪, 저수지, 그 밖에 인공으로 조성된 담수나 기수(汽水)의 수류 또는 수면을 말한다.

🔅 정답 및 키워드 **갑** 해수면 ▶ 바다의 수류나 수면

5 ⚠ 틀리기 쉬운 문제 | 출제율 ★

수상레저안전법상 옳지 않은 것은?

갑. 등록을 갱신하려는 자는 등록의 유효기간 종료일 5일 전까지 수상레저사업 등록·갱신등록 신청서를 관할 해양경찰서장 또는 시장·군수·구청장에게 제출하여야 한다.

을. 과태료의 부과·징수, 재판 및 집행 등의 절차에 관한사항은 「질서위반행위규제법」에 따른다.

병. 내수면이란 하천, 댐, 호수, 늪, 저수지, 그 밖의 인공으로 조성된 담수나 기수의 수류 또는 수면을 말한다.

정. 수상레저 일반조종면허시험 필기시험 법규과목으로는 「수상레저안전법」, 「선박의 입항 및 출항등에 관한 법률」, 「해사안전법」, 「선박안전법」이 있다.

 필기시험 법규과목에는 선박안전법이 아니라 해양환경관리법이 포함된다.

🔆 **정답 및 키워드** **정** 필기시험 **법규과목이 아닌 것** ◐ 선박안전법(해양환경관리법)

6 난이도 ★★ | 출제율 ★★★

수상레저안전법에 대한 설명으로 옳지 않은 것은?

갑. 수상레저활동은 수상에서 수상레저기구를 이용하여 취미·오락·체육·교육 등의 목적으로 이루어지는 활동이다.

을. 래프팅(rafting)이란 무동력 수상레저기구를 이용하여 계곡이나 하천에서 노를 저으며 급류 또는 물의 흐름을 타는 수상레저활동을 말한다.

병. 동력수상레저기구의 기관이 5마력 이상이면 동력수상레저기구 조종면허가 필요하다.

정. 선박법에 따라 항만청에 등록된 선박으로 레저활동을 하는 것은 수상레저기구로 볼 수 없다.

 등록 선박과 무관하게 총톤수 20톤 미만의 모터보트는 동력수상레저기구로 볼 수 있다.

정답 **정**

7 난이도 ★★ | 출제율 ★★★

수상레저안전법상 동력수상레저기구끼리 알맞게 짝지어진 것은?

갑. 수상오토바이, 조정

을. 워터슬레드, 수상자전거

병. 스쿠터, 호버크래프트

정. 모터보트, 서프보드

🔺 스쿠터

🔺 호버크래프트

🔆 **정답 및 키워드** **병** **동력수상레저기구** ◐ 스쿠터, 호버크래프트

8 난이도 ★ | 출제율 ★★★

수상레저안전법상 무동력 수상레저기구끼리 짝지어진 것으로 옳은 것은 ?

갑. 세일링요트, 패러세일

을. 고무보트, 노보트

병. 수상오토바이, 워터슬레드

정. 워터슬레드, 서프보드

🔺 워터슬레드

🔺 수상오토바이

서프보드 ◐

🔆 **정답 및 키워드** **정** **무동력 수상레저기구** ◐ 워터슬레드, 서프보드

9 난이도 ★ | 출제율 ★

수상레저안전법상 땅콩보트, 바나나보트, 플라잉피쉬 등과 같은 튜브형 기구로서 동력수상레저기구에 의해 견인되는 형태의 기구는?

갑. 에어바운스(Air bounce)

을. 튜브체이싱(Tube chasing)

병. 워터슬레드(Water sled)

정. 워터바운스(Water bounce)

🔆 **정답 및 키워드** **병** **튜브형 기구** ◐ 워터슬레드

10 난이도 ★★ | 출제율 ★★ □□□

수상레저안전법상 동력수상레저기구에 포함되지 않은 것은?

갑. 수상오토바이
을. 스쿠터
병. 호버크래프트
정. 워터슬레드

정답 및 키워드 · **정** 워터슬레드 ▶ 무동력수상레저기구

---

11 난이도 ★ | 출제율 ★ □□□

수상레저안전법상 무동력 수상레저기구를 이용하여 수상에서 노를 저으며 급류를 타거나 유락행위를 하는 수상레저 활동은?

갑. 윈드서핑
을. 스킨스쿠버
병. 래프팅
정. 페러세일

정답 병

---

12 ⚠ 틀리기 쉬운 문제 | 출제율 ★★ □□□

수상레저안전법상 주의보가 발효된 구역에서 관할 해양경찰에게 운항신고 후 활동 가능한 수상레저기구는?

갑. 윈드서핑
을. 카약
병. 워터슬레드
정. 모터보트

정답 및 키워드 · **갑** 주의보 발효 구역에서 운항신고 후 ▶
윈드서핑 (파도 또는 바람만 이용)

---

13 난이도 ★★★ | 출제율 ★★ □□□

수상레저안전법상 수상레저기구 중 동력수상레저기구는 모두 몇 개인가?

① 수상오토바이	② 고무보트	③ 스쿠터
④ 수상스키	⑤ 호버크래프트	⑥ 패러세일
⑦ 조정	⑧ 카약	

갑. 3개   을. 4개
병. 5개   정. 6개

 동력수상레저기구: 모터보트, 수상오토바이, 고무보트, 스쿠터, 호버크래프트, 세일링요트(돛과 기관 설치)

정답 을

⤴ 패러세일

---

14 난이도 ★★ | 출제율 ★ □□□

수상레저안전법상 풍력을 이용하는 수상레저기구로 옳지 않은 것은?

갑. 케이블 웨이크보드(Cable wake-board)
을. 카이트보드(Kite-board)
병. 윈드서핑(Wind surfing)
정. 딩기요트(Dingy yacht)

 케이블 웨이크보드: 수상오토바이 등 동력레저기구를 이용하여 끄는 기구

⤴ 카이트보드   ⤴ 딩기요트

⤴ 케이블 웨이크보드

정답 갑

15
난이도 ★ | 출제율 ★

수상레저안전법에 규정된 수상레저기구로 옳지 않은 것은?

갑. 스쿠터
을. 관광잠수정
병. 조정
정. 호버크래프트

정답 및 키워드 🔘 수상레저기구로 규정되지 않은 것 ▶ 관광잠수정

16
난이도 ★ | 출제율 ★★

수상레저안전법상 동력수상레저기구 조종면허의 종류로 옳지 않은 것은?

갑. 제1급 조종면허
을. 제2급 조종면허
병. 소형선박조종면허
정. 요트조종면허

정답 및 키워드 🔘 조종면허의 종류 ▶ 제1·2급 조종면허, 요트조종면허

17
난이도 ★ | 출제율 ★★★

동력수상레저기구 조종면허를 받아야 조종할 수 있는 동력수상레저기구의 추진기관 최대출력 기준은?

갑. 3마력 이상
을. 5마력 이상
병. 10마력 이상
정. 50마력 이상

정답 및 키워드 🔘 조종면허가 필요한 엔진 최대 출력 ▶ 5 마력 이상

18
난이도 ★ | 출제율 ★★

수상레저안전법상 제2급 동력수상레저기구 조종면허를 받을 수 있는 나이의 기준으로 옳은 것은?

갑. 13세 이상
을. 14세 이상
병. 15세 이상
정. 16세 이상

정답 및 키워드 🔘 2급 동력수상레저기구 조종면허 자격 나이 ▶ 14 세 이상

19
난이도 ★ | 출제율 ★★

수상레저안전법상 일반조종면허 필기시험의 시험과목에 해당하지 않은 것은?

갑. 수상레저안전
을. 항해 및 범주
병. 운항 및 운용
정. 기관

정답 및 키워드 🔘 일반조종면허 필기시험 과목 아닌 것 ▶ 항해 및 범주

20 ⚠️ 틀리기 쉬운 문제 | 출제율 ★★

요트조종면허 필기시험의 시험과목에 해당하지 않은 것은?

갑. 요트활동 개요
을. 항해 및 범주
병. 운항 및 운용
정. 법규

정답 및 키워드 🔘 요트조종면허 필기시험 과목 아닌 것 ▶ 운항 및 운용

21 ⚠ 틀리기 쉬운 문제 | 출제율 ★★ ☐☐☐

수상레저 일반조종면허시험 필기시험 중 법규과목과 관련 없는 것은?

갑. 선박안전법

을. 해양환경관리법

병. 해사안전법

정. 선박의 입항 및 출항 등에 관한 법률

정답 및 키워드 **갑** 일반조종면허시험 법규과목 ▶ 수상레저안전법 (선박안전법×)

22 난이도 ★ | 출제율 ★★ ☐☐☐

수상레저안전법상 조종면허 응시원서의 제출 등에 대한 내용으로 옳지 않은 것은?

갑. 시험면제대상은 해당함을 증명하는 서류를 제출해야 한다.

을. 응시원서의 유효기간은 접수일로부터 6개월이다.

병. 면허시험의 필기시험에 합격한 경우에는 그 합격일로부터 1년까지로 한다.

정. 응시표를 잃어버렸을 경우 다시 발급받을 수 있다.

정답 및 키워드 **을** 응시원서의 유효기간 ▶ 접수일부터 **1**년

23 난이도 ★ | 출제율 ★★ ☐☐☐

수상레저안전법상 동력수상레저기구 조종면허 응시원서의 유효기간으로 옳은 것은?

갑. 접수일부터 6개월

을. 접수일부터 1년

병. 필기시험 합격일부터 6개월

정. 필기시험 합격일부터 2년

정답 **을**

24 난이도 ★ | 출제율 ★★ ☐☐☐

수상레저기구등록법상 시험운항 허가에 대한 내용 중 옳지 않은 것은?

갑. 시험운항 구역이 내수면인 경우 관할하는 시장·군수·구청장에게 신청해야 한다.

을. 시험운항 허가 관서의 장은 시험운항을 허가하는 경우에는 시험운항 허가증을 내줘야 한다.

병. 시험운항 허가 운항구역은 출발지로부터 직선거리로 10해리 이내이다.

정. 시험운항 허가 기간은 10일로 한다.

정답 및 키워드 **정** 시험운항 허가 기간 ▶
7일(해뜨기 전 30분부터 해진 후 30분까지로 한정)

25 난이도 ★ | 출제율 ★ ☐☐☐

수상레저안전법상 동력수상레저기구 조종면허 종별 합격기준으로 옳지 않은 것은?

갑. 제1급 조종면허 : 필기 70점, 실기 70점

을. 제1급 조종면허 : 필기 70점, 실기 80점

병. 제2급 조종면허 : 필기 60점, 실기 60점

정. 요트조종면허 : 필기 70점, 실기 60점

- 제1급 조종면허 : 필기 70점, 실기 80점
- 제2급 조종면허 : 필기 60점, 실기 60점
- 요트조종면허 : 필기 70점, 실기 60점

정답 및 키워드 **갑** 제1급 조종면허 합격기준 ▶ 필기 **70** 점, 실기 **80** 점

26 난이도 ★ | 출제율 ★ ☐☐☐

동력수상레저기구 조종면허 중, 제1급 조종면허 시험의 합격기준으로 바르게 연결된 것은?

갑. 필기-60점, 실기-70점

을. 필기-70점, 실기-70점

병. 필기-70점, 실기-80점

정. 필기-60점, 실기-80점

---

27 난이도 ★ | 출제율 ★★ ☐☐☐

수상레저안전법상 동력수상레저기구 조종면허의 종류와 기준을 바르게 나열한 것은?

갑. 제1급 조종면허 : 요트를 포함한 동력수상레저기구를 조종하는 자

을. 제1급 조종면허 : 수상레저사업자 또는 종사자

병. 제2급 조종면허 : 수상레저사업자 및 조종면허시험대행기관 시험관

정. 제2급 조종면허 : 조종면허시험대행기관 시험관

- 제1급 조종면허 : 수상레저사업자, 종사자, 시험관
- 제2급 조종면허 : 동력수상레저기구(세일링요트 제외)
- 요트조종면허 : 세일링요트

---

28 ⚠️ 틀리기 쉬운 문제 | 출제율 ★★★ ☐☐☐

수상레저안전법상 일반조종면허 실기시험 중 실격사유로 옳지 않은 것은?

갑. 3회 이상의 출발 지시에도 출발하지 못한 경우

을. 속도전환레버 및 핸들 조작 미숙 등 조종능력이 현저히 부족하다고 인정되는 경우

병. 계류장과 선수 또는 선미가 부딪힌 경우

정. 이미 감점한 점수의 합계가 합격기준에 미달함이 명백한 경우

---

29 난이도 ★★ | 출제율 ★★ ☐☐☐

수상레저안전법상 동력수상레저기구 조종면허 실기시험에 관한 내용으로 옳지 않은 것은?

갑. 제1급 조종면허시험의 경우 합격점수는 80점 이상이다.

을. 요트조종면허의 경우 합격점수는 60점 이상이다.

병. 응시자가 준비한 동력수상레저기구로 조종면허 실기시험을 응시할 수 없다.

정. 실기시험을 실시할 때에는 동력수상레저기구 1대당 시험관 2명을 탑승시켜야 한다.

---

30 난이도 ★★★ | 출제율 ★★★ ☐☐☐

수상레저안전법상 동력수상레저기구 일반조종면허 실기시험의 진행 순서로 옳은 것은?

갑. 출발 전 점검 및 확인-출발-변침-운항-사행-인명구조-급정지 및 후진-접안

을. 출발 전 점검 및 확인-출발-변침-운항-사행-급정지 및 후진-인명구조-접안

병. 출발 전 점검 및 확인-출발-변침-운항-급정지 및 후진-사행-인명구조-접안

정. 출발 전 점검 및 확인-출발-변침-운항-급정지 및 후진-인명구조-사행-접안

 실기요령 참조(19페이지)

정답 🅰 출발 전 점검 및 확인-출발-변침-운항-사행-급정지 및 후진-인명구조-접안

chapter 04

31 난이도 ★ | 출제율 ★

수상레저안전법상 동력수상레저기구 일반조종면허 실기시험 운항코스 시설에 대한 설명으로 옳지 않은 것은?

갑. 계류장 : 2대 이상 동시 계류가 가능해야 하고, 비트를 설치할 것
을. 고정부이 : 3개 이상 5개 이하로 설치 할 것
병. 이동 부이 : 시험용 수상레저기구마다 2개씩 설치할 것
정. 사행코스에서의 부이와 부이 사이의 거리 : 50미터로 할 것

 이동 부이는 필수사항이 아님

정답 병

32 난이도 ★★ | 출제율 ★★

수상레저안전법상 동력수상레저기구 일반조종면허 실기시험의 출발 전 점검 및 확인사항으로 옳은 것은?

갑. 구명튜브, 소화기, 예비 노, 연료, 배터리, 자동정지줄
을. 구명튜브, 소화기, 예비 노, 엔진, 연료, 배터리, 핸들, 자동정지줄
병. 구명튜브, 소화기, 예비 노, 엔진, 연료, 배터리, 핸들, 계기판, 자동정지줄
정. 구명튜브, 소화기, 예비 노, 엔진, 연료, 배터리, 핸들, 속도전환레버, 계기판, 자동정지줄

 실기시험에 출발 전 점검 및 확인사항은 필수로 해야 하므로 반드시 암기한다. (실기시험 21페이지 참조) – 10가지

정답 및 키워드 🏁 출발 전 점검 및 확인사항 ▶ 10 가지

33 ⚠ 틀리기 쉬운 문제 | 출제율 ★★★

수상레저안전법상 동력수상레저기구 일반조종면허 실기시험의 채점기준에서 사용하는 용어의 뜻이 옳지 않은 것은?

갑. "이안"이란 계류줄을 걷고 계류장에서 이탈하여 출발한 경우를 말한다.
을. "출발"이란 정지된 상태에서 속도전환레버를 조작하여 전진 또는 후진하는 것을 말한다.
병. "침로"란 모터보트가 진행하는 방향의 나침방위를 말한다.
정. "접안"이란 시험선을 계류할 수 있도록 접안 위치에 정지시키는 동작을 말한다.

 이안: 계류줄을 걷고 계류장에서 이탈하여 출발할 수 있도록 준비하는 행위를 말한다. (출발이 아님)

정답 갑

34 난이도 ★ | 출제율 ★★

수상레저안전법상 동력수상레저기구 일반조종면허 실기시험 사행 시 감점사항으로 맞는 것은?

갑. 첫 번째 부이로부터 시계방향으로 진행한 경우
을. 부이로부터 3미터 이상으로 접근한 경우
병. 3개의 부이와 일직선으로 침로를 유지한 경우
정. 사행 중 갑작스러운 핸들조작으로 선회가 부자유스러운 경우

 사행 중 핸들 조작 미숙으로 선체가 심하게 흔들리거나 선체 후미에 급격한 쏠림이 발생하는 경우, 선회가 부자유스러운 경우 감점 3점에 해당한다. (실기시험 참조)

정답 및 키워드 🏁 사행 시 감점사항 ▶
갑작스러운 핸들조작으로 선회가 부자유스러움

35 난이도 ★★ | 출제율 ★★ ☐☐☐

수상레저안전법상 동력수상레저기구 일반조종면허 실기시험 채점기준으로 옳지 않은 것은?

갑. 출발 전 점검 및 확인 시 확인사항을 행동 및 말로 표시한다.

을. 출발 시 속도전환 레버를 중립에 두고 시동을 건다.

병. 운항 시 시험관의 증속 지시에 15노트 이하 또는 25노트 이상 운항하지 않는다.

정. 사행 시 부이로부터 2미터 이내로 접근하여 통과한다.

 사행 시 부이로부터 **3**미터 이상 **15**미터 이내로 접근하여 통과한다.

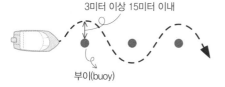

3미터 이상 15미터 이내

부이(buoy)

◐사행(蛇_뱀 사, 行_갈 행)

정답 정

36 난이도 ★★ | 출제율 ★★ ☐☐☐

수상레저안전법상 동력수상레저기구 일반조종면허 실기시험 중, 실격사유에 해당하는 것으로 옳은 것은?

갑. 지시시험관의 지시 없이 2회 이상 임의로 시험을 진행하는 경우

을. 급정지 지시 후 3초 이내에 속도전환 레버를 중립으로 조작하지 못한 경우

병. 지시시험관이 2회 이상의 출발 지시에도 출발하지 못한 경우

정. 지시시험관이 물에 빠진 사람이 있음을 고지한 후 2분 이내에 인명구조를 실패한 경우

 '을', '병', '정'은 감점사항임

정답 및 키워드 갑 **실기시험 실격사유** ◐
지시 없이 **2**회 이상 임의로 시험을 진행하는 경우

37 난이도 ★★ | 출제율 ★★ ☐☐☐

수상레저안전법상 일반조종면허 시험에 관한 내용으로 옳지 않은 것은?

갑. 필기시험에 합격한 사람은 그 합격일로부터 1년 이내에 실시하는 면허시험에서만 그 필기시험이 면제된다.

을. 실기시험을 실시할 때 수상레저기구 1대당 시험관 1명을 탑승시켜야 한다.

병. 실기시험은 필기시험에 합격 또는 필기시험 면제받은 사람에 대하여 실시한다.

정. 응시자가 따로 준비한 수상레저기구가 규격에 적합한 때에는 해당 수상레저기구를 실기시험에 사용하게 할 수 있다.

정답 및 키워드 을 **실기시험 시 수상레저기구 1대당** ◐ 시험관 **2**명을 탑승

38 난이도 ★ | 출제율 ★★★ ☐☐☐

수상레저안전법상 동력수상레저기구 조종면허 결격사유와 관련한 내용으로 옳지 않은 것은?

갑. 정신질환자(치매, 정신분열병, 분열형 정동장애, 양극성 정동장애, 재발성 우울장애, 알콜중독)로서 전문의가 정상적으로 수상레저활동을 수행할 수 있다고 인정하는 자는 동력수상레저기구 조종면허 시험 응시가 가능하다.

을. 부정행위로 인해 해당 시험의 중지 또는 무효처분을 받은 자는 그 시험 시행일로부터 2년간 면허시험에 응시할 수 없다.

병. 동력수상레저기구 조종면허를 받지 아니하고 동력수상레저기구를 조종한 자로서 사람을 사상한 후 구호조치 등 필요한 조치를 하지 아니하고 도주한 자는 4년이 경과되어야 동력수상레저기구 조종면허시험 응시가 가능하다.

정. 동력수상레저기구 조종면허가 취소된 날부터 2년이 경과되지 아니한 자는 동력수상레저기구 조종면허 시험 응시가 불가하다.

정답 및 키워드 정 **조종면허가 취소된 경우 시험 응시 가능한 기간** ◐
조종면허가 취소된 날부터 **1**년이 경과 후

39 난이도 ★★★ | 출제율 ★★ ☐☐☐

수상레저안전법상 수상레저기구의 정원에 관한 사항으로 옳지 않은 것은?

갑. 수상레저기구의 정원은 안전검사에 따라 결정되는 정원으로 한다

을. 등록대상이 되지 아니하는 수상레저기구의 정원은 해당 수상레저기구의 좌석 수 또는 형태 등을 고려하여 해양경찰청장이 정하여 고시하는 정원 산출 기준에 따라 산출한다.

병. 정원을 산출할 때에는 해난구조의 사유로 승선한 인원은 정원으로 보지 아니한다.

정. 조종면허 시험장에서의 시험을 보기 위한 승선인원은 정원으로 보지 아니한다.

40 난이도 ★★ | 출제율 ★★★ ☐☐☐

수상레저안전법상 제2급 조종면허시험 과목의 전부를 면제할 수 있는 경우는?

갑. 대통령령으로 정하는 체육관련 단체에 동력수상레저기구의 선수로 등록된 사람

을. 대통령령으로 정하는 동력수상레저기구 관련 학과를 졸업한 사람

병. 해양경찰청장이 지정·고시하는 기관이나 단체(면제교육기관)에서 실시하는 교육을 이수한 사람

정. 제1급 조종면허 필기시험에 합격한 후 제2급 조종면허 실기시험으로 변경하여 응시하려는 사람

41 난이도 ★ | 출제율 ★ ☐☐☐

수상레저안전법상 면허시험 면제교육기관에 대하여 반드시 지정을 취소해야 하는 사유에 해당되는 것은?

갑. 면허시험 면제교육기관이 교육을 이수하지 아니한 사람에게 면허시험 과목의 전부를 면제하게 한 경우

을. 거짓이나 그 밖의 부정한 방법으로 지정을 받은 경우

병. 교육내용을 지키지 않은 경우

정. 지정 기준에 미치지 못하게 된 경우

42 난이도 ★ | 출제율 ★★ ☐☐☐

수상레저안전법상 면허시험에서 부정행위를 하여 시험의 중지 또는 무효의 처분을 받은 자는 그 시험 시행일로부터 (   )년간 면허시험에 응시할 수 없다. (   )안에 알맞은 것은?

갑. 6개월   을. 1년
병. 2년   정. 3년

43 난이도 ★★ | 출제율 ★★ ☐☐☐

수상레저안전법상 동력수상레저기구 조종면허 시험 중 부정행위자에 대한 제재조치로서 옳지 않은 것은?

갑. 당해 시험을 중지시킬 수 있다.

을. 당해 시험을 무효로 할 수 있다.

병. 공무집행방해가 인정될 경우 형사처벌을 받을 수 있다.

정. 1년간 동력수상레저기구조종면허 시험에 응시할 수 없다.

44 난이도 ★ | 출제율 ★

수상레저안전법상 면허시험의 공고내용으로 옳지 않은 것은?

갑. 시험의 날짜, 시간 및 장소
을. 시험 합격기준
병. 응시자격
정. 제출서류 및 제출기한

⊙ 정답 및 키워드 📋 면허시험 공고내용 아닌 것 ▶ 시험 합격기준

---

45 난이도 ★ | 출제율 ★★

수상레저안전법상 동력수상레저기구 조종면허 중, 제2급 조종면허를 취득한 자가 제1급 조종면허를 취득한 경우 조종면허의 효력관계를 맞게 설명한 것은?

갑. 제1급과 제2급 모두 유효하다.
을. 제2급 조종면허의 효력은 상실된다.
병. 제1급 조종면허의 효력은 상실된다.
정. 제1급과 제2급 조종면허 모두 유효하며, 각각의 갱신기간에 맞게 갱신만 하면 된다.

 일반조종면허의 경우 제2급 조종면허 취득자가 제1급 조종면허를 취득한 경우 제2급 조종면허의 효력은 상실된다.

정답 을

---

46 난이도 ★ | 출제율 ★

수상레저안전법상 (   )에 적합한 것은?

> 보기
> 동력수상레저기구 조종면허를 받아야 조종할수 있는 동력수상레저기구로서 추진기관의 최대 출력이 5마력 이상(출력 단위가 킬로와트인 경우에는 (   )킬로와트 이상을 말한다)인 동력수상 레저기구로 한다.

갑. 3.75   을. 3
병. 2.75   정. 5

정답 갑

---

47 난이도 ★ | 출제율 ★

수상레저안전법상 (   )에 적합한 것은?

> 보기
> 조종면허시험대행기관의 지정기준에 따른 책임운영자는 수상레저활동 관련 업무 중 해양경찰청장이 정하여 고시하는 업무에 (   )년 이상 종사한 경력이 있는 사람이어야 하며, 일반조종면허 시험관은 (   )급 조종면허를 갖춘 사람이어야 한다.

갑. 3년, 1급
을. 3년, 2급
병. 5년, 1급
정. 5년, 2급

⊙ 정답 및 키워드 병 조종면허시험대행기관 책임운영자 ▶ 5년 이상 경력자
일반조종면허 시험관 ▶ 1급 조종면허 소지자

---

48 난이도 ★ | 출제율 ★

수상레저안전법상 시험대행기관의 지정기준으로 옳지 않은 것은?

갑. 시험장별로 책임운영자 1명 및 시험관 4명이상 갖출 것
을. 시험대행기관으로 지정 받으려는 자는 해양수산부령으로 정하는 바에 따라 해양경찰청장에게 그 지정을 신청하여야 한다.
병. 시험장별로 해양수산부령으로 정하는 기준에 맞는 실기시험용 시설 등을 갖출 것
정. 조종면허시험대행기관의 지정기준에 따른 책임운영자는 수상레저활동 관련 업무 중 해양경찰청장이 정하여 고시하는 업무에 4년 이상 종사한 경력이 있는 사람이어야 하며, 일반조종면허 시험관은 제1급 조종면허를 갖춘 사람이어야 한다.

 윗 문제 참조

정답 정

1
난이도 ★ | 출제율 ★★

수상레저안전법상 동력수상레저기구 조종면허 중, 제2급 조종면허의 필기 또는 실기시험 면제대상으로 옳지 않은 사람은?

갑. 해양경찰관서에서 1년 이상 수난구조업무에 종사한 경력이 있는 사람
을. 소형선박조종사 면허를 가진 사람
병. 대한체육회 가맹 경기단체에서 동력수상레저기구 선수로 등록된 사람
정. 선박직원법에 따라 운항사 면허를 취득한 사람

🔑 정답 및 키워드 **갑** 제2급 조종면허의 필기 또는 실기시험 면제대상 아닌 것 ◐
해양경찰관서에서 1년 이상 수난구조업무에 종사

2
난이도 ★★ | 출제율 ★★★

수상레저안전법상 외국인에 대한 조종면허의 특례로 옳지 않은 것은?

갑. 수상레저활동을 하려는 외국인이 국내에서 개최되는 국제경기대회에 참가하여 수상레저기구를 조종하는 경우에는 조종면허를 받지 않아도 된다.
을. 국제경기대회 개최일 10일 전부터 국제경기대회 기간까지 특례가 적용된다.
병. 국내 수역에만 특례가 적용된다.
정. 4개국 이상이 참여하는 국제경기대회에 특례가 적용된다.

🔑 정답 및 키워드 **정** 외국인 조종면허 특례 ◐ **2** 개국 이상 국제경기대회 참여

3
⚠️ 틀리기 쉬운 문제 | 출제율 ★

수상레저안전법상 동력수상레저기구 조종면허 중, 제1급 조종면허 보유자의 감독 하에 면허 없는 사람이 동력수상레저기구를 조종할 수 있는 장소로 옳지 않은 곳은?

갑. 수상레저사업장   을. 조종면허시험장
병. 경정 경기장   정. 관련 학교

🔑 정답 및 키워드 **병** 1급 조종면허 보유자 동승 시 무면허로 조종 불가능한 장소 ◐
경정 경기장

4
난이도 ★★ | 출제율 ★★

수상레저안전법상 제2급 조종면허의 필기시험을 면제받을 수 있는 자는?

갑. 대통령령이 정하는 체육관련 단체에 동력수상레저기구의 선수로 등록된 자
을. 제1급 조종면허를 가지고 있는 자
병. 소형선박조종사 면허를 가지고 있는 자
정. 한국해양소년단연맹에서 동력수상레저기구의 훈련업무에 1년 이상 종사한 자로써 단체장의 추천을 받은 자

🔑 정답 및 키워드 **병** 제2급 조종면허의 필기시험 면제받을 수 있는 자 ◐
소형선박조종사 면허 소지자

5
난이도 ★ | 출제율 ★

면허시험 면제교육기관의 장이 교육을 중지할 수 있는 기간은 (   )을 초과할 수 없다. (   )에 맞는 기간은?

갑. 1개월   을. 2개월
병. 3개월   정. 6개월

🔑 정답 및 키워드 **병** 면제교육기관장이 교육을 중지할 수 있는 기간 ◐ **3** 개월

6 난이도 ★★ | 출제율 ★★　　　□□□

수상레저안전법상 조종면허시험대행기관에서 시험업무에 종사하는 자에 대한 교육과 관련된 내용으로 <u>옳지 않은</u> 것은?

갑. 시험업무 종사자에 대한 교육은 책임운영자 및 시험관에 대하여 실시한다.

을. 시험업무 종사자에 대한 교육은 정기교육과 임시교육으로 구분한다.

병. 정기교육은 1년에 한번 21시간 이상 실시한다.

정. 교육이수점수는 100점 만점에 60점 이상을 받아야 한다.

💡 정답 및 키워드　🅔 시험업무 종사자에 대한 교육 ▶
　　　정기교육과 수시교육(임시교육✕)

---

8 난이도 ★★ | 출제율 ★★　　　□□□

수상레저안전법상 동력수상레저기구 조종면허 중, 제1급 조종면허를 가진 자의 감독 하에 수상레저활동을 하는 경우로서 다음의 요건을 충족할 때 무면허 조종이 가능한 경우로서 <u>옳지 않은</u> 것은?

갑. 해당 수상레저기구에 다른 수상레저기구를 견인하고 있지 않을 경우

을. 수상레저사업장 안에서 탑승정원이 4인 이하인 수상레저기구를 조종하는 경우

병. 면허시험과 관련하여 수상레저기구를 조종하는 경우

정. 수상레저기구가 4대 이하인 경우

💡 정답 및 키워드　🅟 1급 조종면허 소지자 감독 하에 수상레저활동 시 무면허수상레저기구 조종이 가능한 기구 댓수 ▶ 🅱 대 이하인 경우

---

7 난이도 ★★ | 출제율 ★★　　　□□□

수상레저안전법상 동력수상레저기구 조종면허 시험 중, 항해사·기관사·운항사 또는 소형선박 조종사의 면허를 가진 자가 면제받을 수 있는 사항으로 옳은 것은?

갑. 제1급 조종면허 및 제2급 조종면허 실기시험

을. 제2급 조종면허 실기시험

병. 제1급 조종면허 및 제2급 조종면허 필기시험

정. 제2급 조종면허 및 요트조종면허 필기시험

💡 정답 및 키워드　🅟 항해사·기관사·운항사 또는 소형선박 조종사의 면허 소지자가 면제 받을 수 있는 시험 ▶ 제2급 조종면허 및 요트조종면허 필기시험

---

9 난이도 ★★ | 출제율 ★★　　　□□□

수상레저안전법상 외국인이 국내에서 개최되는 국제경기대회에 참가하는 경우, 조종면허 없이 수상레저기구를 조종 할 수 있는 기간으로 <u>맞는</u> 것은?

갑. 국제경기대회 개최일 5일전부터 국제경기대회 기간까지

을. 국제경기대회 개최일 7일전부터 국제경기대회 기간까지

병. 국제경기대회 개최일 10일전부터 국제경기대회 종료 후 10일까지

정. 국제경기대회 개최일 15일전부터 국제경기대회 기간까지

💡 정답 및 키워드　🅑 외국인이 국내에서 개최되는 국제경기대회에 참가 ▶
　　　개최일 🔟일 전 ~ 종료 후 🔟일까지

chapter 04

10 난이도 ★★ | 출제율 ★★

수상레저안전법상 수상안전교육의 면제사유로 옳지 않은 것은?

갑. 동력수상레저기구 조종면허증을 갱신 기간의 시작일로부터 소급하여 6개월 이내에 수상안전교육을 받은 경우

을. 동력수상레저기구 조종면허증을 갱신 기간의 시작일로부터 소급하여 6개월 이내에 기초안전교육 또는 상급안전교육을 받은경우

병. 동력수상레저기구 조종면허증을 갱신 기간의 시작일로부터 소급하여 6개월 이내에 종사자 교육을 받은 사람

정. 면허시험 면제교육기관에서 교육을 이수하여 제1급 조종면허 또는 요트조종면허시험 과목의 전부를 면제받은 사람

정답 정

---

03 안전준수 의무 및 운항 규칙 예상출제문항수 1-2

1 난이도 ★ | 출제율 ★★

수상레저안전법상 조종면허를 받은 사람이 지켜야 할 의무로 옳은 것은?

갑. 면허증은 언제나 소지하고 있어야 한다.
을. 면허증을 필요에 따라 타인에게 빌려주어도 된다.
병. 주소가 변경된 때에는 지체없이 변경하여야 한다.
정. 관계 공무원이 면허증 제시를 요구하면 면허증을 내보여야 한다.

 갑. 조종 시에만 면허증을 소지해야 함 (언제나×)
병. 주소가 변경된 때 20일 이내 변경

정답 정

---

2 난이도 ★ | 출제율 ★★

수상레저안전법상 수상레저활동을 하는 사람이 지켜야 할 운항규칙으로 옳지 않은 것은 무엇인가?

갑. 모든 수단에 의한 적절한 경계
을. 기상특보가 예보된 구역에서의 활동금지
병. 다른 수상레저기구와 마주치는 경우 왼쪽으로 진로변경
정. 다른 수상레저기구와 동일방향 진행시 2m이내 접근금지

정답 및 키워드 **병** 다른 선박과 마주칠 때 ▶ 우측으로 진로 변경

---

3 난이도 ★★ | 출제율 ★★

수상레저안전법상 수상레저기구 운항 규칙에 대한 설명으로 옳지 않은 것은?

갑. 안전검사증에 지정된 항해구역 준수
을. 충돌의 위험이 있는 때 다른 수상레저기구를 왼쪽에 두고 있는 수상레저기구가 진로를 피하여야 한다.
병. 정면 충돌 위험시 우현 쪽 변침
정. 다른 기구와 같은 방향으로 운항시 2m 이내 근접 금지

정답 및 키워드 **을** 충돌할 위험이 있을 때 ▶ 다른 수상레저기구를 오른쪽에 두고 있는 수상레저기구가 진로를 피해야 함

---

4 난이도 ★★ | 출제율 ★★★

수상레저안전법상 다른 수상레저기구의 진로를 횡단하는 운항규칙으로 적절한 방법은?

갑. 속력이 상대적으로 느린 기구가 진로를 피한다.
을. 속력이 상대적으로 빠른 기구가 진로를 피한다.
병. 다른 기구를 왼쪽에 두고 있는 기구가 진로를 피한다.
정. 다른 기구를 오른쪽에 두고 있는 기구가 진로를 피한다.

정답 및 키워드 **정** 다른 선박의 진로를 횡단하는 경우 ▶ 다른 기구를 오른쪽에 두고 있는 기구가 진로를 피한다.

5
난이도 ★★ | 출제율 ★★★ □□□

수상레저안전법상 운항규칙에 대한 내용 중 ( )안에 들어갈 단어가 알맞은 것은?

> 보기
>
> 다른 수상레저기구와 정면으로 충돌할 위험이 있을 때에는 음성신호·수신호 등 적당한 방법으로 상대에게 이를 알리고 (㉠)쪽으로 진로를 피해야 하며, 다른 수상레저기구의 진로를 횡단하여 충돌의 위험이 있을 때에는 다른 수상레저기구를 (㉡)에 두고 있는 수상레저기구가 진로를 피해야 한다.

갑. ㉠ 우현   ㉡ 왼쪽
을. ㉠ 우현   ㉡ 오른쪽
병. ㉠ 좌현   ㉡ 왼쪽
정. ㉠ 좌현   ㉡ 오른쪽

💡 **정답 및 키워드** 을 다른 기구와 정면 충돌 위험 시 ▶ 우현
다른 기구의 진로를 횡단하여 충돌 위험 시 ▶ 오른쪽

6
난이도 ★★ | 출제율 ★★ □□□

수상레저안전법상 수상레저 활동을 하는 자는 수상레저기구에 동승한 자가 사망·실종 또는 중상을 입은 경우 지체 없이 사고 신고를 하여야 한다. 이때 신고를 받는 행정기관의 장으로 옳지 않은 것은?

갑. 경찰서장
을. 해양경찰서장
병. 시장·군수·구청장
정. 소방서장

💡 **정답 및 키워드** 병 수상레저기구 동승자의 사망·실종 또는 중상 시 신고 ▶
경찰서장, 소방서장, 해양경찰서장

7
⚠️ 틀리기 쉬운 문제 | 출제율 ★★★ □□□

수상레저안전법에 규정된 수상레저활동자의 준수사항으로 옳지 않은 것은?

갑. 정원초과금지   을. 과속금지
병. 면허증 휴대   정. 주취조종금지

정답 을

8
난이도 ★★★ | 출제율 ★★★ □□□

수상레저안전법상 (   ) 안에 들어갈 알맞은 것은?

> 사람을 사상한 후 구호조치 등 필요한 조치를 하지 아니하고 도주한 자는 그 위반한 날부터 (   )간 조종면허를 받을 수 없다.

갑. 3년   을. 2년
병. 1년   정. 4년

💡 **정답 및 키워드** 정 보트로 사상한 후 도주하면 ▶ 4 년간 면허를 받을 수 없다.

9
난이도 ★★★ | 출제율 ★★★ □□□

수상레저안전법상 야간 수상레저활동시간을 조정하려는 경우 조정범위로 올바른 것은?

갑. 해가 진 후부터 24시까지의 범위에서 조정 할 수 있다.
을. 해가 진 후 30분부터 24시까지의 범위에서 조정 할 수 있다.
병. 해가 진 후부터 다음날 해뜨기 전까지의 범위에서 조정 할 수 있다.
정. 해진 후 30분부터 해뜨기 전 30분까지의 범위에서 조정 할 수 있다.

💡 **정답 및 키워드** 을 야간 수상레저활동시간 조정범위 ▶ 일몰 후 30 분~ 24 시

10 난이도 ★★★ | 출제율 ★★★　□□□

수상레저안전법상 야간 수상레저활동 금지시간으로 맞는 것은?

갑. 누구든지 해진 후 30분부터 해뜨기 전 30분까지

을. 활동을 하려는 자는 해지기 30분부터 해뜬 후 30분까지

병. 활동을 하려는 자는 해진 후 30분부터 해뜨기 전 30분까지

정. 누구든지 해지기 30분부터 해뜬 후 30분까지

🔆 정답 및 키워드　야간 수상레저활동 금지시간 ▶
갑 일몰 후 **30**분 ~ 일출 전 **30**분

11 ⚠️ 틀리기 쉬운 문제 | 출제율 ★★★　□□□

수상레저안전법상 야간 수상레저활동 시간을 조정할 수 있는 권한을 가진 사람으로 옳지 않은 것은?

갑. 해양경찰서장　　　　을. 시장·군수

병. 한강 관리기관의 장　　정. 경찰서장

🔆 정답 및 키워드　**정** 야간 수상레저활동 시간 조정 기관 ▶
해양경찰서장, 시장·군수·구청장

12 ⚠️ 틀리기 쉬운 문제 | 출제율 ★★★　□□□

수상레저안전법상 수상레저활동 금지구역을 지정할 수 없는 자는?

갑. 소방서장　　　　을. 시장

병. 구청장　　　　정. 해양경찰서장

🔆 정답 및 키워드　**갑** 수상레저활동 금지구역 지정 기관 ▶
해양경찰서장, 시장·군수·구청장

13 ⚠️ 틀리기 쉬운 문제 | 출제율 ★★★　□□□

수상레저안전법상 야간에 수상레저활동자가 갖추어야 할 장비로 옳지 않은 것은?

갑. 통신기기　　　　을. 레이더

병. 위성항법장치(GPS)　정. 등이 부착된 구명조끼

 야간 운항장비(11가지): 항해등, 나침판, 통신기기, 야간 조난신호장비(신호홍염), 자기점화등, 통신기기, 위성항법장치(GPS), 구명부환, 등이 부착된 구명조끼, 소화기, 레이더 반사기
※ 레이더 반사기: 레이더파의 반사율을 극대화함으로써 레이더에 의존해 항해해야하는 야간이나 심한 안개시 소형선박의 식별을 용이하게 해 충돌을 예방한다.

🔆 정답 및 키워드　**을** 야간운항장비 아닌 것 ▶ 레이더

14 난이도 ★ | 출제율 ★　□□□

수상레저안전법상 누구든지 해진 후 30분부터 해뜨기 전 30분전까지 수상레저활동을 하여서는 아니 된다. 다만, 야간 운항장비를 갖춘 수상레저기구를 이용하는 경우는 그러하지 아니한다. 야간운항장비로 옳지 않은 것은?

갑. 항해등　　　　을. 통신기기

병. 자기점화등　　　정. 비상식량

🔆 정답 및 키워드　**정** 야간운항장비 아닌 것 ▶ 비상식량

15 난이도 ★★★ | 출제율 ★★★　□□□

수상레저안전법상 야간 수상레저활동 시 갖춰야할 장비로 바르게 나열된 것은?

갑. 항해등, 나침반, 전등, 자동정지줄

을. 소화기, 통신기기, EPIRB, 위성항법장치(GPS)

병. 야간 조난신호장비, 자기점화등, 위성항법장치(GPS), 구명부환

정. 등이 부착된 구명조끼, 구명부환, 나침반, EPIRB

🔆 정답 및 키워드　**병** 야간운항장비 ▶
야간 조난신호장비, 자기점화등, 위성항법장치(GPS), 구명부환

16 ⚠ 틀리기 쉬운 문제 | 출제율 ★★★   ☐☐☐

수상레저안전법상 주취 중 조종금지에 대한 설명 중 옳지 않은 것은?

갑. 술에 취한 상태의 기준은 혈중알콜농도 0.03%이상으로 한다.

을. 술에 취하였는지 여부를 측정한 결과에 불복하는 수상레저활동자에 대해서는 해당 수상레저 활동자의 동의를 받아 혈액채취 등의 방법으로 다시 측정할 수 있다.

병. 술에 취한 상태에서 동력수상레저기구를 조종한 자는 1년 이하의 징역 또는 1천만원 이하의 벌금에 처하고, 조종면허의 효력을 정지할 수 있다.

정. 술에 취한 상태라고 인정할 만한 상당한 이유가 있는데도 관계공무원의 측정에 따르지 아니한 자는 1년 이하의 징역 또는 1천만원 이하의 벌금에 처하고, 조종면허를 취소하여야 한다.

💡 정답 및 키워드   🔵병 **주취 조종 시 처벌** ◐ 조종면허 취소(면허 효력 정지×)

---

17 난이도 ★ | 출제율 ★   ☐☐☐

수상레저안전법상 주취 중 조종 금지에 대한 내용으로 옳지 않은 것은?

갑. 술에 취하였는지 여부를 측정한 결과에 불복하는 사람에 대하여는 해당 수상레저활동자의 동의 없이 혈액채취 등의 방법으로 다시 측정할 수 있다.

을. 수상레저활동을 하는 자는 술에 취한 상태에서는 동력수상레저기구를 조종해서는 안 된다.

병. 수상레저안전법에서 말하는 술에 취한 상태는 해사안전법을 준용하고 있다.

정. 시·군·구 소속 공무원 중 수상레저안전업무에 종사하는 자는 수상레저활동을 하는 자가 술에 취하여 조종을 하였다고 인정할 만한 상당한 이유가 있는 경우에는 술에 취하였는지를 측정할 수 있다.

💡 정답 및 키워드   🔵갑 **음주 측정 불복 시 혈액 채취 등으로 재측정할 때** ◐ 본인의 동의가 필요

---

18 난이도 ★★ | 출제율 ★★   ☐☐☐

수상레저안전법상 수상레저활동의 안전을 위해 행하는 시정명령 행정조치의 형태에 해당되지 않은 것은?

갑. 탑승인원의 제한 또는 조종자 교체

을. 수상레저활동의 일시정지

병. 수상레저기구의 개선 및 교체

정. 동력수상레저기구 조종면허의 효력 정지

💡 정답 및 키워드   🔵정 **안전을 위한 시정명령 행정조치 아닌 것** ◐ 조종면허의 효력 정지

---

19 난이도 ★★ | 출제율 ★★★   ☐☐☐

일정한 거리 이상에서 수상레저활동을 하고자 하는 자는 해양경찰관서에 신고하여야 한다. 신고 대상으로 맞는 것은?

갑. 해안으로부터 5해리 이상

을. 출발항으로부터 5해리 이상

병. 해안으로부터 10해리 이상

정. 출발항으로부터 10해리 이상

💡 정답 및 키워드   🔵정 **해양경찰관서에 신고해야 하는 거리** ◐ 출발항으로부터 10해리 이상

chapter 04

20 난이도 ★★ | 출제율 ★ □□□

수상레저안전법상 수상레저활동 안전을 위한 안전점검에 대한 설명으로 옳지 않은 것은?

갑. 기간을 정하여 당해 수상레저기구 사용정지를 명할 수 있다.

을. 수상레저사업자에 대한 정비 및 원상복구 명령은 구두로 한다.

병. 수상레저기구 및 선착장 등 수상레저 시설에 대한 안전점검을 실시한다.

정. 점검결과에 따라 정비 또는 원상복구를 명할 수 있다.

정답 및 키워드 **을** 정비 및 원상복구를 명할 경우 ▶
서식에 의한 원상복구 명령서로 통지(구두×)

21 난이도 ★★★ | 출제율 ★★ □□□

수상레저안전법상 수상레저기구 운항 규칙에 대한 설명 중 (   )안에 들어갈 내용을 적절하게 나열한 것은?

> 보기
> 다이빙대 · 계류장 및 교량으로부터 (①)이내의 구역이나 해양경찰서장 또는 시장·군수·구청장이 지정하는 위험구역에서는 (②)이하의 속력으로 운항해야 하며, 해양경찰서장 또는 시장·군수·구청장이 별도로 정한 운항지침을 따라야 한다.

갑. ① 10미터, ② 20노트
을. ① 10미터, ② 10노트
병. ① 20미터, ② 10노트
정. ① 20미터, ② 15노트

다이빙대·계류장 및 교량으로부터 **20**미터 이내의 구역이나 해양경찰서장 또는 시장·군수·구청장이 지정하는 위험구역에서는 **10**노트 이하의 속력으로 운항해야 한다.

정답 **병**

22 난이도 ★ | 출제율 ★★★ □□□

수상레저안전법상 원거리 수상레저 활동의 신고 내용 중 옳지 않은 것은 ?

갑. 출발항으로부터 10해리 이상 떨어진 곳에서 수상레저 활동을 하려는 자는 해양경찰관서나 경찰관서에 신고하여야 한다.

을. 수상레저활동을 하는 자는 수상레저기구에 동승한 자가 사고로 사망·실종 또는 중상을 입은 경우에는 지체 없이 해양경찰관서나 경찰관서 또는 소방관서 등 관계 행정기관의 장에게 신고하여야 한다.

병. 원거리 수상레저활동을 신고하려는 자는 원거리 수상레저활동 신고서를 해양경찰관서 또는 경찰관서에 제출(인터넷 또는 팩스를 이용한 제출을 포함)하여야 한다.

정. 선박안전 조업규칙에 따라 신고를 별도로 한 경우에도 원거리 수상레저활동 신고를 하여야 한다.

정답 및 키워드 **정** 원거리(10해리 이상) 수상레저 활동 시 ▶
원거리 수상레저활동 별도 신고

23 난이도 ★ | 출제율 ★★ □□□

수상레저안전법상 원거리 수상레저활동 관련 설명으로 옳지 않은 것은?

갑. 출발항으로부터 10해리 이상 떨어진 곳에서 활동할 경우 신고하여야 한다.

을. 어선안전조업법에 의한 신고를 별도로 한 경우에는 원거리 수상레저활동 신고의무의 예외로 본다.

병. 출발항으로부터 5해리 이상 떨어진 곳에서 활동할 경우 신고하여야 한다.

정. 원거리 수상레저활동은 해양경찰관서 또는 경찰관서에 신고한다.

정답 및 키워드 **병** 출발항으로부터 10해리 이상 떨어진 곳에서 수상레저활동 ▶
반드시 해양경찰관서나 경찰관서에 신고

24 난이도 ★ | 출제율 ★ □□□

수상레저안전법상 수상레저기구에 동승한 사람이 사망하거나 실종된 경우, 해양경찰관서에 신고할 내용으로 옳지 않은 것은?

갑. 사고발생 장소
을. 수상레저기구 종류
병. 사고자 인적사항
정. 레저기구의 엔진상태

 정답 및 키워드 📕 동승자 사망·실종된 경우 신고 내용 아닌 것 ▶ 엔진 상태

---

04 수상안전교육 예상출제문항수 0~1

1 난이도 ★ | 출제율 ★★★ □□□

수상레저안전법상 수상안전교육내용으로 옳지 않은 것은?

갑. 수상레저기구의 사용과 관리에 관한 사항
을. 수상안전에 관한 법령
병. 수상구조
정. 오염방지

 정답 및 키워드 📕 수상안전교육내용 아닌 것 ▶ 오염 방지

2 난이도 ★★ | 출제율 ★★ □□□

수상레저안전법상 수상안전교육과목에 포함되지 않은 것은?

갑. 수상레저안전에 관한 법령
을. 수상에서의 안전을 위하여 필요한 사항
병. 수상레저기구의 사용 및 관리에 관한 사항
정. 수상환경보존에 관한 사항

 정답 및 키워드 📕 수상안전교육과목 아닌 것 ▶ 수상환경보존

---

3 난이도 ★ | 출제율 ★★★ □□□

수상레저안전법상 수상안전교육에 관한 내용으로 옳지 않은 것은?

갑. 안전교육 대상자는 동력수상레저기구 조종면허를 받고자 하는 자 또는 갱신하고자 하는 자이다.
을. 수상안전교육 시기는 동력수상레저기구 조종면허를 받으려는 자는 조종면허시험 응시원서를 접수한 후부터, 동력수상레저기구 조종면허를 갱신하려는 자는 조종면허 갱신기간 이내이다.
병. 수상안전교육 내용은 수상안전에 관한 법령, 수상레저기구의 사용과 관리에 관한 사항, 수상상식 및 수상구조, 그 밖의 수상안전을 위하여 필요한 사항이다.
정. 수상안전교육 시간은 3시간이고 최초 면허시험 합격 전의 안전교육 유효기간은 5개월이다.

 정답 및 키워드 📕 수상안전교육 유효기간 ▶ 6개월

---

4 난이도 ★★ | 출제율 ★★★ □□□

수상레저안전법상 동력수상레저기구 조종면허 없이 동력수상레저기구를 조종할 수 있는 경우로 옳지 않은 것은?

갑. 제2급 조종면허 소지자와 동승하여 고무보트 조종
을. 제1급 조종면허 소지자 감독 하에 시험장에서 시험선 조종
병. 제1급 조종면허 소지자 감독 하에 수상레저사업장에서 수상오토바이 조종
정. 제1급 조종면허 소지자 감독 하에 학교에서 모터보트 조종

 정답 및 키워드 🔟 조종면허 없이 동력수상레저기구를 조종 가능한 경우 ▶ 제1급 조종면허 소지자 감독 하에

5 난이도 ★★★ | 출제율 ★★ ☐☐☐

동력수상레저기구 조종면허를 가진 자와 동승하여 무면허로 조종할 경우 면허를 소지한 사람의 요건으로 옳지 <u>않은</u> 것은?

갑. 제1급 일반조종면허를 소지할 것

을. 술에 취한 상태가 아닐 것

병. 약물을 복용한 상태가 아닐 것

정. 면허 취득 후 2년이 경과한 사람일 것

정답 **정**

---

6 난이도 ★★ | 출제율 ★★★ ☐☐☐

최초 동력수상레저기구 조종면허 시험합격 전 수상안전교육을 받은 경우 그 유효기간은?

갑. 1개월   을. 3개월

병. 6개월   정. 1년

정답 및 키워드 **병** 안전교육 유효기간 ▶ **6**개월

---

1 ⚠ 틀리기 쉬운 문제 | 출제율 ★★★ ☐☐☐

수상레저안전법상 동력수상레저기구 조종면허의 효력 발생 시기는?

갑. 수상 안전교육을 이수한 때

을. 필기시험 합격일로부터 14일 이후

병. 면허시험에 최종 합격한 날

정. 동력수상레저기구 조종면허증을 본인 또는 대리인에게 발급한 때부터

정답 및 키워드 **정** 조종면허 효력 발생 ▶

면허증을 본인이나 대리인에게 발급한 때부터

---

2 난이도 ★★ | 출제율 ★★★ ☐☐☐

수상레저안전법상 조종면허에 관한 설명 중 옳지 <u>않은</u> 것은?

갑. 조종면허를 받으려는 자는 해양경찰청장이 실시하는 면허시험에 합격하여야 한다.

을. 면허시험은 필기·실기시험으로 구분하여 실시한다.

병. 조종면허를 받으려는 자는 면허시험 응시원서를 접수한 후부터 해양경찰청장이 실시하는 수상안전교육을 받아야 한다.

정. 조종면허의 효력은 조종면허를 받으려는 자가 면허시험에 최종 합격할 날부터 발생한다.

정답 및 키워드 **정** 조종면허 효력 발생(합격 후 조종이 가능할 때) ▶

면허증 발급받은 때부터 (합격날짜×)

---

3 난이도 ★ | 출제율 ★★ ☐☐☐

수상레저안전법상 동력수상레저기구 조종면허를 받을 수 없는 경우로 옳지 않은 것은?

갑. 무면허 조종으로 단속된 날부터 1년이 지난 자

을. 동력수상레저기구 조종면허가 취소된 날부터 1년이 지나지 아니한 자

병. 정신질환자 중 수상레저활동을 수행할 수 없다고 정하는 자

정. 마약중독자 중 수상레저활동을 수행할 수 없다고 정하는 자

 무면허 조종으로 단속된 날부터 **3**년이 지나야 조종면허를 받을 수 있다. 즉, 문제는 조종면허를 받을 수 있는 경우를 의미하므로 '갑'이 옳은 표현이다.

정답 갑

4 난이도 ★★ | 출제율 ★★ ☐☐☐

수상레저안전법상 동력수상레저기구 조종면허를 취소하거나 효력을 정지하여야 하는 경우에 해당하지 않은 것은?

갑. 부정한 방법으로 면허를 받은 경우

을. 혈중 알코올농도 0.03이상의 술에 취한 상태에서 조종한 경우

병. 조종 중 고의 또는 과실로 사람을 사상한 때

정. 수상레저사업이 취소된 때

정답 및 키워드 정 **조종면허의 취소 또는 효력 정지에 해당하지 않은 것 ▶**
수상레저사업이 취소된 때

5 난이도 ★ | 출제율 ★★ ☐☐☐

수상레저안전법상 동력수상레저기구 조종면허증의 갱신기간 연기 사유로 옳지 않은 것은?

갑. 갱신기간 중 해외에 머물 예정인 경우

을. 질병으로 인하여 통원치료가 필요한 경우

병. 법령에 따라 신체의 자유를 구속당한 경우

정. 군복무 중인 경우

정답 및 키워드 을 **조종면허증의 갱신기간 연기 사유 아닌 것 ▶**
질병으로 인한 통원치료

6 난이도 ★★ | 출제율 ★★ ☐☐☐

수상레저안전법상 동력수상레저기구 조종면허증을 갱신할 수 있는 시기로 옳지 않은 것은?

갑. 동력수상레저기구 조종면허증 갱신 기간 내

을. 사전갱신신청서를 제출한 경우 동력수상레저기구 조종면허증 갱신 기간 시작일 전

병. 갱신기간 만료일 후 갱신연기신청서를 제출한 경우

정. 동력수상레저기구 조종면허증 정지 기간 내

정답 및 키워드 병 **조종면허증 갱신기간 만료일 후 ▶** 조종면허의 효력 정지
(※갱신연기신청서를 제출해도 효력 정지)

7 ⚠ 틀리기 쉬운 문제 | 출제율 ★★★ ☐☐☐

수상레저안전법상 동력수상레저기구 조종면허증의 갱신기간으로 옳은 것은?

갑. 면허증 발급일로부터 5년이 되는 날부터 3월 이내

을. 면허증 발급일로부터 5년이 되는 날부터 6월 이내

병. 면허증 발급일로부터 7년이 되는 날부터 3월 이내

정. 면허증 발급일로부터 7년이 되는 날부터 6월 이내

정답 및 키워드 정 **최초의 면허증 갱신기간 ▶**
면허증 발급일로부터 **7**년이 되는 날부터 **6**개월 이내

8 난이도 ★ | 출제율 ★★ □□□

동력수상레저기구 조종면허를 받으려는 사람과 갱신하려는 사람은 해양경찰청장이 실시하는 수상안전교육 ( )시간을 받아야 면허증이 발급된다. 이때 ( )안에 들어갈 시간으로 옳은 것은?

갑. 2시간
을. 3시간
병. 4시간
정. 5시간

정답 및 키워드 **을** 면허증 발급 조건 ◐ 수상안전교육 **3**시간

9 난이도 ★★ | 출제율 ★★ □□□

수상레저안전법상 동력수상레저기구 일반조종면허시험을 합격한 사람이 면허증을 신청하면 며칠 이내에 신규 면허증이 발급이 되는가?

갑. 1일
을. 5일 이내
병. 7일 이내
정. 14일 이내

정답 및 키워드 **정** 면허시험 합격 시 면허증 발급 기간 ◐ **14**일 이내

10 난이도 ★★ | 출제율 ★★★★ □□□

수상레저안전법상 동력수상레저기구 조종면허증의 효력정지 기간에 조종을 한 경우 행정 처분 기준으로 옳은 것은?

갑. 면허취소
을. 면허정지 3개월
병. 면허정지 4개월
정. 면허정지 1년

정답 및 키워드 **갑** 면허증 효력정지기간에 조종한 경우 ◐ 면허 취소

11 난이도 ★★ | 출제율 ★★★★ □□□

수상레저안전법상 동력수상레저기구 조종면허가 취소된 자가 해양경찰청장에게 동력수상레저기구 조종면허증을 반납하여야 하는 기간은?

갑. 취소된 날부터 3일 이내
을. 취소된 날부터 5일 이내
병. 취소된 날부터 7일 이내
정. 취소된 날부터 14일 이내

정답 및 키워드 **병** 조종면허 반납 기간 ◐ 취소된 날부터 **7**일 이내

12 난이도 ★★ | 출제율 ★★★ □□□

수상레저안전법상 동력수상레저기구 조종면허증 갱신이 연기된 사람은 그 사유가 없어진 날부터 몇 개월 이내에 동력수상레저기구 조종면허증을 갱신하여야 하는가?

갑. 1개월   을. 3개월
병. 6개월   정. 12개월

정답 및 키워드 **을** 면허증 갱신 연기 시 그 사유가 없어진 날부터 면허증을 갱신해야 하는 기간 ◐ **3**개월 이내

13 난이도 ★★ | 출제율 ★★ □□□

수상레저안전법상 동력수상레저기구 조종면허증을 발급 또는 재발급 해야 할 사유로 옳지 않은 것은?

갑. 동력수상레저기구 조종면허시험에 합격한 경우
을. 동력수상레저기구 조종면허증을 친구에게 빌려주어 받지 못하게 된 경우
병. 동력수상레저기구 조종면허증을 잃어버린 경우
정. 동력수상레저기구 조종면허증이 헐어 못쓰게 된 경우

정답 및 키워드 **을** 조종면허증 발급 또는 재발급 사유 아닌 것 ◐ 조종면허증을 친구에게 빌려주어 받지 못하게 된 경우

14 ⚠️ 틀리기 쉬운 문제 | 출제율 ★★★★

수상레저안전법에 따라 조종면허의 효력을 1년 이내의 범위에서 정지시킬 수 있는 사유에 해당하는 것은?

갑. 거짓이나 그 밖의 부정한 방법으로 조종면허를 받은 경우
을. 면허증을 다른 사람에게 빌려주어 조종하게 한 경우
병. 조종면허 효력정지 기간에 조종을 한 경우
정. 술에 취한 상태에서 조종을 한 경우

 '갑', '병', '정'은 조종면허 취소사유에 해당됨

정답 및 키워드 을 **1**년 이내 **조종면허 정지** ◐ 면허증을 빌려줌

15 난이도 ★★ | 출제율 ★

해양경찰서장이 조종면허의 정지처분을 통지할 때 처분 대상자에게 통지하여야 하는 기간은?

갑. 처분 집행 예정일 3일전까지
을. 처분 집행 예정일 5일전까지
병. 처분 집행 예정일 7일전까지
정. 처분 집행 예정일 14일전까지

정답 및 키워드 병 **정지처분 통지 기간** ◐ 집행 예정일 **7**일 전까지

16 난이도 ★★ | 출제율 ★

수상레저안전법상 주취 중 조종으로 면허가 취소된 사람은 취소된 날부터 얼마동안 동력수상레저기구 조종면허를 받을 수 없는가?

갑. 면허가 취소된 날부터 1년
을. 면허가 취소된 날부터 2년
병. 면허가 취소된 날부터 3년
정. 면허가 취소된 날부터 4년

정답 및 키워드 갑 **면허 취소 후 면허를 받을 수 있을 때** ◐ 면허 취소일부터 **1**년이 지난 때

17 난이도 ★★ | 출제율 ★★

수상레저안전법상 동력수상레저기구 조종면허의 취소 또는 정지처분의 기준으로 옳지 않은 것은?

갑. 위반 행위가 2가지 이상인 때에는 중한 처분에 의한다.
을. 다수의 면허정지 사유가 있더라도 정지기간은 6개월을 초과할 수 없다.
병. 위반행위의 횟수에 따른 정지처분의 기준은 최근 1년 간이다.
정. 면허정지에 해당하는 경우, 2분의 1의 범위 내에서 감경할 수 있다.

정답 을

18 난이도 ★★ | 출제율 ★★★

수상레저안전법상 면허시험 종사자의 교육시간에 관한 것이다. 박스의 ( ) 안의 수치를 합한 시간은?

> 해양경찰청장은 교육대상자별로 1년에 한번 정기교육을 실시하며, 교육 대상자가 종사하는 기관별로 이수해야하는 시간은 면허시험 면제교육기관과 시험 대행기관은 (①)시간 이상, 안전교육 위탁기관은 (②)시간 이상으로 한다.

갑. 30   을. 29
병. 28   정. 27

 • 면허시험 면제교육기관, 시험 대행기관: 21시간 이상
• 안전교육 위탁기관: 8시간 이상

정답 및 키워드 을 **면허시험 종사자의 교육시간** ◐ **29**시간

19 난이도 ★ | 출제율 ★★

수상레저안전법상 ( ) 안에 알맞은 기간은?

> **보기**
>
> 해양경찰서장이 동력수상레저기구 조종면허의 정지처분을 통지하고자 하나 처분대상자의 소재를 알 수 없어 처분내용을 통지할 수 없을 때에는 그 면허증에 기재된 주소지의 관할 해양경찰관서 게시판에 ( )일 간 공고함으로써 통지를 갈음할 수 있다.

갑. 7

을. 10

병. 14

정. 21

정답 및 키워드 **병** 처분대상자의 소재를 알 수 없어 통지할 수 없을 때 ▶
관할 해양경찰관서 게시판에 **14** 일간 공고

20 난이도 ★★ | 출제율 ★★★

수상레저안전법상 조종면허의 결격사유 관련 개인정보를 해양경찰청장에게 통보할 의무가 없는 사람은?

갑. 병무청장

을. 보건복지부장관

병. 경찰서장

정. 시장·군수·구청장

정답 및 키워드 **병** 조종면허의 결격사유 관련 개인정보를 해양경찰청장에게 통보할 의무 없는 사람 ▶ 경찰서장

---

06 인명안전장비

예상출제문항수 **1**

1 난이도 ★ | 출제율 ★★★★

수상레저안전법상 인명안전장비의 착용에 대한 내용이다. ( ) 안에 들어갈 단어가 알맞은 것은?

> **보기**
>
> 인명안전장비에 관하여 특별한 지시를 하지 아니하는 경우에는 구명조끼를 착용하며, 서프보드 또는 패들보드를 이용한 수상레저활동의 경우에는 (㉠)를 착용하여야 하며, 워터슬레드를 이용한 수상레저활동 또는 래프팅을 할 때에는 구명조끼와 함께 (㉡)를 착용하여야 한다.

갑. ㉠ 보드리쉬, ㉡ 안전모

을. ㉠ 구명장갑, ㉡ 드로우백

병. ㉠ 구명슈트, ㉡ 구명장갑

정. ㉠ 구명줄, ㉡ 노

 인명안전장비
• 서프보드 또는 패들보드: 보드리쉬 ⟿ leash: '개줄'을 의미
• 워터슬레드, 래프팅: 구명조끼와 안전모

보드리쉬

정답 **갑**

2 난이도 ★★★ | 출제율 ★★★★

구명조끼 등 안전장비를 착용하지 않은 수상레저활동자에 대한 과태료 부과기준은 얼마인가?

갑. 5만원　　　　　　을. 10만원

병. 20만원　　　　　　정. 30만원

정답 및 키워드 **을** 구명조끼 미착용 ▶ 과태료 **10** 만원

3 틀리기 쉬운 문제 | 출제율 ★★★　□□□

수상레저안전법상 인명안전장비의 설명으로 옳지 않은 것은?

갑. 서프보드 이용자들은 구명조끼 대신 보드리쉬(리쉬코드)를 착용할 수 있다.

을. 구명조끼 대신에 부력 있는 슈트를 착용해서는 안된다.

병. 래프팅을 할 때는 구명조끼와 함께 안전모(헬멧) 착용해야 한다.

정. 해양경찰서장 또는 시·군·구청장이 안전장비의 착용기준을 조정한 때에는 수상레저 활동자가 보기 쉬운 장소에 그 사실을 게시하여야 한다.

> 이 문제는 출제자가 억지로 잘못된 표현을 하려다보니 문장이 헷갈리기 쉬워요. '구명조끼 대신'은 구명조끼도 착용할 수 있다는 뜻이 있어서 틀린 것이 됩니다.

정답 및 키워드 　**갑** 서프보드 탑승 시 ◑ 보드리쉬만 착용(구명조끼×)

---

4 틀리기 쉬운 문제 | 출제율 ★★★　□□□

수상레저안전법상 수상레저활동자가 착용하여야 할 인명안전장비 종류를 조정할 수 있는 권한이 없는 자는?

갑. 해양경찰서장　　　을. 경찰서장
병. 구청장　　　　　　정. 시장·군수

정답 및 키워드 　**을** 인명 안전장비 종류 조정 및 특별 지시 권한자 ◑
해양경찰서장, 시장·군수, 구청장

---

5 난이도 ★★ | 출제율 ★★★　□□□

수상레저안전법상 수상레저 활동자가 착용하여야 할 구명조끼·구명복 또는 안전모 등 인명구조장비 착용에 관하여 특별한 지시를 할 수 있는 행정기관의 장으로 옳지 않은 것은 ?

갑. 인천해양경찰서장　　　을. 가평소방서장
병. 춘천시장　　　　　　　정. 가평군수

정답 　**을**

1 틀리기 쉬운 문제 | 출제율 ★★★　□□□

수상레저안전법상 등록대상 동력수상레저기구 안전검사 내용 중 옳지 않은 것은?

갑. 등록을 하려는 경우에 하는 검사는 신규검사이다.

을. 정기검사는 등록 후 5년마다 정기적으로 하는 검사이다.

병. 임시검사는 동력수상레저기구의 구조, 장치, 정원 또는 항해구역을 변경하려는 경우 하는 검사이다.

정. 안전검사의 종류로 임시검사, 정기검사, 신규검사, 중간검사가 있다.

정답 및 키워드 　**정** 안전검사의 종류 ◑ 신규검사, 정기검사, 임시검사 (**중간검사×**)

---

2 난이도 ★★ | 출제율 ★★★　□□□

등록대상 동력수상레저기구에 대한 안전검사의 종류로 옳지 않은 것은?

갑. 신규검사　　　　　을. 정기검사
병. 임시검사　　　　　정. 중간검사

정답 및 키워드 　**정** 안전검사 아닌 것 ◑ 중간검사

---

3 난이도 ★★★ | 출제율 ★★★　□□□

수상레저안전법상 부양성에 영향을 미치는 구조·장치를 변경하려는 경우 해당 소유자가 합격해야 하는 검사는?

갑. 정기검사　　　　　을. 임시검사
병. 신규검사　　　　　정. 중간검사

 부양성 같이 안정성에 영향을 주는 변경은 임시검사를 받아야 한다.
※ 부양성: 물위로 떠오르게 하는 성질을 말하며, 선박에 있어 매우 중요한 요소이다.

정답 및 키워드 　**을** 부양성에 영향을 미치는 구조·장치 변경 시 ◑ 임시검사

---

4 난이도 ★★ | 출제율 ★★★ □□□

수상레저안전법상 수상레저기구 안전검사의 내용으로 <u>옳지 않은</u> 것은?

갑. 수상레저기구를 등록하려는 자는 신규검사를 받아야 한다.

을. 수상레저사업을 하는 자는 등록대상 동력수상레저기구에 대하여 영업구역이 내수면인 경우 관할 시·도지사로부터 안전검사를 받아야 한다.

병. 안전검사 대상 동력수상레저기구 중 수상레저사업에 이용되는 동력수상레저기구는 1년마다 정기검사를 받아야 한다.

정. 수상레저기구는 등록 후 3년마다 정기검사를 받아야 한다.

 정답 및 키워드 🔵정 수상레저기구의 정기검사 기간 ▶ 5년마다

---

5 난이도 ★★ | 출제율 ★★★ □□□

수상레저안전법상 수상레저기구 안전검사의 유효기간에 대한 설명으로 <u>옳지 않은</u> 것은?

갑. 최초로 신규검사에 합격한 경우 : 안전검사증을 발급받은 날부터 계산한다.

을. 정기검사의 유효기간 만료일 전후 각각 30일 이내에 정기검사에 합격한 경우 : 종전 안전검사증 유효기간 만료일의 다음날부터 계산한다.

병. 정기검사의 유효기간 만료일 전후 각각 30일 이내의 기간이 아닌 때에 정기검사에 합격한 경우 : 안전검사증을 발급받은 날부터 계산한다.

정. 안전검사증의 유효기간 만료일 후 30일 이후에 정기검사를 받은 경우 : 종전 안전검사증 유효기간 만료일부터 계산한다.

안전검사증의 유효기간 만료일 전후 각각 30일 **이내**에 정기검사에 합격한 경우 종전 안전검사증 유효기간 **만료일의 다음날부터** 기산한다.

정답 🔵정

---

6 난이도 ★★ | 출제율 ★★★★ □□□

수상레저안전법상 수상레저사업에 이용되는 동력수상레저기구의 정기검사 기간은?

갑. 1년   을. 2년

병. 3년   정. 5년

 레저기구 정기검사 기간 (구분할 것)
일반 수상레저기구: 5년, 수상레저사업의 수상레저기구: 1년

정답 및 키워드 🔵갑 수상레저사업의 레저기구 정기검사 기간 ▶ 1년

---

7 난이도 ★ | 출제율 ★ □□□★

수상레저안전법상 래프팅을 하고자 하는 사람이 일반 안전장비에 추가하여 착용해야 할 안전장비는?

갑. 방수화

을. 팽창식 구명벨트

병. 가슴보호대

정. 헬멧

정답 및 키워드 🔵정 래프팅 시 착용장비 ▶ 구명조끼+ 헬멧

---

8 난이도 ★★ | 출제율 ★★★ □□□

수상레저안전법상 수상레저기구의 안전검사를 받아야 하는 기간으로 바른 것은?

갑. 검사유효기간 만료일을 기준으로 하여 전후 각각 10일 이내로 한다.

을. 검사유효기간 만료일을 기준으로 하여 전후 각각 30일 이내로 한다.

병. 검사유효기간 만료일을 기준으로 하여 전후 각각 60일 이내로 한다.

정. 검사유효기간 만료일을 기준으로 하여 전후 각각 90일 이내로 한다.

정답 및 키워드 🔵을 안전검사 유효기간 만료일 ▶ 30일 이내

---

9 ⚠️ 틀리기 쉬운 문제 | 출제율 ★★★ □□□

수상레저안전법상 동력수상레저기구 안전검사증을 발급 또는 재발급을 받으려는 자는 ( )에게 신청하여야 한다. ( )안에 적당하지 않은 것은?

갑. 시장·군수·구청장   을. 시·도지사
병. 해양경찰청장   정. 검사대행자

 대부분 문제는 '시장·군수·구청장'이 해당되지만 이 문제는 예외에 해당한다.

💡 정답 및 키워드 갑 안전검사증 발급(재발급)하려는 신청 기관이 아닌 것 ◈
시장·군수·구청장

10 난이도 ★★ | 출제율 ★★★ □□□

수상레저안전법상 수상레저사업장 비상구조선의 기준으로 옳지 않은 것은?

갑. 주황색 깃발을 달아야 함
을. 탑승정원 5명 이상, 시속 20노트 이상
병. 망원경 1개 이상
정. 30미터 이상의 구명줄

💡 정답 및 키워드 을 비상구조선 ◈ 탑승정원 3명 이상, 시속 20노트 이상

🛳️ 08 수상레저사업   예상출제문항수 ①

1 난이도 ★★ | 출제율 ★★★ □□□

수상레저안전법상 수상레저사업의 등록 유효기간은 몇 년인가?

갑. 1년   을. 5년
병. 10년   정. 20년

💡 정답 및 키워드 병 수상레저사업의 등록 유효기간 ◈ 10년

2 난이도 ★★ | 출제율 ★★★ □□□

수상레저안전법상 수상레저사업에 관한 설명으로 옳지 않은 것은?

갑. 영업구역이 해수면인 경우 해당 지역을 관할하는 해양경찰서장에게 등록하여야 한다.
을. 수상레저사업을 등록한 수상레저사업자는 등록 사항에 변경이 있으면 변경등록을 하여야 한다.
병. 수상레저사업의 등록 유효기간을 10년 미만으로 영업하려는 경우에는 해당 영업기간을 등록 유효기간으로 한다.
정. 수상레저사업의 등록 유효기간은 20년으로 한다.

💡 정답 및 키워드 정 수상레저사업 등록 유효기간 ◈ 10년

3 난이도 ★★ | 출제율 ★★★ □□□

수상레저안전법상 수상레저기구 변경등록 시 필요한 서류로 옳지 않은 것은?

갑. 안전검사증 사본(구조 장치를 변경한 경우)
을. 보험가입증명서 사본(소유권 변동의 경우)
병. 동력수상레저기구 조종면허증
정. 변경내용을 증명할 수 있는 서류

💡 정답 및 키워드 병 변경등록 시 서류 아닌 것 ◈
동력수상레저기구 조종면허증 (등록증 필요)

4 난이도 ★ | 출제율 ★★ □□□

수상레저안전법상 수상레저사업 등록 시 구비서류로 옳지 않은 것은?

갑. 수상레저기구 및 인명구조용 장비 명세서
을. 수상레저기구 수리업체 명부
병. 사업장 명세서
정. 영업구역을 표시한 도면

💡 정답 및 키워드 을 수상레저사업 등록 구비서류 아닌 것 ◈ 수리업체 명부

5 난이도 ★ | 출제율 ★★★ ☐☐☐

수상레저안전법상 수상레저사업 등록 유효기간 내 갱신 신청서 제출기간으로 맞는 것은?

갑. 등록의 유효기간 종료일 당일까지
을. 등록의 유효기간 종료일 5일 전까지
병. 등록의 유효기간 종료일 10일 전까지
정. 등록의 유효기간 종료일 1개월 전까지

💡 **정답 및 키워드** 🔒 **수상레저사업 등록의 갱신기간** ▶ 유효기간 종료일 **5**일 전

6 난이도 ★ | 출제율 ★★★ ☐☐☐

수상레저안전법상 수상레저사업 등록에 관한 것이다. 내용 중 옳지 않은 것은?

갑. 수상레저사업의 등록 유효기간은 10년으로 하되, 10년 미만으로 영업하려는 경우에는 해당 영업기간을 등록 유효기간으로 한다.
을. 해양경찰서장 또는 시장·군수·구청장은 등록의 유효기간 종료일 1개월 전까지 해당 수상레저사업자에게 수상레저사업 등록을 갱신할 것을 알려야 한다.
병. 해양경찰서장 또는 시장·군수·구청장은 변경등록의 신청을 받은 경우에는 변경되는 사항에 대하여 사실 관계를 확인한 후 등록사항을 변경하여 적거나 다시 작성한 수상레저사업 등록증을 신청인에게 발급하여야 한다.
정. 등록을 갱신하려는 자는 등록의 유효기간 종료일 3일전까지 수상레저사업 등록·갱신등록 신청서(전자문서로 된 신청서를 포함)를 관할 해양경찰서장 또는 시장·군수·구청장에게 제출하여야 한다.

 등록을 갱신하려는 자는 등록의 유효기간이 끝나는 날의 **5일 전**까지 수상레저사업 등록갱신 신청서를 관할 해양경찰서장 또는 시장·군수·구청장에게 제출하여야 한다.

정답 🔵정

7 난이도 ★★ | 출제율 ★★★ ☐☐☐

수상레저안전법상 수상레저사업 등록의 결격사유로 옳지 않은 것은?

갑. 수상레저사업 등록이 취소되고 2년이 경과되지 않은 자
을. 금고 이상의 형의 집행유예 선고를 받고 그 기간 중에 있는 자
병. 미성년자, 피성년후견인, 피한정후견인
정. 금고 이상의 형 집행이 종료 후 3년이 경과되지 않은 자

💡 **정답 및 키워드** 🔵정 **수상레저사업 등록의 결격사유** ▶
금고 이상의 형 집행이 종료 후 **2**년이 경과되지 않은 자

8 난이도 ★ | 출제율 ★★★ ☐☐☐

수상레저안전법상 수상레저사업 취소사유로 맞는 것은?

갑. 종사자의 과실로 사람을 사망하게 한 때
을. 거짓이나 그 밖의 부정한 방법으로 수상레저사업을 등록한 때
병. 보험에 가입하지 않고 영업 중인 때
정. 이용요금 변경 신고를 하지 아니하고 영업을 계속한 때

💡 **정답 및 키워드** 🔒 **수상레저사업 취소 사유** ▶ 거짓이나 그 밖의 부정한 방법으로 수상레저사업의 등록한 경우

9 ⚠️ 틀리기 쉬운 문제 | 출제율 ★★★★ ☐☐☐

수상레저안전법상 수상레저사업장에서 금지되는 행위로 옳지 않은 것은?

갑. 정원을 초과하여 탑승시키는 행위
을. 14세 미만자를 보호자 없이 탑승시키는 행위
병. 알콜중독자에게 기구를 대여하는 행위
정. 허가 없이 일몰 30분 이후 영업행위

💡 **정답 및 키워드** 🟢병 **수상레저사업장 금지 행위 아닌 것** ▶
알콜중독자에게 기구 대여

10 난이도 ★ | 출제율 ★★★ ☐☐☐

수상레저안전법상 수상레저사업자와 그 종사자가 영업 구역에서 해서는 안 되는 행위에 해당하지 않은 것은?

갑. 보호자를 동반한 14세 이상인 자를 수상레저기구에 태우는 행위
을. 술에 취한 자를 수상레저기구에 태우거나 빌려주는 행위
병. 수상레저기구의 정원을 초과하여 태우는 행위
정. 영업구역을 벗어나 영업을 하는 행위

💡 **정답** 갑

11 난이도 ★★ | 출제율 ★★★ ☐☐☐

수상레저안전법상 수상레저사업장에서 금지되는 행위로 옳지 않은 것은?

갑. 15세인 자를 보호자 없이 태우는 행위
을. 술에 취한 자를 태우는 행위
병. 정신질환자를 태우는 행위
정. 수상레저기구 내에서 주류제공 행위

💡 **정답 및 키워드** 갑 수상레저사업장에서의 금지 ▶
보호자가 없는 **14**세 미만 어린이의 탑승

12 난이도 ★★ | 출제율 ★★★ ☐☐☐

수상레저안전법상 수상레저사업자가 영업구역 안에서 금지사항으로 옳지 않은 것은?

갑. 영업구역을 벗어나 영업하는 행위
을. 보호자를 동반한 14세 미만자를 수상레저기구에 태우는 행위
병. 수상레저기구에 정원을 초과하여 태우는 행위
정. 수상레저기구 안으로 주류를 반입토록 하는 행위

💡 **정답 및 키워드** 을 보호자가 **14**세 미만 아이 동반 시 ▶ 탑승 가능

13 ⚠ 틀리기 쉬운 문제 | 출제율 ★★★ ☐☐☐

수상레저안전법상 수상레저사업장에서 갖춰야 할 구명조끼에 대한 설명으로 옳지 않은 것은?

갑. 승선정원 만큼 갖춰야 한다.
을. 소아용은 승선정원의 10%만큼 갖추어야 한다.
병. 사업자는 이용객이 구명조끼를 착용토록 조치해야 한다.
정. 구명자켓 또는 구명슈트를 포함한다.

💡 **정답 및 키워드** 갑 구명조끼 갯수 ▶ 승선정원의 **110**%

14 난이도 ★★ | 출제율 ★★★★ ☐☐☐

수상레저안전법상 수상레저사업장에서 갖추어야 하는 구명조끼에 대한 설명이다. (　　) 안에 들어갈 내용으로 적합한 것은?

> **보기**
>
> 수상레저기구 탑승정원의 (　)퍼센트 이상에 해당하는 수의 구명조끼를 갖추어야 하고, 탑승정원의 (　)퍼센트는 소아용으로 한다.

갑. 100, 10　　　　　을. 100, 20
병. 110, 10　　　　　정. 110, 20

구명조끼 수: 탑승정원의 110% 이상에 해당하는 수
(탑승정원의 10퍼센트는 소아용)

💡 **정답 및 키워드** 병 구명조끼 수 ▶ **110**%, **10**%

15 ⚠ 틀리기 쉬운 문제 | 출제율 ★★★   □□□

수상레저안전법상 수상레저사업장의 구명조끼 보유기준으로 가장 옳지 않은 것은?

갑. 구명조끼는 5년마다 교체하여야 한다.

을. 탑승정원의 110%에 해당하는 구명조끼를 갖춰야 한다.

병. 탑승정원의 10%는 소아용 구명조끼를 갖춰야 한다.

정. 구명조끼는 전기용품 및 생활용품 안전관리법 또는 해양수산부장관이 고시하는 선박의 구명설비 기준에 적합한 제품이어야 한다.

🔆 **정답 및 키워드** **갑 구명조끼 교체 주기** ◐ 법적 기준으로 정해지지 않음

16 난이도 ★★ | 출제율 ★★★   □□□

수상레저안전법상 수상레저사업장의 시설기준으로 옳지 않은 것은?

갑. 노 또는 상앗대가 있는 수상레저기구는 그 수의 10%에 해당하는 수의 예비용 노 또는 상앗대를 갖추어야 한다.

을. 탑승정원 13인 이상인 동력수상레저기구에는 선실, 조타실, 기관실에 각각 1개 이상의 소화기를 갖추어야 한다.

병. 무동력 수상레저기구에는 구명튜브 대신 드로우백을 갖출 수 있다.

정. 탑승정원 5명 이상인 수상레저기구(수상오토바이를 제외)에는 그 탑승정원의 30%에 해당하는 수의 구명튜브를 갖추어야 한다.

🔆 **정답 및 키워드** **정 탑승정원 4명 이상의 구명튜브** ◐ 탑승정원의 **30%**에 해당하는 수 (구명조끼와 혼동하지 말 것)

17 난이도 ★★ | 출제율 ★★★★   □□□

수상레저안전법상 (   )안에 들어갈 알맞은 수는?

> 수상레저사업 등록기준상 탑승정원 (   )명 이상인 동력수상레저기구에는 선실, 조타실, 기관실에 각각 (   )개 이상의 소화기를 갖추어야 한다.

갑. 3, 1

을. 10, 2

병. 13, 1

정. 5, 1

🔆 **정답 및 키워드** **병 탑승정원 13명 이상인 경우 갖춰야 할 소화기** ◐ 선실, 조타실 및 기관실에 **1**개 이상

18 난이도 ★★ | 출제율 ★★★   □□□

수상레저안전법상 수상레저사업에 이용되는 인명구조용 장비에 대한 설명 중 옳지 않은 것은?

갑. 구명조끼는 탑승정원의 110퍼센트 이상에 해당하는 수의 구명조끼를 갖추어야 하고 탑승정원의 10퍼센트는 소아용으로 한다

을. 비상구조선은 비상구조선임을 표시하는 주황색 깃발을 달아야 한다

병. 영업구역이 3해리 이상인 경우에는 수상레저기구에 사업장 또는 가까운 무선국과 연락할 수 있는 통신장비를 갖추어야 한다.

정. 탑승정원이 13명 이상인 동력수상레저기구에는 선실, 조타실 및 기관실에 각각 1개 이상의 소화기를 갖추어야 한다.

 영업구역이 **2해리** 이상인 경우, 수상레저기구에 사업장 또는 가까운 무선국과 연락할 수 있는 통신장비를 갖추어야 한다.

🔆 **정답 및 키워드** **병 수상레저사업 인명구조 통신장비** ◐ 영업구역 **2**해리 이상

19
난이도 ★★ | 출제율 ★★★

수상레저안전법상 영업구역이 (　) 해리 이상인 경우에는 수상레저기구에 사업장 또는 가까운 무선국과 연락할 수 있는 통신장비를 갖추어야 한다. (　)안에 들어갈 숫자로 알맞은 것은?

갑. 1
을. 2
병. 3
정. 4

💡 정답 및 키워드　을 수상레저사업 인명구조 통신장비 ▶ 영업구역 2 해리 이상

20
난이도 ★ | 출제율 ★★★

수상레저안전법상 수상레저사업에 이용하는 비상구조선의 수에 대한 설명으로 옳지 않은 것은?

갑. 수상레저기구가 30대 이하인 경우 1대 이상의 비상구조선을 갖춰야 한다.
을. 수상레저기구가 31대 이상 50대 이하인 경우 2대 이상의 비상구조선을 갖춰야 한다.
병. 수상레저기구가 31대 이상인 경우 30대를 초과하는 30대 마다 1대씩 더한 수 이상의 비상구조선을 갖춰야 한다.
정. 수상레저기구가 51대 이상인 경우 50대를 초과하는 50대 마다 1대씩 더한 수 이상의 비상구조선을 갖춰야 한다.

수상레저사업에 이용하는 비상구조선의 수

수상레저기구 수	비상구조선 수
30대 이하	1대 이상
31~50 대	2 대 이상
51대 이상~50대 초과	50대 마다 1대씩 더한 수 이상

💡 정답　병

21
난이도 ★★ | 출제율 ★★★

수상레저안전법상 수상레저사업의 휴업 또는 폐업 시 며칠 전까지 등록관청에 신고하여야 하는가?

갑. 1일
을. 3일
병. 5일
정. 10일

💡 정답 및 키워드　을 수상레저사업의 휴업/폐업 신고기간 ▶ 3 일

22
난이도 ★★★ | 출제율 ★★★

수상레저안전법상 수상레저기구사업 영업구역이 내수면인 경우 수상레저사업 등록기관으로 옳은 것은?

갑. 해양경찰서장
을. 해양경찰청장
병. 광역시장·도지사
정. 시장·군수·구청장

💡 정답 및 키워드　정 수상레저기구사업 영업구역 등록 ▶ 시장·군수·구청장

23
난이도 ★★ | 출제율 ★★★

수상레저안전법상 수상레저사업장에 대한 안전점검 항목으로 가장 옳지 않은 것은?

갑. 수상레저기구의 형식승인 여부
을. 수상레저기구의 안전성
병. 사업장 시설·장비 등이 등록기준에 적합한지의 여부
정. 인명구조요원 및 래프팅가이드의 자격·배치기준 적합 여부

💡 정답 및 키워드　갑 안전점검 항목 아닌 것 ▶ 형식승인 여부

chapter 04

24 난이도 ★ | 출제율 ★★★ □□□

수상레저안전법상 수상레저사업장에 비치하는 비상구조선에 대한 설명으로 <u>옳지 않은</u> 것은?

갑. 비상구조선임을 표시하는 주황색 깃발을 달아야 한다.
을. 비상구조선은 30미터 이상의 구명줄을 갖추어야 한다.
병. 비상구조선은 탑승정원이 4명이상, 속도가 시속 30노트 이상이어야 한다.
정. 망원경, 호루라기 1개 이상을 갖추어야 한다.

정답 및 키워드 **병** 비상구조선 ▶ 탑승정원 **3** 명 이상, 속도 시속 **20** 노트 이상

25 ㅌ난이도 ★★ | 출제율 ★★ □□□

수상레저안전법상 조종면허시험대행기관의 시험장별 실기시험 시설기준 중 안전시설에 관한 내용으로 <u>옳지 않은</u> 것은?

갑. 비상구조선의 속력은 30노트 이상이어야 한다.
을. 구명조끼는 20개 이상 갖추어야 한다.
병. 소화기는 3개 이상 갖추어야 한다.
정. 비상구조선의 정원은 4인 이상이어야 한다.

정답 및 키워드 **갑** 비상구조선 속력 ▶ **20** 노트 이상

26 난이도 ★★ | 출제율 ★★★ □□□

수상레저안전법상 해양경찰서장 또는 시장·군수·구청장이 영업구역 또는 영업시간의 제한이나 영업의 일시정지를 명할 수 있는 경우로 <u>옳지 않은</u> 것은?

갑. 사업장에 대한 안전점검을 하려고 할 때
을. 기상·수상 상태가 악화된 때
병. 수상사고가 발생한 때
정. 부유물질 등 장애물이 발생한 경우

정답 및 키워드 **갑** 영업구역 또는 영업시간 제한, 영업 일시정지 명할 수 있는 경우가 아닌 것 ▶ 사업장에 대한 안전점검을 하려고 할 때

27 난이도 ★★ | 출제율 ★★★ □□□

수상레저사업자 및 그 종사자의 고의 또는 과실로 사람을 사상한 경우 처분으로 가장 옳은 것은?

갑. 6월 이내의 기간을 정하여 영업의 전부 또는 일부의 정지를 명하여야 한다.
을. 수상레저사업의 등록을 취소하거나 3개월의 범위에서 영업의 전부 또는 일부의 정지를 명할 수 있다.
병. 수상레저사업의 등록을 취소하거나 6개월 이내의 기간을 정하여 영업의 전부 또는 일부의 정지를 명할 수 있다.
정. 수상레저사업의 등록을 취소하여야 한다.

정답 및 키워드 **을** 수상레저사업자가 사람을 사상한 경우 처분 ▶ 사업 등록 취소 또는 **3** 개월의 영업 정지

28 난이도 ★★ | 출제율 ★★ □□□

수상레저안전법상 수수료가 들지 않은 것은?

갑. 수상레저사업의 변경등록
을. 수상레저사업의 휴업등록
병. 동력수상레저기구 등록번호판의 재발급
정. 동력수상레저기구 말소등록

정답 및 키워드 **을** 수상레저사업 휴업 및 폐업신고 시 수수료 ▶ 무료

09 동력수상레저기구의 등록·말소·보험

예상출제문항수 **1**

1
난이도 ★ | 출제율 ★★ ☐☐☐

수상레저안전법상 등록대상 동력수상레저기구의 등록 절차로 옳은 것은?

갑. 안전검사 – 등록 – 보험가입(필수)

을. 안전검사 – 등록 – 보험가입(선택)

병. 등록 – 안전검사 – 보험가입(선택)

정. 안전검사 – 보험가입(필수) – 등록

정답 **정**

2
난이도 ★ | 출제율 ★★ ☐☐☐

수상레저안전법상 동력수상레저기구 등록에 대한 설명 으로 옳지 않은 것은?

갑. 등록신청은 주소지를 관할하는 시장·군수·구청장 또는 해경서장에게 한다.

을. 등록대상 기구는 모터보트·세일링요트(20톤 미만), 고무 보트(30마력 이상), 수상오토바이이다.

병. 기구를 소유한 날로부터 1개월 이내에 등록신청해야 한다.

정. 소유한 날로부터 1개월 이내 등록을 하지 않은 경우 100만원 과태료 처분 대상이다.

정답 및 키워드 **갑** 레저기구 등록 ▶ 주소지를 관할하는 시장·군수·구청장

3
난이도 ★ | 출제율 ★★ ☐☐☐

동력수상레저기구를 등록할 때 등록신청서에 첨부하여 제출하여야 할 서류로 옳지 않은 것은?

갑. 안전검사증(사본)

을. 등록할 수상레저기구의 사진

병. 보험가입증명서(사본)

정. 등록자의 경력증명서

정답 및 키워드 **정** 레저기구 등록 서류 아닌 것 ▶ 등록자 경력증명서

4
난이도 ★★ | 출제율 ★★ ☐☐☐

수상레저안전법상 동력수상레저기구의 소유자가 주소 지를 관할하는 시장·군수·구청장에게 등록신청을 하여 야 하는 기간은?

갑. 동력수상레저기구를 소유한 날부터 7일 이내

을. 동력수상레저기구를 소유한 날부터 14일 이내

병. 동력수상레저기구를 소유한 날부터 15일 이내

정. 동력수상레저기구를 소유한 날부터 1개월 이내

정답 및 키워드 **정** 동력수상레저기구의 등록신청 ▶ 소유한 날부터 **1**개월 이내

5
난이도 ★ | 출제율 ★★ ☐☐☐

수상레저안전법상 동력수상레저기구의 등록사항 중 변 경사항에 해당되지 않은 것은?

갑. 소유권의 변경이 있는 때

을. 기구의 명칭에 변경이 있는 때

병. 수상레저기구의 그 본래의 기능을 상실한 때

정. 구조나 장치를 변경한 때

정답 및 키워드 **병** 수상레저기구의 그 본래의 기능을 상실한 때 ▶ 말소 신고

chapter 04

6 난이도 ★ | 출제율 ★★   □□□

수상레저안전법상 등록대상 동력수상레저기구의 변경 등록과 관련된 설명으로 옳지 않은 것은?

갑. 소유자의 이름 또는 법인의 명칭에 변경이 있는 때에 변경등록을 하여야 한다.

을. 매매·증여 등에 따른 소유권의 변경이 있는 때에 변경등록을 하여야 한다.

병. 구조·장치를 변경하였을 경우 변경등록을 해야 한다.

정. 구조·장치를 변경하였을 경우 등록기관(지방자치단체)의 변경승인이 필요하다.

🔆 **정답 및 키워드**   정 **동력수상레저기구의 구조·장치 변경등록 기관** ❯
시장·군수·구청장

7 난이도 ★★ | 출제율 ★★★   □□□

수상레저안전법상 동력수상레저기구 소유자가 수상레저기구를 등록해야 하는 기관은?

갑. 소유자 주소지를 관할하는 시장·군수·구청장

을. 기구를 주로 매어두는 장소를 관할하는 기초자치단체장

병. 소유자 주소지를 관할하는 해양경찰서장

정. 기구를 주로 매어두는 장소를 관할하는 해양경찰서장

🔆 **정답 및 키워드**   갑 **수상레저기구 등록** ❯ 시장·군수·구청장

8 난이도 ★★ | 출제율 ★★   □□□

수상레저안전법상 수상레저기구 등록원부를 열람하거나 그 사본을 발급받으려는 자는 누구에게 신청하여야 하는가?

갑. 시·도지사   을. 해양경찰서장

병. 경찰서장   정. 시장·군수·구청장

🔆 **정답 및 키워드**   청 **수상레저기구 등록원부 열람 발급 신청기관** ❯
시장·군수·구청장

9 난이도 ★★ | 출제율 ★

수상레저안전법상 수상레저사업 등록 시 영업구역이 2개 이상의 해양경찰서 관할 또는 시·군·구에 걸쳐있는 경우 사업등록은 어느 관청에서 해야 하는가?

갑. 수상레저사업장 소재지를 관할하는 관청

을. 수상레저사업장 주소지를 관할하는 관청

병. 영업구역이 중복되는 관청 간에 상호 협의하여 결정

정. 수상레저기구를 주로 매어두는 장소를 관할하는 관청

 버스가 종점과 종점 사이에 오갈 때 버스를 주로 세워두는 종점의 지역 관청에 버스사업등록한다고 이해하면 돼요.

🔆 **정답 및 키워드**   정 **영업구역이 2개 이상일 때 사업등록** ❯
수상레저기구를 주로 매어두는 장소를 관할하는 관청

10 난이도 ★★ | 출제율 ★★   □□□

수상레저안전법상 수상레저기구 등록신청을 받은 시·군·구청장이 신청인에게 수상레저기구등록증과 등록번호판을 발급해야하는 기간은?

갑. 수상레저기구등록원부에 등록한 후 2일 이내

을. 수상레저기구등록원부에 등록한 후 3일 이내

병. 수상레저기구등록원부에 등록한 후 5일 이내

정. 수상레저기구등록원부에 등록한 후 7일 이내

🔆 **정답 및 키워드**   을 **수상레저기구등록증, 등록번호판 발급 기간** ❯
동력수상레저등록원부에 등록한 후 **3**일 내

11 난이도 ★★ | 출제율 ★★★　□□□

수상레저안전법상 수상레저기구 등록대상으로 <u>옳지 않은 것은?</u>

갑. 총톤수 15톤인 선외기 모터보트

을. 총톤수 15톤인 세일링요트

병. 추진기관 20마력인 수상오토바이

정. 추진기관 20마력인 고무보트

💡 **정답 및 키워드**　**정** 고무보트 등록대상 ▶ 추진기관 **30**마력

12 난이도 ★★ | 출제율 ★★　□□□

수상레저안전법상 등록된 수상레저기구가 존재하는지 여부가 분명하지 않은 경우 말소등록을 신청해야 할 기한으로 옳은 것은?

갑. 1개월　　　　　을. 3개월

병. 6개월　　　　　정. 12개월

기상상태 악화 등으로 기구가 떠내려가 분실되거나 도난 등으로 3개월 이내에 기구를 찾지 못할 경우 말소신청을 해야해요. 이때 첨부서류로 분실 · 도난신고 확인서는 필요없어요.

💡 **정답 및 키워드**　**을** 수상레저기구 말소등록 사유 ▶
수상레저기구의 존재 여부가 **3**개월간 분명하지 아니할 때

13 난이도 ★★ | 출제율 ★★　□□□

수상레저안전법상 수상레저기구 말소등록을 신청하여야 하는 사유로 가장 <u>옳지 않은 것은?</u>

갑. 수상레저기구가 멸실된 경우

을. 수상레저기구의 존재 여부가 1년간 분명하지 아니한 경우

병. 구조·장치 변경으로 인하여 등록대상 수상레저기구에서 제외된 경우

정. 수상레저기구를 수출하는 경우

정답 을

14 ⚠️ 틀리기 쉬운 문제 | 출제율 ★★　□□□

수상레저안전법상 수상레저기구의 말소등록을 하고자 할 때 제출하여야 하는 서류로 <u>옳지 않은 것은?</u>

갑. 동력수상레저기구 등록증

을. 시·군·구청에서 발급하는 분실·도난신고확인서(분실·도난의 경우만 해당)

병. 사용 폐지를 증명할 수 있는 서류(분실·도난 외의 경우만 해당)

정. 수출하는 사실을 증명할 수 있는 서류(수출하는 경우만 해당)

💡 **정답 및 키워드**　**을** 말소등록 제출 서류 아닌 것 ▶ 분실·도난신고 확인서

15 난이도 ★ | 출제율 ★★　□□□

수상레저안전법상 수상레저기구의 직권말소에 대한 설명으로 <u>옳지 않은 것은?</u>

갑. 1개월 이내의 기간을 정하여 소유자에게 말소등록 하도록 최고한다.

을. 말소등록을 한 때에는 소유자에게 그 사실을 통지하여야 한다.

병. 직권말소 통지를 받은 소유자는 지체 없이 등록증을 파기하여야 한다.

정. 부득이한 경우는 등록증을 반납하지 않을 수 있다.

💡 **정답 및 키워드**　**병** 말소 통지를 받을 때 ▶ 등록증을 반납 (파기×)

16 난이도 ★ | 출제율 ★　□□□

수상레저안전법상 수상레저기구 등록번호판에 관한 설명으로 옳은 것은?

갑. 뒷면에만 부착한다.

을. 앞면과 뒷면에 부착한다.

병. 옆면과 뒷면에 부착한다.

정. 번호판은 규격에 맞지 않아도 된다.

💡 **정답 및 키워드**　**병** 수상레저기구 등록번호판 부착 위치 ▶ 옆면, 뒷면

chapter 04

17 난이도 ★★ | 출제율 ★

수상레저안전법상 동력수상레저기구 등록번호판의 재질 및 규격에 대한 설명으로 옳지 않은 것은?

갑. FRP또는 알루미늄 재질의 선체에는 투명 PC원단을 사용한다.

을. 고무재질의 선체에는 반사원단을 사용한다.

병. FRP 또는 알루미늄 재질의 선체 부착용 등록번호판의 두께는 0.3밀리미터이다.

정. 고무보트 재질의 선체 부착용 등록번호판의 두께는 0.3밀리미터이다.

정답 및 키워드 **정** 고무보트 재질 등록번호판 두께 ❯ **0.2** mm

18 난이도 ★★ | 출제율 ★★

수상레저안전법상 동력수상레저기구 등록번호판의 색상이 올바르게 나열된 것은?

갑. 바탕 : 옅은 회색   숫자(문자) : 검은색

을. 바탕 : 흰색   숫자(문자) : 검은색

병. 바탕 : 검은색   숫자(문자) : 흰색

정. 바탕 : 초록색   숫자(문자) : 흰색

정답 및 키워드 **갑** 등록번호판 색상 ❯ 바탕 : 옅은 회색, 숫자(문자) : 검은색

19 난이도 ★★ | 출제율 ★★

수상레저안전법상 수상오토바이 등록번호판에 표기되는 기구의 명칭으로 옳은 것은?

갑. MB

을. SW

병. PW

정. YT

정답 및 키워드 **병** 수상오토바이 등록번호판 ❯ PW(Personal Watercraft)

20 난이도 ★★ | 출제율 ★★

수상레저안전법상 (   )안에 알맞은 말은?

보기

시 · 군 · 구청장은 민사집행법에 따라 (   )으로부터 압류등록의 촉탁이 있거나 국세징수법이나 지방세기본법에 따라 행정관청으로부터 압류등록의 촉탁이 있는 경우에는 해당 동력수상레저기구의 등록원부에 대통령령으로 정하는 바에 따라 압류등록을 하고 동력수상레저기구의 소유자에게 통지하여야 한다.

갑. 해양수산부

을. 경찰청

병. 법원

정. 해양경찰청

정답 및 키워드 **병** 압류등록의 촉탁 주체 ❯ 법원

21 난이도 ★ | 출제율 ★★

수상레저안전법상 수상레저사업자의 보험가입에 대한 설명으로 옳지 않은 것은?

갑. 수상레저사업자는 보험 가입기간을 사업 기간 동안 계속하여 가입해야 한다.

을. 가입대상은 수상레저사업자의 사업에 사용하거나 사용하려는 모든 수상레저기구가 대상이다.

병. 자동차손해배상 보장법 시행령 제3조제1항에 따른 금액이상으로 보험에 가입을 하여야 한다.

정. 휴업, 폐업 및 재개업을 수시로 하기 때문에 휴업·폐업 시에도 계속하여 가입을 하여야 한다.

정답 및 키워드 **정** 수상레저사업자의 보험 가입기간 ❯ 사업 기간 동안만 유지 (휴업·폐업 제외)

22 난이도 ★ | 출제율 ★★ □□□

수상레저안전법상 등록대상 동력수상레저기구의 보험 가입기간으로 가장 옳은 것은?

갑. 소유자의 필요시에 가입

을. 등록 후 1년까지만 가입

병. 등록기간 동안 계속하여 가입

정. 사업등록에 이용할 경우에만 가입

---

23 난이도 ★★★ | 출제율 ★★ □□□

수상레저안전법상 등록대상 수상레저기구의 소유자가 수상레저기구의 운항으로 다른 사람이 사망하거나 부상한 경우에 피해자에 대한 보상을 위하여 보험이나 공제에 가입하여야 하는 기간은?

갑. 소유일부터 즉시

을. 소유일부터 7일 이내

병. 소유일부터 15일 이내

정. 소유일부터 1개월 이내

---

24 난이도 ★★ | 출제율 ★★ □□□

수상레저안전법상 동력수상레저기구 등록·검사 대상에 대한 설명으로 가장 <u>옳지 않은</u> 것은?

갑. 등록대상과 안전검사 대상은 동일하다.

을. 무동력 요트는 등록 및 검사에서 제외된다.

병. 모든 수상오토바이는 등록·검사 대상에 포함된다.

정. 책임보험가입 대상과 등록대상은 동일하다.

 수상레저사업에 이용되는 수상레저기구는 등록대상에 관계없이 보험가입 필요요.

25 난이도 ★ | 출제율 ★ □□□

수상레저안전법상 항해구역을 평수구역으로 지정받은 동력수상레저기구를 이용하여 항해구역을 연해구역 이상으로 지정받은 동력수상레저기구와 500미터 이내의 거리에서 동시에 이동하려고 할 때, 운항신고 내용으로 <u>옳지 않은</u> 것은?

갑. 수상레저기구의 종류

을. 운항시간

병. 운항자의 성명 및 연락처

정. 보험가입증명서

 운항신고: 수상레저기구의 종류, 운항시간, 운항자의 성명 및 연락처 등

10 과징금 및 과태료　　예상출제문항수 **1**

1 ⚠ 틀리기 쉬운 문제 | 출제율 ★★ □□□

수상레저안전법을 위반한 사람에 대하여 과태료 처분권한이 없는 사람은 누구인가?

갑. 한강사업본부장

을. 강동소방서장

병. 연수구청장

정. 인천해양경찰서장

---

chapter 04

2 난이도 ★★ | 출제율 ★★ ☐☐☐

수상레저안전법을 위반한 사람에 대한 과태료 부과 권한이 없는 사람은?

갑. 통영시장

을. 영도소방서장

병. 해운대구청장

정. 속초해양경찰서장

 과태료 부과 권한자: 시장·군수·구청장, 해양경찰청장/서장

🟡 **정답 및 키워드** 🧊 **과태료 부과 권한이 없는 자** ▶ 소방서장

---

3 난이도 ★★ | 출제율 ★★ ☐☐☐

수상레저안전법상 수상레저활동 금지구역에서 수상레저기구를 운항한 사람에 대한 과태료 부과기준은 얼마인가?

갑. 30만원　　　　　을. 40만원

병. 60만원　　　　　정. 100만원

🟡 **정답 및 키워드** 🅑 **수상레저활동 금지구역 과태료** ▶ 60만원

---

4 난이도 ★★ | 출제율 ★★ ☐☐☐

수상레저안전법상 동력수상레저기구를 조종하는 중 술에 취한 상태에 있다고 인정할만한 상당한 이유가 있는 자가 관계공무원의 측정에 응하지 아니한 자의 처벌은?

갑. 1년 이하의 징역

을. 1년 이하의 징역 또는 500만원 이하의 벌금

병. 1년 이하의 징역 또는 1000만원 이하의 벌금

정. 1000만원 이하의 벌금

🟡 **정답 및 키워드** 🅑 **음주 측정 불응 시 벌금** ▶
1년 이하의 징역 또는 1000만원 이하

---

5 난이도 ★ | 출제율 ★★ ☐☐☐

수상레저안전법상 원거리 수상레저활동 신고를 하지 않은 경우 과태료 기준은?

갑. 10만원　　을. 20만원　　병. 30만원　　정. 40만원

🟡 **정답 및 키워드** 🧊 **원거리 수상레저활동 시 신고하지 않은 경우 과태료** ▶ 20만원

---

6 난이도 ★ | 출제율 ★★ ☐☐☐

정원을 초과하여 사람을 태우고 수상레저기구를 조종한 경우 과태료 부과 기준은 얼마인가?

갑. 50만원　　을. 60만원　　병. 70만원　　정. 100만원

🟡 **정답 및 키워드** 🧊 **정원 초과 시 과태료** ▶ 60만원

---

7 난이도 ★★ | 출제율 ★★ ☐☐☐

수상레저안전법상 등록대상 수상레저기구를 보험에 가입하지 않았을 경우 수상레저안전법상 과태료의 부과 기준은 얼마인가?

갑. 30만원

을. 10일 이내 1만원, 10일 초과 시 1일당 1만원 추가, 최대 30만원까지

병. 10일 이내 5만원, 10일 초과 시 1일당 1만원 추가, 최대 50만원까지

정. 50만원

정답 🧊

---

8 난이도 ★★ | 출제율 ★★ ☐☐☐

수상레저안전법상 조종면허 효력정지 기간에 조종을 한 경우 처분 기준은?

갑. 면허취소　　을. 과태료　　병. 경고　　정. 징역

🟡 **정답 및 키워드** 🅰 **조종면허 효력정지 기간에 조종을 한 경우** ▶ 면허취소

11 기타

예상출제문항수 **0-1**

1 난이도 ★★ | 출제율 ★★ □□□

수상레저안전법상 동력수상레저기구를 이용한 범죄의 종류로 옳지 않은 것은?

갑. 살인·사체유기 또는 방화

을. 강도·강간 또는 강제추행

병. 방수방해 또는 수리방해

정. 약취·유인 또는 감금

정답 및 키워드 **병** 범죄 아닌 것 ▶ 방수방해 또는 수리방해

2 난이도 ★★ | 출제율 ★★ □□□

수상레저안전법상 임시운항 허가에 대한 내용 중 옳지 않은 것은?

갑. 임시운항 구역이 내수면인 경우 관할하는 시장·군수·구청장에게 신청해야 한다.

을. 임시운항 허가 관서의 장은 임시운항을 허가하는 경우에는 임시운항허가증을 내줘야 한다.

병. 임시운항 허가구역은 출발항으로부터 직선으로 10해리 이내이다.

정. 임시운항 허가 기간은 10일로 한다.

정답 및 키워드 **정** 임시운항 허가 기간 ▶ **7**일

3 난이도 ★★ | 출제율 ★★ □□□

수상레저안전법상에서 명시한 적용 배제 사유로 옳지 않은 것은?

갑. 「낚시관리 및 육성법」에 의한 낚시어선업 및 그 사업과 관련된 수상에서의 행위를 하는 경우

을. 「유선 및 도선사업법」에 따른 유·도선사업 및 그 사업과 관련된 수상에서의 행위를 하는 경우

병. 「관광진흥법」에 의한 유원시설업 및 그 사업과 관련된 수상에서의 행위를 하는 경우

정. 「체육시설의 설치·이용에 관한 법률」에 따른 체육시설업 및 그 사업과 관련된 수상에서의 행위를 하는 경우

 수상레저안전법상의 적용 배제
- 낚시관리 및 육성법
- 유선 및 도선사업법
- 체육시설의 설치·이용에 관한 법률

정답 및 키워드 **병** 수상레저안전법상의 적용 배제 사유 아닌 것 ▶ 관광진흥법

4 ⚠ 틀리기 쉬운 문제 | 출제율 ★★ □□□

수상레저안전법상 해양경찰청장의 권한을 위임받은 관청에 대한 연결이 옳지 않은 것은?

갑. 해양경찰서장: 면허증의 발급

을. 해양경찰서장: 조종면허의 취소·정지처분

병. 지방해양경찰청장: 조종면허를 받으려는 자의 수상안전교육

정. 지방해양경찰청장: 안전관리계획의 시행에 필요한 지도·감독

정답 및 키워드 **병** 지방해양경찰청장 ▶ 안전관리계획의 시행에 필요한 지도·감독

chapter **04**

SUBJECT 02 선박의 입·출항

동력수상레저기구 조종면허
④ 관련법규

예상출제문항수 **5-6**

1 ⚠ 틀리기 쉬운 문제 | 출제율 ★★★　☐☐☐

선박의 입항 및 출항 등에 관한 법률상 무역항의 의미를 설명한 것으로 가장 적절한 것은?

갑. 여객선만 주로 출입할 수 있는 항

을. 대형선박이 출입하는 항

병. 국민경제와 공공의 이해(利害)에 밀접한 관계가 있고 주로 외항선이 입항·출항하는 항만

정. 공공의 이해에 밀접한 관계가 있는 항만

💡 **정답 및 키워드** **병** **무역항의 의미** ▶ 국민경제와 공공의 이해에 밀접한 관계가 있고 주로 **외항선**이 **입항·출항**하는 항만

2 난이도 ★★ | 출제율 ★★　☐☐☐

선박의 입항 및 출항 등에 관한 법률상 우선피항선에 해당하지 않은 것은?

갑. 부선

을. 주로 노와 삿대로 운전하는 선박

병. 예인선

정. 25톤 어선

우선피항선(優先避航船) : 주로 무역항의 수상구역에서 운항하는 선박으로서 다른 선박의 진로를 피해야 하는 선박을 말한다.

※ (갑)~(병) 외에 총톤수 **20톤 미만**의 선박이 해당된다.

💡 **정답 및 키워드** **정** **우선피항선에 해당하지 않은 것** ▶ 25톤 어선

3 ⚠ 틀리기 쉬운 문제 | 출제율 ★★★　☐☐☐

선박의 입항 및 출항 등에 관한 법률상 우선피항선에 해당하지 않은 것은?

갑. 주로 노와 삿대로 운전하는 선박

을. 예선

병. 압항부선

정. 총톤수 20톤 미만의 선박

예인선이 부선을 끌거나 밀고 있는 경우의 예인선 및 부선은 우선피항선을 포함하지만 예인선에 결합된 압항부선은 제외한다.

※ 압항부선(押航艀船): 일반적인 부선은 예선(예인선)이 앞에서 당겨 운행하지만 압항부선은 예선이 뒤에서 밀어 항행하는 부선을 말한다.

※ 부선(바지선): 동력이나 돛 등 자체 항행력이 없는 선박(주로 작업용, 화물용)

우선피항선에 해당하는 것

부선　예선　　예선　부선

압항부선　예선과 부선이 연결된 압항부선은 우선피항선에 해당되지 않음

💡 **정답 및 키워드** **병** **우선피항선이 아닌 것** ▶ 압항부선

4 난이도 ★ | 출제율 ★★　☐☐☐

선박의 입항 및 출항 등에 관한 법률상 입·출항 허가를 받아야 할 경우로 옳지 않은 것은?

갑. 전시나 사변

을. 전시·사변에 준하는 국가비상사태

병. 입·출항 선박이 복잡한 경우

정. 국가안전보장상 필요한 경우

💡 **정답 및 키워드** **병** **입·출항 허가를 받아야 할 경우가 아닌 것** ▶ 입·출항 선박이 복잡한 경우

5 ⚠ 틀리기 쉬운 문제 | 출제율 ★★★　□□□

선박의 입항 및 출항 등에 관한 법률상 보기 설명 중 옳은 것으로만 묶인 것은?

보기

㉠ 정박: 선박을 다른 시설에 붙들어 매어 놓는 것
㉡ 정박지: 선박이 정박할 수 있는 장소
㉢ 계류: 선박이 해상에서 일시적으로 운항을 정지하는 것
㉣ 계선: 선박이 운항을 중지하고 장기간 정박하거나 계류하는 것

갑. ㉠, ㉡　　　　　　　을. ㉠, ㉢
병. ㉡, ㉣　　　　　　　정. ㉡, ㉢

- 정박: 선박이 해상에서 닻을 바다 밑바닥에 내려놓고 운항을 멈추는 것
- 계류: 선박을 계류장이나 부이 등 다른 시설에 붙들어 매어 놓는 것
- 정류: 선박이 해상에서 일시적으로 운항을 멈추는 것
※ 박(泊), 류(留) 모두 '머무른다'는 의미이지만, 머무는 시간에 따라 개념상 '박(泊)'이 오랜 정지에 해당함 (연상하기: 1박2일)
※ 繫(계) − 매다, 묶다(mooring)

💡 **정답 및 키워드**　병 **정박지** ▶ 정박할 수 있는 장소
　　　　　　계선 ▶ 장기간 정박하거나 계류하는 것

6 난이도 ★★ | 출제율 ★★　□□□

선박의 입항 및 출항 등에 관한 법률상 무역항의 수상구역 등에서 정박·정류가 금지되는 것은?

갑. 해양사고를 피하고자 할 때
을. 선박의 고장 및 운전의 자유를 상실한 때
병. 화물이적작업에 종사할 때
정. 선박구조작업에 종사할 때

💡 **정답 및 키워드**　병 **수상구역 등에서 정박·정류 금지** ▶ 화물이적작업에 종사할 때
　　　　　　　　　　↑
　　　　　　　옮겨서 쌓음

7 난이도 ★★ | 출제율 ★★　□□□

선박의 입항 및 출항 등에 관한 법률상 무역항의 수상구역등에서 부두·잔교(棧橋)·안벽(岸壁)·계선부표·돌핀 및 선거(船渠)의 부근 수역 내 정박하거나 정류할 수 있는 경우로 옳지 않은 것은?

갑. 허가를 받은 행사를 진행하기 위한 경우
을. 선박의 고장이나 그 밖의 사유로 선박을 조종할 수 없는 경우
병. 인명을 구조하거나 급박한 위험이 있는 선박을 구조하는 경우
정. 허가를 받은 공사 또는 작업에 사용하는 경우

- 잔교(棧橋): 배를 접안시키기 위해 물가에 만들어진 계선시설
- 안벽(岸壁): 선박을 접안시켜서 하역할 수 있는 계류시설
- 계선부표: 항만 내에서 부두 이외의 지점에 선박을 계류시키기 위한 설비
- 돌핀: 배를 매어 두기 위하여 계선안, 부두, 잔교 등에 세워놓은 기둥
- 선거(船渠): 선박의 건조나 수리 또는 화물을 싣고 부리기 위한 설비

💡 **정답 및 키워드**　갑 **부두·잔교·안벽·계선부표·돌핀 및 선거의 부근 수역 내 정박 또는 정류 사항 아닌 것** ▶ 허가를 받은 행사 진행

8 난이도 ★★ | 출제율 ★★　□□□

선박의 입항 및 출항 등에 관한 법률에 따라 모터보트가 항로 내에 정박할 수 있는 경우에 해당하는 것은?

갑. 급한 하역 작업 시
을. 보급선을 기다릴 때
병. 해양사고를 피하고자 할 때
정. 낚시를 하고자 할 때

💡 **정답 및 키워드**　병 **수상구역 등에서 정박·정류가 가능한 경우** ▶ 해양사고를 피하고자 할 때

선박의 입항 및 출항 등에 관한 법률상 무역항의 수상구역 등에서 정박 또는 정류할 수 있는 경우는?

갑. 부두, 잔교, 안벽, 계선부표, 돌핀 및 선거의 부근 수역에 정박 또는 정류하는 경우

을. 하천운하, 그 밖의 협소한 수로와 계류장 입구의 부근 수역에 정박 또는 정류하는 경우

병. 선박의 고장으로 선박 조종만 가능한 경우

정. 항로 주변의 연안통항대에 정박 또는 정류하는 경우

정박 또는 정류 금지사항
① 부두 · 잔교 · 안벽 · 계선부표 · 돌핀 및 선거의 부근 수역
② 하천, 운하 및 그 밖의 좁은 수로와 계류장 입구의 부근 수역

※ 위 사항에도 불구하고 위 수역에서 정박하거나 정류가 가능한 경우 (주로 위급하거나 허가 시에만 해당)
　– 해양사고를 피하기 위한 경우
　– 선박의 고장 등으로 선박을 조종할 수 없는 경우
　– 인명 구조 또는 급박한 위험이 있는 선박을 구조하는 경우
　– 허가를 받은 공사 또는 작업에 사용하는 경우

※ 연안통항대 : 좁은 수로 내에서 선박들이 원활하게 항행할 수 있도록 설치된 분리대(분리선)

정답 및 키워드 🅐 **수상구역 등에서 정박·정류가 가능한 경우** ▶
🅟 항로 주변의 연안통항대에 정박 또는 정류하는 경우

선박의 입항 및 출항 등에 관한 법률상 규정된 무역항의 항계안 등의 항로에서의 항법에 대한 설명이다. 가장 옳지 않은 것은?(단, 예외 규정은 제외한다)

갑. 선박은 항로에서 다른 선박을 추월해서는 안 된다.

을. 선박은 항로에서 나란히 항행하지 못한다.

병. 항로를 항행하는 선박은 항로 밖에서 항로로 들어오는 선박의 진로를 피하여 항행하여야 한다.

정. 선박이 항로에서 다른 선박과 마주칠 우려가 있는 경우에는 오른쪽으로 항행하여야 한다.

정답 및 키워드 🅑 **무역항 항로에서의 항법** ▶ 항로 밖에서 항로로 들어오는 선박이 항로 항행 선박의 진로를 피함

선박의 입항 및 출항 등에 관한 법률상 선박의 계선 신고에 관한 내용으로 맞지 않은 것은?

갑. 총톤수 20톤 이상의 선박을 무역항의 수상구역등에 계선하려는 자는 법령이 정하는 바에 따라 관리청에 신고하여야 한다.

을. 관리청은 신고를 받은 경우 그 내용을 검토하여 이 법에 적합하면 신고를 수리하여야 한다.

병. 총톤수 20톤 이상의 선박을 계선하려는 자는 통항안전을 감안하여 원하는 장소에 그 선박을 계선할 수 있다.

정. 관리청은 계선 중인 선박의 안전을 위하여 필요하다고 인정하는 경우에는 그 선박의 소유자나 임차인에게 안전 유지에 필요한 인원의 선원을 승선시킬 것을 명할 수 있다.

정답 및 키워드 🅑 **총톤수 20톤 이상의 선박을 계선할 때** ▶
지정 장소에 선박 계선 (원하는 장소×)

선박의 입항 및 출항 등에 관한 법률상 정박지의 사용에 대한 내용으로 맞지 않은 것은?

갑. 관리청은 무역항의 수상구역등에 정박하는 선박의 종류·톤수·흘수(吃水) 또는 적재물의 종류에 따른 정박구역 또는 정박지를 지정·고시할 수 있다.

을. 무역항의 수상구역등에 정박하려는 선박은 정박구역 또는 정박지에 정박하여야 한다.

병. 우선 피항선은 다른 선박의 항행에 방해가 될 우려가 있는 장소라 하더라도 피항을 위한 일시적인 정박과 정류가 허용된다.

정. 해양사고를 피하기 위해 정박구역 또는 정박지가 아닌 곳에 정박한 선박의 선장은 즉시 그 사실을 관리청에 신고하여야 한다.

정답 및 키워드 🅑 **정박지의 사용** ▶ 우선피항선(다른 선박의 진로를 피해야 하는 선박)은 다른 선박의 항행에 방해가 될 우려가 있는 장소에 정박·정류해선 안된다.

13 난이도 ★★ | 출제율 ★★★ □□□

선박의 입항 및 출항 등에 관한 법률 중 항로에서의 항법에 대한 설명이다. 맞는 것으로 짝지어진 것은?

> **보기**
> ⓐ 항로를 항행하는 선박은 항로 밖에서 항로에 들어오거나 항로에서 항로 밖으로 나가는 다른 선박의 진로를 피하여 항행할 것
> ⓑ 항로에서 다른 선박과 나란히 항행하지 아니할 것
> ⓒ 항로에서 다른 선박과 마주칠 우려가 있는 경우에는 왼쪽으로 항행할 것
> ⓓ 항로에서 다른 선박을 추월하지 아니할 것. 다만, 추월하려는 선박을 눈으로 볼 수 있고 안전하게 추월할 수 있다고 판단되는 경우에는 「해사안전법」에 따른 방법으로 추월할 것

갑. ⓐ, ⓑ　　　　　　을. ⓐ, ⓒ
병. ⓑ, ⓓ　　　　　　정. ⓒ, ⓓ

ⓐ 항로에서 항로 밖으로 출입하는 선박이 진로를 피해야 한다.
ⓒ 항로에서 다른 선박과 마주칠 경우에는 오른쪽으로 항행할 것

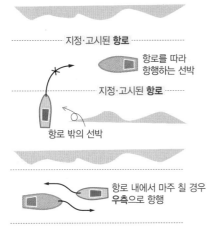

지정·고시된 **항로**

항로를 따라 항행하는 선박

지정·고시된 **항로**

항로 밖의 선박

항로 내에서 마주 칠 경우 우측으로 항행

정답 🄑 병

14 난이도 ★★ | 출제율 ★★ □□□

선박의 입항 및 출항 등에 관한 법률상 선박의 입항·출항 통로로 이용하기 위해 지정·고시한 수로를 무엇이라 하는가?

갑. 연안통항로
을. 통항분리대
병. 항로
정. 해상교통관제수역

🄑 **정답 및 키워드** 🄑 입·출항 통로로 이용하기 위해 지정·고시한 수로 ◐ 항로

15 난이도 ★★ | 출제율 ★★★ □□□

선박의 입항 및 출항 등에 관한 법률상 무역항의 수상 구역 등의 항로에서 가장 우선하여 항행할 수 있는 선박은?

갑. 항로 밖에서 항로에 들어오는 선박
을. 항로에서 항로 밖으로 나가는 선박
병. 항로를 따라 항행하는 선박
정. 항로를 가로질러 항행하는 선박

🄑 **정답 및 키워드** 🄑 무역항 항로에서 가장 우선 순위 ◐ 항로를 따라 항행하는 선박

16 난이도 ★ | 출제율 ★★ □□□

선박의 입항 및 출항 등에 관한 법률상 좁은 수로에서의 항행 원칙으로 맞는 것은?

갑. 수로의 왼쪽 끝을 따라 항행하여야 한다.
을. 수로의 가운데를 따라 항행한다.
병. 그때의 사정에 따라 다르다.
정. 수로의 오른쪽 끝을 따라 항행한다.

🄑 **정답 및 키워드** 🄓 좁은 수로에서의 항행 원칙 ◐
수로의 오른쪽 끝을 따라 항행 (← 우측보행과 유사)

17 난이도 ★★ | 출제율 ★★

선박의 입항 및 출항 등에 관한 법률상 방파제 부근에서의 입항선박과 출항선박과의 항법으로 맞는 것은?

갑. 입항선이 우선이므로 출항선은 정지해야 한다.
을. 입항선과 출항선이 모두 정지해야 한다.
병. 입항하는 동력선이 출항하는 선박의 진로를 피해야 한다.
정. 출항하는 동력선이 입항하는 선박의 진로를 피해야 한다.

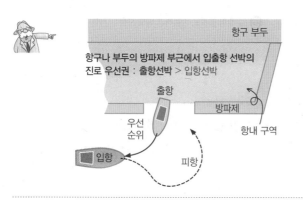

항구나 부두의 방파제 부근에서 입출항 선박의 진로 우선권 : 출항선박 > 입항선박

🔆 정답 및 키워드 **병 방파제 부근에서의 입·출항 선박의 항법** ▶
입항 선박이 출항 선박의 진로를 피해야 한다.

18 난이도 ★★ | 출제율 ★★

선박의 입항 및 출항 등에 관한 법률상 무역항에서의 항행방법에 대한 설명으로 옳은 것은?

갑. 선박은 항로에서 나란히 항행할 수 있다.
을. 선박이 항로에서 다른 선박과 마주칠 우려가 있는 경우에는 왼쪽으로 항행하여야 한다.
병. 동력선이 입항할 때 무역항의 방파제의 입구 또는 입구 부근에서 출항하는 선박과 마주칠 우려가 있는 경우에는 입항하는 동력선이 방파제 밖에서 출항하는 선박의 진로를 피하여야 한다.
정. 선박은 항로에서 다른 선박을 얼마든지 추월할 수 있다.

🔆 정답 및 키워드 **병 입항선이 방파제에서 출항선과 마주칠 때** ▶
입항선이 출항선의 진로를 피한다.

19 난이도 ★★ | 출제율 ★★

선박의 입항 및 출항 등에 관한 법률상 선박이 항내 및 항계 부근에서 지켜야 할 항법으로 옳지 않은 것은?

갑. 항계 안에서 범선은 돛을 줄이거나 예인선에 끌리어 항해한다.
을. 다른 선박에 위험을 미치지 아니할 속력으로 항해한다.
병. 방파제의 입구에서 입항하는 동력선은 출항하는 선박과 마주칠 경우 방파제 밖에서 출항선박의 진로를 피한다.
정. 항계 안에서 방파제, 부두 등을 오른쪽 뱃전에 두고 항행할 때에는 가능한 한 멀리 돌아간다.

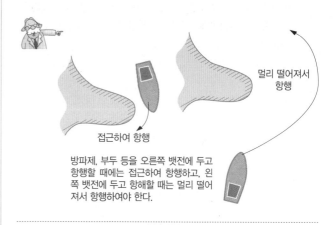

방파제, 부두 등을 오른쪽 뱃전에 두고 항행할 때에는 접근하여 항행하고, 왼쪽 뱃전에 두고 항해할 때는 멀리 떨어져서 항행하여야 한다.

🔆 정답 **정** 항계 안에서 방파제, 부두 등을 **왼쪽** 뱃전에 두고 항행할 때에는 가능한 한 멀리 돌아간다.

20 난이도 ★★ | 출제율 ★★

선박의 입항 및 출항 등에 관한 법률상 해양사고 등이 발생한 경우의 조치사항으로 옳지 않은 것은?

갑. 원칙적으로 조치의무자는 조난선의 선장이다.
을. 조난선의 선장은 즉시 항로표지를 설치하는 등 필요한 조치를 하여야 한다.
병. 선박의 소유자 또는 임차인은 위험 예방조치비용을 위험 예방조치가 종료된 날부터 7일 이내에 지방해양수산청장 또는 시·도지사에게 납부하여야 한다.
정. 조난선의 선장이 필요한 조치를 할 수 없을 때에는 해양수산부령으로 정하는 바에 따라 해양수산부장관에게 필요한 조치를 요청할 수 있다.

🔆 정답 및 키워드 **병 해양사고 발생 시** ▶ 위험 예방조치비용을 **5** 일 이내 납부

21
난이도 ★★ | 출제율 ★★ □□□

선박의 입항 및 출항 등에 관한 법률상 무역항의 수상구역 등이나 무역항의 수상구역 밖 ( ) 이내의 수면에 선박의 안전운항을 해칠 우려가 있는 폐기물을 버려서는 안된다. ( )안에 알맞은 것은?

갑. 10킬로미터   을. 10해리
병. 12킬로미터   정. 12해리

💡 정답 및 키워드 **갑** 무역항의 수상구역에서 안전운항에 영향을 주는 폐기물의 투기 금지 구간 ▶ **10**km   (참고: 1해리 ≒ 1.85km)

22
난이도 ★★ | 출제율 ★★ □□□

선박의 입항 및 출항 등에 관한 법률의 조문 중 일부이다. ( )안에 들어가야 할 숫자로 맞게 짝지어진 것은?

> 보기
>
> 총톤수 (ⓐ)톤 이상의 선박을 무역항의 수상구역 등에 계선하려는 자는 해양수산부령으로 정하는 바에 따라 관리청에 신고하여야 한다.
> 누구든지 무역항의 수상구역등이나 무역항의 수상구역 밖 (ⓑ)킬로미터 이내의 수면에 선박의 안전운항을 해칠 우려가 있는 흙·돌·나무·어구(漁具) 등 폐기물을 버려서는 아니 된다.

갑. ⓐ 20 ⓑ 10
을. ⓐ 20 ⓑ 20
병. ⓐ 10 ⓑ 20
정. ⓐ 10 ⓑ 10

· 총톤수 20톤 이상의 선박을 무역항의 수상구역등에 계선(계류시키기 위해 배를 고정)하려면 신고하여야 한다.
· 무역항의 수상구역등이나 무역항의 수상구역 밖 10km 이내의 수면에 선박의 안전운항을 해칠 우려가 있는 폐기물을 버려서는 안된다.

💡 정답 및 키워드 **갑** 무역항의 수상구역 등에 계선 선박 ▶ 총톤수 **20**톤 이상
폐기물 투기 금지 범위 ▶ 무역항의 수상구역 **10**km 이내

23
⚠ 틀리기 쉬운 문제 | 출제율 ★★★ □□□

선박의 입항 및 출항 등에 관한 법률상 무역항의 수상구역 등에서 2척 이상의 선박이 항행할 때 서로 충돌을 예방하기 위해 필요한 것은?

갑. 최고속력 유지
을. 최저속력 유지
병. 상당한 거리 유지
정. 기적 또는 사이렌을 울린다.

💡 정답 및 키워드 **병** 무역항의 수상구역 등에서 2척 이상의 선박이 항행 시 충돌 예방을 위한 조치 ▶ 상당한 거리 유지 (최저속도×)

24
난이도 ★★ | 출제율 ★★★ □□□

선박의 입항 및 출항 등에 관한 법률상 기적이나 사이렌을 장음으로 5회 울리는 것은 무엇을 의미하는 신호인가?

갑. 화재경보   을. 대피경보
병. 충돌경보   정. 출항경보

💡 정답 및 키워드 **갑** 기적이나 사이렌으로 장음 **5**회 ▶ 화재경보

25
난이도 ★ | 출제율 ★★ □□□

선박의 입항 및 출항 등에 관한 법률상 무역항의 수상구역 등에서 선박의 안전 및 질서 유지를 위해 필요하다고 인정되는 경우 그 선박의 소유자·선장이나 그 밖의 관계인에게 명할 수 있는 사항으로 <u>옳지 않은</u> 것은?

갑. 시설의 보강 및 대체
을. 공사 또는 작업의 중지
병. 인원의 보강
정. 선박 척수의 확대

💡 정답 및 키워드 **정** 무역항의 수상구역에서 선박 안전 및 질서 유지를 위해 명령 사항 아닌 것 ▶ 선박 척수의 확대

26 ⚠️ 틀리기 쉬운 문제 | 출제율 ★★ ☐☐☐

선박의 입항 및 출항 등에 관한 법률상 무역항의 수상구역 등에서 목재 등 선박교통의 안전에 장애가 되는 부유물에 대하여 어떤 행위를 할 때 해양수산부장관의 허가를 받아야 하는 경우로 옳지 않은 것은?

갑. 부유물을 수상에 내놓으려는 사람
을. 부유물을 선박 등 다른 시설에 붙들어 매거나 운반하려는 사람
병. 부유물을 수상에 띄워 놓으려는 사람
정. 선박에서 육상으로 부유물체를 옮기려는 사람

선박 안전에 장애가 되는 부유물을 선박 밖 수상에 내놓을 경우 허가가 필요하며, 육상에 옮기는 것은 허가가 필요치 않다.

💡 **정답 및 키워드** 정 선박 안전에 장애가 되는 부유물에 대한 허가가 필요없는 경우
▶ 선박에서 육상으로 부유물체를 옮기려는 할 때

27 난이도 ★★ | 출제율 ★★ ☐☐☐

선박의 입항 및 출항 등에 관한 법률상 무역항의 수상구역 등에서 선박의 입항 및 출항 등에 관한 행정업무를 수행하는 행정관청을 관리청이라 한다. ⓐ 국가관리무역항, ⓑ 지방관리무역항의 관리청으로 올바르게 짝지어진 것은?

갑. ⓐ 해양수산부장관, ⓑ 지방해양수산청장
을. ⓐ 해양수산부장관, ⓑ 관할 특별시장·광역시장·도지사 또는 특별자치도지사
병. ⓐ 해양경찰청장, ⓑ 해양경찰서장
정. ⓐ 해양경찰청장, ⓑ 관할 특별시장·광역시장·도지사 또는 특별자치도지사

• **국가관리무역항**: 해양수산부장관 (해양경찰청장×)
• **지방관리무역항**: 특별시장·광역시장·도지사 또는 특별자치도지사

💡 **정답** 을

28 난이도 ★★ | 출제율 ★★ ☐☐☐

선박의 입항 및 출항 등에 관한 법률상 관리청에 무역항의 수상구역등에서의 선박 항행 최고속력을 지정할 것을 요청할 수 있는 자는?

갑. 해양수산부장관
을. 해양경찰청장
병. 도선사협회장
정. 해상교통관제센터장

💡 **정답 및 키워드** 🔑 무역항 수상구역에서 최고속력 지정 요청 ▶ 해양경찰청장

29 난이도 ★★ | 출제율 ★★ ☐☐☐

선박의 입항 및 출항 등에 관한 법률상 무역항의 항계안 등에서 선박이 고속으로 항행할 경우 다른 선박에 현저하게 피해를 줄 우려가 있다고 인정되는 무역항에 대하여 선박의 항행 최고속력을 지정할 것을 요청할 수 있는데, (가) 지정요청자와 (나) 지정권자는 각각 누구인가?

갑. (가) 해양수산부장관, (나) 해양경찰청장
을. (가) 해양경찰청장, (나) 관리청
병. (가) 시·도지사, (나) 해양경찰청장
정. (가) 지방해양경찰청장, (나) 해양경찰청장

• **해양경찰청장이 관리청에 요청**: 무역항의 수상구역에서 빠른 항행속도로 인해 다른 선박의 안전 운항에 지장을 줄 우려가 있다고 인정할 경우 관리청에 선박 항행 최고속력을 지정할 것을 요청할 수 있다.
• **관리청**: 무역항의 수상구역등에서 선박 항행 최고속력을 지정·고시하여야 한다.

💡 **정답 및 키워드** 📋 최고속력 지정요청자 ▶ 해양경찰청장
최고속력 지정권자 ▶ 관리청

30 ⚠ 틀리기 쉬운 문제 | 출제율 ★★★ ☐☐☐

선박의 입항 및 출항 등에 관한 법률상 무역항의 수상구역 등에서 선박 경기 등의 행사를 하려는 사람은 어디에서 허가를 받아야 하는가?

갑. 해양경찰청
을. 관리청
병. 소방서
정. 지방해양경찰청

💡 **정답 및 키워드** 🔵 **무역항의 수상구역에서 선박 경기를 개최하려면** ◉
관리청의 허가를 받아야 한다. (경찰청×)

31 난이도 ★★★ | 출제율 ★★ ☐☐☐

선박의 입항 및 출항 등에 관한 법률상 무역항의 수상구역 등에 출입하려는 내항선의 선장이 입항보고, 출항보고 등을 제출할 대상으로 옳지 않은 것은?

갑. 지방해양수산청장
을. 지방해양경찰청장
병. 해당 항만공사
정. 특별시장·광역시장·도지사

 무역항의 수상구역 등에 출입하려는 내항선의 선장은 내항선 출입 선고서를 지방해양수산청장, 특별시장 · 광역시장 · 도지사 · 특별자치도지사 또는 항만공사에 제출하여야 한다.

💡 **정답 및 키워드** 🔵 **무역항 수상구역에 입항 시 입·출항 보고서 제출처가 아닌 것** ◉
지방해양경찰청장

32 ⚠ 틀리기 쉬운 문제 | 출제율 ★★★ ☐☐☐

선박의 입항 및 출항 등에 관한 법률에 규정되어 있지 않은 것은?

갑. 입항·출항 및 정박에 관한 규칙
을. 항로 및 항법에 관한 규칙
병. 선박교통관제에 관한 규칙
정. 예선에 관한 규칙

💡 **정답 및 키워드** 🔵 **입·출항에 관한 법률규정이 아닌 것** ◉
선박교통관제에 관한 규칙

33 난이도 ★★ | 출제율 ★ ☐☐☐

선박의 입항 및 출항 등에 관한 법률상 해양수산부장관 또는 시·도지사가 행정 처분을 할 때 청문을 하여야 하는 경우로 옳지 않은 것은?

갑. 예선업 등록의 취소
을. 지정교육기관 지정의 취소
병. 중계망사업자 지정의 취소
정. 정박지 지정 취소

💡 **정답 및 키워드** 🔵 **해양수산부장관 또는 시·도지사의 청문 사항 아닌 것** ◉
정박지 지정 취소

---

01 총칙 예상출제문항수 **0-1**

1 ⚠ 틀리기 쉬운 문제 | 출제율 ★★★ ☐☐☐

해사안전법의 목적으로 옳지 않은 것은?

갑. 선박의 안전운항을 위한 안전관리 체계를 확립

을. 항만 및 항만구역의 통항로 확보

병. 선박항행과 관련된 모든 위험과 장해를 제거함

정. 해사안전 증진과 선박의 원활한 교통에 이바지함

 '안전법'이므로 보기에서 '안전'에 관한 사항을 체크할 것

🔍 **정답 및 키워드** 📋 **해사안전법의 목적 아닌 것** ▶
항만 및 항만구역의 통항로 확보(항만법의 목적이다)

2 ⚠ 틀리기 쉬운 문제 | 출제율 ★★ ☐☐☐

해사안전법에서 규정하고 있지 않은 것은?

갑. 해사안전관리계획

을. 교통안전특정해역

병. 선박시설의 기준

정. 선박의 항법

🔍 **정답 및 키워드** 📋 **해사안전법의 규정사항 아닌 것** ▶ 선박시설의 기준

3 난이도 ★★ | 출제율 ★★ ☐☐☐

해사안전법과 가장 관련이 있는 국제법은 어느 것인가?

갑. SAR

을. COLREG

병. SOLAS

정. MARPOL

 해사안전법은 국제해상충돌방지규칙(COLREG)을 국내법에 적용한
법이다. ※ COLREG : Collision Regulations (해상충돌예방규칙)

🔍 **정답 및 키워드** 📋 **해사안전법과 관련있는 국제법** ▶ COLREG

4 난이도 ★★ | 출제율 ★★ ☐☐☐

해사안전법상 위험물의 정의로 해당하지 않은 것은?

갑. 고압가스 중 인화가스로서 총톤수 500톤 이상의 선박
에 산적된 것

을. 인화성 액체류로서 총톤수 1천톤 이상의 선박에 산적
된 것

병. 200톤 이상의 유기과산화물로서 총톤수 300톤 이상의
선박에 적재된 것

정. 해당 위험물을 내린 후 선박 내에 남아있는 인화성 가스
로서 화재 또는 폭발의 위험이 있는 것

🔍 **정답 및 키워드** 갑 **고압가스 중 인화가스의 총톤수** ▶
총톤수 **1** 천톤 이상의 선박에 산적된 것

5
난이도 ★★★ | 출제율 ★★★

해사안전법상 '항행 중'인 선박에 해당하는 선박은?

갑. 정박(碇泊)해 있는 선박

을. 항만의 안벽에 계류해 있는 선박

병. 표류하는 선박

정. 얹혀 있는 선박

'항행 중'이 아닌 경우
1. 정박(碇泊)
2. 항만의 안벽 등 계류시설에 매어놓은 상태
3. 얹혀있는 상태 (좌초, 좌주 포함)

정답 및 키워드 🄱 **'항행 중'인 선박** ▶ 표류하는 선박

6
난이도 ★★★ | 출제율 ★★★

해사안전법상 가항수역의 수심 및 폭과 선박의 흘수와의 관계에 비추어 볼 때 그 진로에서 벗어날 수 있는 능력이 매우 제한되어 있는 동력선을 무엇이라 하는가?

갑. 조종불능선

을. 조종제한선

병. 예인선

정. 흘수제약선

주로 특수작업만 조종제한선으로 기억하세요!

- **조종불능선 및 조종제한선** : 선박의 조종성능을 제한하는 고장이나 그 밖의 사유로 조종을 할 수 없거나 조종을 제한하는 작업에 종사하고 있어 다른 선박의 진로를 피할 수 없는 선박

※ **조종제한선(操縱制限船)의 종류** (조종을 제한)
1. 항로표지, 해저전선 또는 해저파이프라인의 부설·보수·인양작업
2. 준설, 측량 또는 수중작업
3. 항행 중 보급, 사람 또는 화물의 이송작업
4. 항공기의 발착작업
5. 기뢰제거작업
6. 진로에서 벗어날 수 있는 능력에 제한을 많이 받는 예인작업

- **흘수제한선** : 대형 탱크선, 컨테이너선과 같이 무거운 대형선박은 흘수가 깊어지므로 수심, 폭이 충분하지 못하면 항해가 제한되기 때문에 수심이 얕고 폭이 좁은 곳으로서는 진로변경이 어렵다. 그러므로 흘수제한선은 등화, 형상물로 반드시 표시해야 한다.

정답 및 키워드 🄳 수심, 폭, 흘수의 관계에서 진로에서 벗어날 수 있는 능력이 매우 제한되어 있는 동력선 ▶ 흘수제약선

7
⚠ 틀리기 쉬운 문제 | 출제율 ★★★

해사안전법상 조종제한선에 해당되지 않은 것은?

갑. 측량작업 중인 선박

을. 준설작업 중인 선박

병. 그물을 감아올리고 있는 선박

정. 항로표지의 부설작업 중인 선박

헤갈리기 쉬운 문제예요. 어선도 작업을 하는 선박이지만 해사안전법상 조종제한선에 포함되지 않아요.

조종제한선(操縱制限船)의 종류는 앞 문제의 해설과 같으나 그물을 감아올리고 있는 선박은 '어로에 종사하고 있는 선박'으로 조종제한선에 해당되지 않는다.

정답 및 키워드 🄱 **조종제한선 아닌 것** ▶ 그물을 감아올리고 있는 선박

8
⚠ 틀리기 쉬운 문제 | 출제율 ★★★

해사안전법에서 정의하고 있는 조종제한선으로 보기 가장 어려운 것은?

갑. 어구를 끌고 가며 작업 중인 어선

을. 준설 작업 중인 선박

병. 화물의 이송 작업 중인 선박

정. 측량 중인 선박

정답 및 키워드 🄰 **조종제한선 아닌 것** ▶ 어구를 끌고 가며 작업 중인 어선

9
⚠ 틀리기 쉬운 문제 | 출제율 ★★★

해사안전법상 선박의 항행안전을 확보하기 위하여 한쪽 방향으로만 항행할 수 있도록 되어 있는 일정한 범위의 수역을 무엇이라 하는가?

갑. 통항로

을. 연안통항대

병. 항로지정제도

정. 좁은 수로

정답 및 키워드 🄰 항행안전 확보를 위해 한쪽 방향으로만 항행하도록 설정된 수역
▶ 통항로

10 난이도 ★★★ | 출제율 ★★★ □□□

해사안전법상 용어의 정의를 설명한 것 중 **옳지 않은** 것은?

갑. "고속여객선"이란 시속 20노트 이상으로 항행하는 여객선을 말한다.

을. "동력선"이란 기관을 사용하여 추진하는 선박을 말한다. 다만, 돛을 설치한 선박이라도 주로 기관을 사용하여 추진하는 경우에는 동력선으로 본다.

병. "범선"(帆船)이란 돛을 사용하여 추진하는 선박을 말한다. 다만, 기관을 설치한 선박이라도 주로 돛을 사용하여 추진하는 경우에는 범선으로 본다.

정. "어로에 종사하고 있는 선박"이란 그물, 낚싯줄, 트롤망, 그 밖에 조종성능을 제한하는 어구(漁具)를 사용하여 어로(漁撈) 작업을 하고 있는 선박을 말한다.

정답 및 키워드 **갑** 고속여객선의 기준 ▶ 시속 **15** 노트 이상

11 난이도 ★★ | 출제율 ★★ □□□

해사안전법상 가장 해사안전법의 적용을 받지 않는 선박은 어느 것인가?

갑. 우리나라 영해 내에 있는 외국인

을. 공해상에 있는 우리나라 선박

병. 외국 영해에 있는 우리나라 선박

정. 우리나라 배타적 경제수역 내에 있는 외국 선박

배타적 경제수역은 모든 국가에 개방되어 있는 해역이므로 외국선박은 해사안전법의 적용을 받지 않는다.

정답 및 키워드 **정** 해사안전법의 적용을 받지 않는 선박 ▶ 우리나라 배타적 경제수역 내에 있는 외국 선박

12 ⚠ 틀리기 쉬운 문제 | 출제율 ★★★ □□□

해사안전법상 항행장애물로 **옳지 않은** 것은?

갑. 선박으로부터 수역에 떨어진 물건

을. 침몰·좌초된 선박 또는 침몰·좌초되고 있는 선박

병. 침몰·좌초가 임박한 선박 또는 충분히 예견되어 있는 선박

정. 침몰·좌초된 선박으로부터 분리되지 않은 선박의 전체

항행장애물 : 침몰·좌초된 선박으로부터 **분리된 선박의 일부분**

정답 및 키워드 **정** 항행장애물로 옳지 않은 것 ▶ 침몰·좌초된 선박으로부터 분리되지 않은 선박의 전체

---

02 수상 및 해상교통 안전관리 예상출제문항수 **1-2**

1 난이도 ★★ | 출제율 ★★ □□□

해사안전법상 해양수산부장관은 해양시설 부근 해역에서 선박의 안전항행과 해양시설의 보호를 위한 수역을 설정할 수 있다. 이 수역을 무엇이라고 하는가?

갑. 교통안전특정해역

을. 교통안전관할해역

병. 보호수역

정. 시설 보안해역

정답 및 키워드 **병** 해양시설 부근 해역에서 선박의 안전항행과 해양시설의 보호를 위한 수역 ▶ 보호수역

2 난이도 ★★ | 출제율 ★★ ☐☐☐

해사안전법상 해양수산부장관의 허가를 받지 아니하고도 보호수역에 입역할 수 있는 사항으로 옳지 않은 것은?

갑. 선박의 고장이나 그 밖의 사유로 선박 조종이 불가능한 경우

을. 해양사고를 피하기 위하여 부득이한 사유가 있는 경우

병. 인명을 구조하거나 급박한 위험이 있는 선박을 구조하는 경우

정. 관계 행정기관의 장이 해상에서 관광을 위한 업무를 하는 경우

⊙ 정답 및 키워드 ㉑ 허가 없이 보호수역에 입역할 수 없는 경우 ◉ 관광 업무

3 난이도 ★★ | 출제율 ★★ ☐☐☐

해사안전법상 해양수산부장관이 교통안전특정해역으로 지정할 수 있는 해역으로 옳지 않은 것은?

갑. 해상교통량이 아주 많은 해역

을. 200m미만 거대선의 통항이 잦은 해역

병. 위험화물운반선의 통항이 잦은 해역

정. 15노트 이상의 고속여객선의 통항이 잦은 해역

 해상교통량이 아주 많은 해역, 거대선, 위험화물운반선, 고속여객선 등의 통항이 잦은 해역으로서 대형 해양사고가 발생할 우려가 있는 해역을 교통안전특정해역으로 설정할 수 있다.

⊙ 정답 및 키워드 ☰ 교통안전특정해역으로 지정할 수 있는 해역 아닌 것 ◉
200 m 미만 거대선의 통항이 잦은 해역

4 난이도 ★★ | 출제율 ★★ ☐☐☐

해사안전법상 지정항로를 이용하지 않고 교통안전특정해역을 항행할 수 있는 경우로 옳지 않은 것은?

갑. 해양경비·해양오염방제 등을 위하여 긴급히 항행할 필요가 있는 경우

을. 해양사고를 피하거나 인명이나 선박을 구조하기 위해 부득이한 경우

병. 교통안전해역과 접속된 항구에 입출항 하지 아니하는 경우

정. 해상교통량이 적은 경우

⊙ 정답 및 키워드 ㉑ 교통안전특정해역을 항행할 수 없는 경우 ◉
해상교통량이 적은 경우

5 난이도 ★★ | 출제율 ★★ ☐☐☐

해사안전법상 교통안전특정해역의 범위로 옳지 않은 곳은?

갑. 인천   을. 군산
병. 여수   정. 울산

암기법 : 여포 부인이 울다

교통안전특정해역: 인천, 부산, 울산, 여수, 포항 (여포부인울)

⊙ 정답 및 키워드 ☰ 교통안전특정해역 아닌 곳 ◉ 군산

6 ⚠ 틀리기 쉬운 문제 | 출제율 ★★ ☐☐☐

해사안전법상 거대선, 위험화물운반선 등이 교통안전특정해역을 항행하려는 경우 항행안전을 확보하기 위해 해양경찰서장이 명할 수 있는 것으로 가장 옳지 않은 것은?

갑. 통항시각의 변경

을. 항로의 변경

병. 속력의 제한

정. 선박통항이 많은 경우 선박의 항행제한

⊙ 정답 및 키워드 ㉑ 교통안전특정해역 항행 시 항행안전 확보를 위한 명령이 아닌 것
◉ 선박통항이 많은 경우 선박의 항행제한

7 난이도 ★★ | 출제율 ★★ □□□

해사안전법상 유조선통항금지해역에서 원유를 몇 리터 이상 싣고 운반하는 선박은 항해할 수 없는가?

갑. 500킬로리터
을. 1,000킬로리터
병. 1,500킬로리터
정. 2,000킬로리터

정답 및 키워드 **병** 유조선통항금지해역의 원유 용량 제한 ▶ **1,500** 킬로리터

8 난이도 ★ | 출제율 ★ □□□

해사안전법상 항행장애물의 위험성 결정에 필요한 사항으로 옳지 않은 것은?

갑. 항행장애물의 크기, 형태, 구조
을. 항행장애물의 상태 및 손상의 형태
병. 항행장애물의 가치
정. 해당 수역의 수심 및 해저의 지형

정답 및 키워드 **병** 항행장애물의 위험성 결정사항이 아닌 것 ▶ 항행장애물의 가치

9 난이도 ★ | 출제율 ★★ □□□

해사안전법상 선박에 해양사고가 발생한 경우 선장이 관할관청에 보고하도록 규정된 내용으로 옳지 않은 것은?

갑. 해양사고 발생일시 및 장소
을. 조치사항
병. 사고개요
정. 상대선박의 소유자

정답 및 키워드 **정** 해양사고 발생 시 보고 내용이 아닌 것 ▶ 상대선박의 소유자

10 난이도 ★★★ | 출제율 ★★★ □□□

해사안전법상 서로 시계 내에서 진로 우선권이 가장 큰 선박은?

갑. 어로에 종사하고 있는 항행 중인 선박
을. 범선
병. 동력선
정. 흘수제약선

진로 우선권 순위 (순서대로 암기 : 조흘어범동)
조종불능선(조종제한선) > **흘**수제약선 > **어**로에 종사하고 있는 선박 > **범**선 > **동**력선

정답 및 키워드 **정** 진로 우선권 가장 큰 선박 ▶ 흘수제약선

11 ⚠ 틀리기 쉬운 문제 | 출제율 ★★★ □□□

해사안전법상 항행 중인 동력선이 진로를 피해야 할 선박으로 옳지 않은 것은?

갑. 조종불능선   을. 조종제한선
병. 항행 중인 어선   정. 범선

어선이 어로에 종사 중일 때는 진로를 피해야 하지만, 항해 중일 때는 진로를 피할 의무가 없다.

정답 및 키워드 **병** 동력선이 진로를 피해야 할 선박 아닌 것 ▶ 항행 중인 어선

12 난이도 ★★ | 출제율 ★★★ □□□

해사안전법상 상호시계에 있는 동력선과 범선이 마주치는 상태에 있을 때 두 선박의 피항의무는 어떻게 되는가?

갑. 동력선이 범선의 진로를 피한다.
을. 범선이 동력선의 진로를 피한다.
병. 동력선과 범선은 각각 우현으로 피한다.
정. 동력선과 범선은 각각 좌현으로 피한다.

조 흘 어 범 **동**

정답 및 키워드 **갑** 동력선과 범선 마주칠 때 ▶ 동력선이 범선의 진로를 피한다

13
난이도 ★★ | 출제율 ★★★ ☐☐☐

해사안전법상 어로 중인 선박은 가능하면 ( )의 진로를 피해야 한다. ( )안에 들어갈 내용으로 알맞은 것은?

갑. 운전부자유선, 기동성이 제한된 선박

을. 수중작업선, 범선

병. 운전부자유선, 범선

정. 정박선, 대형선

• 조종불능선 = 조종제한 = 운전 부자유
• 흘수제약선 = 진로에서 벗어날 수 있는 능력이 매우 제한

정답 및 키워드 어로 중인 선박이 진로를 피해야 할 선박 ◉
갑 조(운전부자유선) 흘(기동성 제한) **어** 범 동

14
난이도 ★★ | 출제율 ★★★ ☐☐☐

해사안전법상 어로에 종사하는 선박이 범선을 오른편에 두어 횡단상태에 있을 때 두 선박의 피항 의무는 어떻게 되는가?

갑. 어로에 종사하는 선박이 우현 변침하여 범선의 진로를 피하여야 한다.

을. 두 선박 모두 피항의무를 가지며, 각각 우현 변침해야 한다.

병. 범선이 어로에 종사하는 선박의 진로를 피한다.

정. 범선과 어로에 종사하는 선박은 각각 좌현으로 피한다.

정답 및 키워드 **병** 어로에 종사하는 선박이 범선을 오른편에 두어 횡단할 때 ◉
조 흘 **어** 범 동

15
⚠ 틀리기 쉬운 문제 | 출제율 ★★ ☐☐☐

해사안전법에서 정하고 있는 항로에서의 금지행위로 옳지 않은 것은?

갑. 선박의 방치

을. 어망의 설치

병. 어구의 투기

정. 폐기물의 투기

정답 및 키워드 **정** 항로에서의 금지행위 아닌 것 ◉ 폐기물 투기

16
난이도 ★★★ | 출제율 ★★ ☐☐☐

해사안전법상 항로 등을 보전하기 위하여 항로상에서 제한하는 행위로 옳지 않은 것은?

갑. 선박의 방치

을. 어망의 설치

병. 폐어구 투기

정. 항로 지정 고시

정답 및 키워드 **정** 항로에서의 제한행위 아닌 것 ◉ 항로 지정 고시

17
난이도 ★★★ | 출제율 ★★★ ☐☐☐

해사안전법상 항만의 수역 또는 어항의 수역에서는 해상교통의 안전에 장애가 되는 스킨다이빙, 스쿠버다이빙, 윈드서핑 등의 행위를 하여서는 아니된다. 이러한 수상레저 행위를 할 수 있도록 허가할 수 있는 관청은?

갑. 대통령

을. 해양수산부장관

병. 해양수산청장

정. 해양경찰서장

정답 및 키워드 **정** 항만이나 어항 수역에서 수상레저 행위 허가 관청 ◉
해양경찰서장

18 난이도 ★★★ | 출제율 ★★★ ☐☐☐

해사안전법상 해양경찰서장의 허가를 받아야 하는 해양레저 행위의 종류로 옳지 않은 것은?

갑. 스킨다이빙　　　　을. 윈드서핑
병. 요트활동　　　　정. 낚시어선 운항

 항만의 수역 또는 어항의 수역에서는 스킨다이빙, 스쿠버다이빙, 윈드서핑은 허가가 필요하다.

💡 **정답 및 키워드** ⑳ **해양경찰서장의 허가가 필요없는 해양레저** ▶ 낚시어선 운항

19 난이도 ★★★ | 출제율 ★★★ ☐☐☐

해사안전법의 내용 중 (　)안에 적합한 것은?

> 누구든지 수역등 또는 수역등의 밖으로부터 (　) 이내의 수역에서 선박 등을 이용하여 수역등이나 항로를 점거하거나 차단하는 행위를 함으로써 선박통항을 방해해서는 아니된다.

갑. 5km　　　　을. 10km
병. 15km　　　　정. 20km

💡 **정답 및 키워드** ㉜ **수역이나 항로 차단 금지 구간** ▶ 수역에서 **10** km 거리

20 난이도 ★ | 출제율 ★★★ ☐☐☐

해사안전법상 다른 선박과 본선 간에 충돌의 위험이 가장 큰 경우는 어느 경우인가?

갑. 거리가 가까워지고 나침방위에 뚜렷한 변화가 없을 경우
을. 거리에 뚜렷한 변화가 없고 나침방위가 변할 경우
병. 나침방위에 뚜렷한 변화가 없고 거리가 멀어질 경우
정. 거리와 나침방위가 변할 경우

 다른 선박과의 거리가 가까워지고, 침로(진로방향)와 방위의 변화가 없을 경우 충돌의 위험성이 있다.

💡 **정답 및 키워드** **다른 선박과 본선 간에 충돌의 위험이 가장 큰 경우** ▶
㉢ 거리가 가깝고 나침방위 변화가 거의 없을 때

21 난이도 ★★★ | 출제율 ★ ☐☐☐

해사안전법상 해양경찰서장이 항로에서 수상레저행위를 하도록 허가를 한 경우, 그 허가를 취소하거나 해상교통안전에 장애가 되지 아니하도록 시정을 명할 수 있는 사유로 옳지 않은 것은?

갑. 항로의 해상교통여건이 달라진 경우
을. 허가조건을 잊은 경우
병. 거짓으로 허가를 받은 경우
정. 정박지 해상교통 여건이 달라진 경우

 을. 허가조건을 위반한 경우에 해당한다.

💡 **정답 및 키워드** ㉟ **항로에서의 수상레저행위를 허가한 후, 허가 취소 또는 시정명령의 사유가 아닌 것** ▶ 허가조건을 잊은 경우

22 난이도 ★ | 출제율 ★★ ☐☐☐

해사안전법상 항행안전을 위해 음주 중의 조타기 조작 등 금지에 대한 설명으로 옳지 않은 것은?

갑. 누구든지 술에 취한 상태에서 운항을 위하여 조타기를 조작하거나 그 조작을 지시해서는 아니 된다.
을. 해양경찰청 소속 경찰공무원은 해상교통의 안전과 위험방지를 위하여 선박 운항자가 술에 취하였는지 측정할 수 있다.
병. 술에 취한 상태의 기준은 혈중 알콜농도 0.08% 이상으로 한다.
정. 측정한 결과에 불복한 경우에 혈액채취 등의 방법으로 다시 측정할 수 있다.

💡 **정답 및 키워드** ㉤ **술에 취한 상태의 기준** ▶ 혈중 알콜농도 **0.03** % 이상

23 난이도 ★ | 출제율 ★★ □□□

해사안전법상 술에 취한 상태에서의 조타기 조작 등 금지에 대한 설명으로 옳지 않은 것은?

갑. 총톤수 5톤 미만의 선박도 대상이 된다.

을. 해양경찰청 소속 경찰공무원은 운항을 하기 위해 조타기를 조작하거나 조작할 것을 지시하는 사람이 술에 취하였는지 측정할 수 있으며, 해당 운항자 또는 도선사는 이 측정 요구에 따라야 한다.

병. 술에 취하였는지를 측정한 결과에 불복하는 사람에 대해서는 해당 운항자 또는 도선사의 동의 없이 혈액채취 등의 방법으로 다시 측정할 수 있다.

정. 해양경찰서장은 운항자 또는 도선사가 정상적으로 조타기를 조작하거나 조작할 것을 지시할 수 있는 상태가 될 때까지 필요한 조치를 취할 수 있다.

 음주 측정결과에 불복하는 사람에 대해서는 해당 운항자 또는 도선사의 **동의를 받아** 혈액 채취할 수 있다.

- - - - - - - - - - - - - - - - - - - -

💡 **정답 및 키워드** 병 음주 측정결과 불복 시 재측정 조건 ❯ 음주자의 동의 필요

24 난이도 ★ | 출제율 ★ □□□

해사안전법상 선박안전관리증서의 유효기간은 얼마인가?

갑. 1년 　　　　　　을. 3년
병. 5년 　　　　　　정. 9년

- - - - - - - - - - - - - - - - - - - -

💡 **정답 및 키워드** 병 선박안전관리증서의 유효기간 ❯ 5년

25 난이도 ★ | 출제율 ★★ □□□

해사안전법상 해양사고의 발생사실과 조치사실을 신고하여야 하는 대상은?

갑. 광역시장 　　　　을. 해양수산부장관
병. 해양경찰서장 　　정. 관세청장

- - - - - - - - - - - - - - - - - - - -

💡 **정답 및 키워드** 병 해양사고 신고 관청 ❯ 해양경찰서장

---

03 선박의 항법　　　　　　예상출제문항수 1-2

1 난이도 ★ | 출제율 ★★ □□□

해사안전법에서 정의하고 있는 시계상태에 대한 설명으로 옳지 않은 것은?

갑. 모든 시계상태

을. 서로 시계 안에 있는 상태

병. 유효한 시계 안에 있는 상태

정. 제한된 시계

 해사안전법에서 정의하는 시계상태
- 모든 시계상태에서의 항법
- 선박이 서로 시계 안에 있는 때의 항법
- 제한된 시계에서의 선박의 항법

💡 **정답 및 키워드** 병 해사안전법에서 정의하는 시계상태가 아닌 것 ❯
유효한 시계 안에 있는 상태

2 난이도 ★ | 출제율 ★★ □□□

해사안전법상 충돌을 피하기 위한 동작으로 옳지 않은 것은?

갑. 충돌을 피하거나 상황을 판단하기 위한 시간적 여유를 얻기 위해 필요하면 전속으로 항진하여 다른 선박을 빨리 비켜나야 한다.

을. 될 수 있으면 충분한 시간적 여유를 두고 적극적으로 조치해야 한다.

병. 적절한 시기에 큰 각도로 침로를 변경해야 한다.

정. 침로나 속력을 소폭으로 연속적으로 변경해서는 아니 된다.

- - - - - - - - - - - - - - - - - - - -

💡 **정답 및 키워드** 충돌 회피 동작 아닌 것 ❯
갑 전속 항진하여 다른 선박을 빨리 비켜나감

3
난이도 ★★ | 출제율 ★★ □ □ □

해사안전법상 안전한 속력을 결정할 때 고려할 사항으로 옳지 않은 것은?

갑. 해상교통량의 밀도
을. 선박의 정지거리, 선회성능, 그 밖의 조종성능
병. 선박의 흘수와 수심과의 관계
정. 주간의 경우 항해에 영향을 주는 불빛의 유무

 정답 및 키워드 📌 안전한 속력 결정 시 고려사항 아닌 것 ▶ 불빛의 유무

4
난이도 ★★ | 출제율 ★★★ □ □ □

해사안전법상 좁은수로 등에서의 항행에 대한 설명으로 옳지 않은 것은?

갑. 길이 30미터 미만의 선박이나 범선은 좁은 수로 등의 안쪽에서만 안전하게 항행 할 수 있는 다른 선박의 통항을 방해해서는 아니 된다.

을. 어로에 종사하고 있는 선박은 좁은 수로 등의 안쪽에서 항행하고 있는 다른 선박의 통항을 방해해서는 아니된다.

병. 선박의 좁은 수로 등의 안쪽에서만 안전하게 항행할 수 있는 다른 선박의 통항을 방해하게 되는 경우에는 좁은 수로 등을 횡단해서는 아니된다.

정. 추월선은 좁은 수로 등에서 추월당하는 선박이 추월선을 안전하게 통과시키기 위한 동작을 취하지 아니하면 추월할 수 없는 경우에는 기적신호를 하여 추월하겠다는 의사를 나타내야 한다.

 길이 20미터 미만의 선박이나 범선은 좁은 수로 등의 안쪽에서 안전하게 항행할 수 있는 다른 선박의 통항을 방해해서는 아니 된다.

정답 및 키워드 🄰 좁은수로에서의 항행 시 타 선박의 통행을 방해하여 횡단해선 안되는 선박 길이 ▶ 20미터 미만

5
난이도 ★★ | 출제율 ★★★ □ □ □

해사안전법상 통항분리대 또는 분리선을 횡단하여서는 안 되는 경우는?

갑. 통항로를 횡단하는 경우
을. 통항로에 출입하는 경우
병. 급박한 위험을 피하기 위한 경우
정. 길이 20미터 이상의 선박

 정답 및 키워드 📌 통항분리대(또는 분리선) 횡단 가능한 선박 ▶ 길이 20미터 미만의 선박

6
난이도 ★★★ | 출제율 ★★★ □ □ □

해사안전법상 시정이 제한된 상태에서 피항동작이 변침만으로 이루어질 때 해서는 안 될 동작은?

갑. 정횡보다 전방의 선박에 대한 대각도 변침
을. 정횡보다 전방의 선박에 대한 우현 변침
병. 정횡보다 전방의 선박에 대한 우현 대각도 변침
정. 정횡보다 전방의 선박에 대한 좌현 변침

 시정이 제한된 상태에서(시계가 좋지 않을 때) 다른 선박이 자기 선박의 양쪽 현의 정횡(옆방향) 앞쪽에 있는 경우, 좌현 쪽으로 변침(진로 변경)해서는 안된다. '을'의 경우 일반적으로 피항 시에만 우측으로 변침하며 우측에 다른 선박이 있는 경우는 많지 않다.

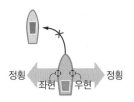

정답 및 키워드 📌 시정 제한 상태에서 변침만으로 피항할 때 금지 동작 ▶ 정횡보다 전방의 선박에 대한 좌현 변침

7 ⚠️ 틀리기 쉬운 문제 | 출제율 ★★★ ☐☐☐

해사안전법상 선박이 다른 선박과의 충돌을 피하기 위한 조치 내용으로 <u>옳지 않은</u> 것은?

갑. 침로변경은 크게 한다.

을. 속력을 소폭으로 변경한다.

병. 가능한 충분한 시간을 두고 조치를 취한다.

정. 필요한 경우 선박을 완전히 멈추어야 한다.

💡 **정답 및 키워드** 을 **충돌 회피를 위해 변침 시** ▶ 침로반경과 속력을 크게 변경한다.

8 난이도 ★ | 출제율 ★★★ ☐☐☐

해사안전법상 통항분리수역의 항행 시 준수사항으로 <u>옳지 않은</u> 것은?

갑. 통항로안에서는 정하여진 진행방향으로 항행할 것

을. 분리선이나 분리대에서 될 수 있으면 떨어져서 항행할 것

병. 통항로의 옆쪽으로 출입하는 경우에는 그 통항로에 대하여 정하여진 선박의 진행방향에 대하여 될 수 있으면 대각도로 출입할 것

정. 부득이한 사유로 통항로를 횡단하여야 하는 경우 통항로와 선수방향이 직각에 가까운 각도로 횡단할 것

 다른 선박과의 충돌을 최소화하거나 충돌 시 그 피해를 최소화하기 위해 **작은 각도로 진입**하는 것이 좋다.

💡 **정답 및 키워드** 병 **통항분리수역 항행 시 준수사항 아닌 것** ▶ 선박 진행방향에 대해 대각도로 출입할 것 (작은 각도로 출입할 것)

9 ⚠️ 틀리기 쉬운 문제 | 출제율 ★★★ ☐☐☐

해사안전법상 좁은 수로 항행에 관한 설명으로 <u>옳지 않은</u> 것은?

갑. 통행시기는 역조가 약한 시간이나 게류시를 택한다.

을. 물표 정중앙 등의 항진목표를 선정하여 보면서 항행한다.

병. 좁은 수로 정중앙으로 항행한다.

정. 좁은 수로의 우측을 따라 항행한다.

💡 **정답 및 키워드** 병 **좁은 수로에서 항행 시** ▶ 좁은 수로의 **오른편 끝** 쪽에서 항행

10 ⚠️ 틀리기 쉬운 문제 | 출제율 ★★★ ☐☐☐

해사안전법상 연안통항대에 대한 설명으로 <u>옳지 않은</u> 것은?

갑. 연안통항대란 통항분리수역의 육지 쪽 경계선과 해안사이의 수역을 말한다.

을. 선박은 연안통항대에 인접한 통항분리수역의 통항로를 안전하게 통과할 수 있는 경우 연안통항대를 따라 항행할 수 있다.

병. 인접한 항구로 입출항하는 선박은 연안통항대를 따라 항행할 수 있다.

정. 연안통항대 인근에 있는 해양시설에 출입하는 선박은 연안통항대를 따라 항행할 수 있다.

 연안통항대에 인접한 통항분리수역의 통항로를 안전하게 통과할 수 있는 경우에는 **연안통항대를 따라 항행해서는 아니된다.**

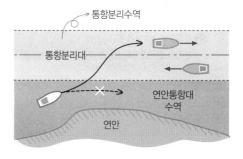

💡 **정답 및 키워드** 을 **통항분리수역 통과가 가능하면** ▶ 연안통항대로 항행하지 말 것

11
난이도 ★★ | 출제율 ★★

해사안전법상 통항분리수역을 항행하는 경우의 준수사항으로 옳지 않은 것은?

갑. 통항로 안에서는 정하여진 진행방향으로 항행한다.
을. 분리선이나 분리대에서 될 수 있으면 붙어서 항행한다.
병. 통항로의 출입구를 통하여 출입하는 것이 원칙이다.
정. 통항로를 횡단하여서는 안 된다.

 정답 및 키워드 을 **통항분리수역 항행 시 준수사항 아닌 것** ◉
분리선이나 분리대에서 떨어져 항행할 것

12
난이도 ★★ | 출제율 ★★★

해사안전법상 통항분리수역에서의 항법으로 옳지 않은 것은?

갑. 통항로 안에서는 정하여진 진행방향으로 항행할 것
을. 통항분리수역에서 서로 시계의 횡단관계가 형성되어도 분리대 진행방향으로 항행하는 선박이 유지선이 됨
병. 분리선이나 분리대 내에서 될 수 있으면 떨어져서 항해할 것
정. 선박은 통항로를 부득이한 경우를 제외하고 횡단해서는 아니된다.

부득이하게 통항분리수역의 통항로를 횡단해야 할 경우 분리대 진행방향으로 항행하는 선박을 따라 횡단하지 말고, 횡단거리(시간)를 최소화하기 위해 통항로와 선수방향이 직각에 가까운 각도로 횡단한다.

정답 및 키워드 을 **통항분리수역에서 횡단 시** ◉
분리대 진행방향의 선박을 따라 횡단하지 말 것

13
난이도 ★ | 출제율 ★★★

해사안전법상 해상교통량의 폭주로 충돌사고 발생의 위험성이 있어 통항분리방식이 적용되는 수역이라고 볼 수 없는 곳은?

갑. 영흥도 항로
을. 보길도 항로
병. 홍도 항로
정. 거문도 항로

 통항분리홍금보
통항분리방식이 적용되는 수역: 홍도, 거문도, 보길도
(암기법: 홍금보)

정답 및 키워드 갑 **통항분리방식이 적용되는 수역** ◉ 홍금보

14
난이도 ★★★ | 출제율 ★★★

해사안전법상 추월선이란 다른 선박의 정횡으로부터 ( )도를 넘는 ( )의 위치로부터 ( )을 앞지르는 선박을 말한다. ( )속에 들어갈 말로 맞는 것은?

갑. 22.5, 후방, 다른 선박
을. 22.5, 후방, 자선
병. 25.5, 후방, 자선
정. 25.5, 전방, 다른 선박

추월 22.5°
추월선이 피추월선을 앞지를 때는 다른 선박의 정횡으로부터 22.5도를 넘는 **후방**의 위치로부터 **다른 선박**을 앞지르는 선박을 말한다.
※ 정횡 : 좌우 현의 옆면

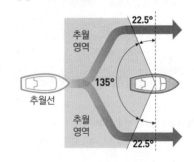

정답 및 키워드 갑 **추월선** ◉ 피추월선(다른 선박) 옆에서 22.5° 후방 이후 위치에서 추월하려는 선박

15 난이도 ★★★ | 출제율 ★

해사안전법상 2척의 범선이 서로 접근하여 충돌할 위험이 있는 경우의 항행방법으로 옳지 않은 것은?

갑. 각 범선이 다른 쪽 현에 바람을 받고 있는 경우에는 우현에 바람을 받고 있는 범선이 다른 범선의 진로를 피해야 한다.

을. 두 범선이 서로 같은 현에 바람을 받고 있는 경우에는 바람이 불어오는 쪽의 범선이 바람이 불어가는 쪽의 범선의 진로를 피하여야 한다.

병. 각 범선이 다른 쪽 현에 바람을 받고 있는 경우에는 좌현에 바람을 받고 있는 범선이 다른 범선의 진로를 피하여야 한다.

정. 좌현에 바람을 받고 있는 범선은 바람이 불어오는 쪽에 있는 다른 범선을 본 경우로서 그 범선이 바람을 좌우 어느 쪽에 받고 있는지 확인 할 수 없는 때에는 그 범선의 진로를 피하여야 한다.

범선이 서로 다른 쪽 현에 대해 바람을 받고 있는 경우에는 좌현에 바람을 받고 있는 범선(㉮)이 다른 범선의 진로를 피하여야 한다.

두 범선이 서로 같은 현에 바람을 받고 있는 경우

바람이 불어오는 쪽의 범선(㉮)이 바람이 불어가는 쪽의 범선(㉯)의 진로를 피해야 한다.

※ 이미지의 경우 ㉮ 범선은 바람의 영향으로 우현으로 쏠리고 ㉯ 범선도 우현으로 쏠리면 다행이지만 만약 직진하려고 할 때 충돌 위험이 있으므로 먼저 바람을 받는 ㉮ 범선이 진로를 변경하는 것이 좋다.

정답 및 키워드 **갑** 2척의 범선이 다른 쪽 현에 바람을 받고 있는 경우 ▶ 좌현에 바람을 받고 있는 범선이 진로를 피한다.

16 난이도 ★ | 출제율 ★★★

해사안전법상 유지선의 항법을 설명한 것이다. ( ) 안에 들어갈 말로 바르게 연결된 것은?

> 침로와 속력을 유지하여야 하는 선박(유지선)은 피항선이 이 법에 따른 적절한 조치를 취하고 있지 아니하다고 판단되면 스스로의 조종만으로 피항선과 충돌하지 아니하도록 조치를 취할 수 있다. 이 경우 유지선은 부득이하다고 판단되는 경우 외에는 자기 선박의 ( )쪽에 있는 선박을 향하여 침로를 ( )으로 변경해서는 안 된다.

갑. 좌현−오른쪽

을. 좌현−왼쪽

병. 우현−오른쪽

정. 우현−왼쪽

정답 및 키워드 **을** 좌현쪽 선박을 향해 왼쪽으로 침로 변경 금지

17 난이도 ★★★ | 출제율 ★★

해사안전법상 선박 A는 침로 000도, 선박 B는 침로가 185도로서 마주치는 상태이다. 이때 A선박이 취해야 할 행동은?

갑. 현 침로를 유지한다.

을. 좌현으로 변침한다.

병. 우현 대 우현으로 통과할 수 있도록 변침한다.

정. 우현으로 변침한다.

 우현 변침

본선과 타선이 마주치는 상태(기준선에서 좌우현 각 6° 이내)일 때는 우현으로 변침한다.

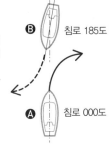

침로 185도

침로 000도

정답 및 키워드 **정** 선박 A 침로 000도, 선박 B는 침로 185도로 마주칠 때 ▶ 우현으로 변침

18 난이도 ★ | 출제율 ★★★

해사안전법상 본선은 야간항해 중 상대선박과 서로 시계내에서 근접하여 횡단관계로 조우하여 상대선박의 현등 중 홍등을 관측하고 있다. 이 선박이 취해야 할 행동으로 <u>옳지 않은</u> 것은?

갑. 우현변침
을. 상대선박의 선미통과
병. 변침만으로 피하기 힘들 경우 속력을 감소한다.
정. 정선한다.

 상대의 진로를 횡단하는 경우 충돌의 위험이 있을 때 다른 선박에 대해 우현 변침하며, 선수를 통과해서는 안된다. 상대 선박이 내 진로로 변침할 수 있으므로 배를 멈추어서는 안된다.

정답 및 키워드 청 야간항해 중 상대선박과 횡단관계로 조우할 때 취할 행동이 아닌 것 ◈ 정선한다(배를 멈춤)

---

04 신호(등화와 형상물)　　예상출제문항수 1-2

1 난이도 ★★ | 출제율 ★★★

해사안전법상 항행 중인 동력선이 표시하여야 하는 등화로 <u>옳지 않은</u> 것은?

갑. 앞쪽에 마스트등 1개와 그 마스트등보다 뒤쪽의 높은 위치에 마스트등 1개
을. 현등 1쌍
병. 선미등 1개
정. 섬광등 1개

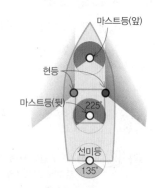

 동력선 등화
• 앞쪽에 마스트등 1개와 그 마스트등보다 뒤쪽의 높은 위치에 마스트등 1개
• 현등 1쌍
• 선미등 1개
※ 길이 50미터 미만일 경우 뒤쪽의 마스트등은 생략 가능

정답 및 키워드 청 동력선 등화 아닌 것 ◈ 섬광등

---

2 난이도 ★★★ | 출제율 ★★★

해사안전법상 등화의 종류에 대한 설명으로 <u>옳지 않은</u> 것은?

갑. 마스트등은 선수미선상에 설치되어 235도에 걸치는 수평의 호를 비추되, 그 불빛이 정선수 방향으로부터 양쪽 현의 정횡으로부터 뒤쪽 27.5도까지 비출 수 있는 흰색등을 말한다.
을. 현등은 정선수 방향에서 양쪽 현으로 각각 112.5도에 걸치는 수평의 호를 비추는 등화이다.
병. 선미등은 135도에 걸치는 수평의 호를 비추는 흰색등으로서 그 불빛이 정선미 방향으로부터 양쪽 현의 67.5도까지 비출 수 있도록 선미 부분 가까이에 설치된 등이다.
정. 예선등은 선미등과 같은 특성을 가진 황색등이다.

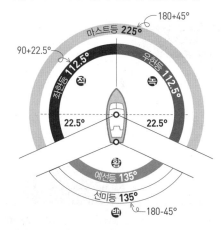 마스트등은 선수미선상에 설치되어 225도에 걸치는 수평의 호를 비추되, 그 불빛이 정선수 방향으로부터 양쪽 현의 정횡(옆)으로부터 뒤쪽 22.5도까지 비출 수 있는 흰색등을 말한다.

정답 및 키워드 갑 마스트등 225°, 정횡 옆에서 22.5°까지

3 난이도 ★★★ | 출제율 ★★★ ☐☐☐

해사안전법상 야간항해중 상대선박의 양 현등이 보이고, 현등보다 높은 위치에 백색등이 수직으로 2개 보인다. 이 상대선박과 본선의 조우상태로 옳은 것은?

갑. 상대선박은 길이 50m 이상의 선박으로 마주치는 상태
을. 상대선박은 길이 50m 미만의 선박으로 마주치는 상태
병. 상대선박은 길이 50m 이상의 선박으로 앞지르기 상태
정. 상대선박은 길이 50m 이상의 선박으로 앞지르기 상태

길이 50m 이상 동력선의 등화
1. 앞쪽에 마스트등(백색) 1개와 그 마스트등보다 뒤쪽의 높은 위치에 마스트등(백색) 1개. (다만, 길이 50m 미만의 동력선은 뒤쪽의 마스트등을 표시하지 아니할 수 있다.)
2. 현등 1쌍
3. 선미등 1개

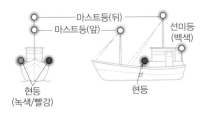

정답 및 키워드 **갑** 현등+마스트등(앞)+마스트등(뒤) ▶ 길이 50m 이상의 동력선

4 난이도 ★★★ | 출제율 ★★★ ☐☐☐

해사안전법상 선박이 야간에 서로 마주치는 상태는 어떤 경우인가?

갑. 정선수 방향에서 다른 선박의 홍등과 녹등이 동시에 보일 때
을. 좌현 선수에 홍등이 보일 때
병. 우현 선수에 홍등이 보일 때
정. 우현 선수에 녹등이 보일 때

 야간에 타 선박을 정선수 방향(정면으로 마주 볼 때)에서 양현등(좌현 홍등, 우현 녹등)이 모두 보여야 한다.

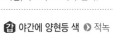
양 현등 (녹/적)

정답 및 키워드 **갑** 야간에 양현등 색 ▶ 적녹

5 난이도 ★★★ | 출제율 ★★★ ☐☐☐

해사안전법상 길이 12m 미만의 동력선에 설치하여야 할 등화를 맞게 나열한 것은?

갑. 마스트등 1개와 선미등 1개
을. 흰색 전주등 1개, 현등 1쌍
병. 현등 1쌍과 선미등 1개
정. 마스트등 1개

12m 미만일 때 양현등으로 교체 가능
흰색 전주등
현등 1쌍

마스트등과 전주등 구분
• 마스트등: 선수와 선미의 중심선상에 설치되어 225도에 걸치는 수평의 호를 비추되 그 불빛이 정선수 방향으로부터 양쪽 현의 정횡에서 뒤쪽 22.5도까지 비추는 백색등
• 전주등: 360도에 걸쳐 비추는 백색등

정답 및 키워드 **을** 길이 12m 미만의 동력선 ▶ 흰색 전주등 1개, 현등 1쌍

6 난이도 ★★★ | 출제율 ★★★ ☐☐☐

해사안전법상 항해 중인 선박으로서 현등 1쌍을 대신하여 양색등을 표시할 수 있는 선박은?

갑. 길이 10m인 동력선
을. 길이 20m인 동력선
병. 길이 30m인 동력선
정. 길이 40m인 동력선

양색등

정답 및 키워드 **갑** 현등 대신 양색등 표시 가능 ▶ 길이 10m인 동력선

7 난이도 ★★ | 출제율 ★★★ ☐☐☐

해사안전법상 선박의 왼쪽에 설치하는 현등의 색깔은 무엇인가?

갑. 적색   을. 녹색
병. 황색   정. 흰색

 암기법 : **좌**적 **우**녹 **예**황 **미**백

정답 및 키워드 **갑** 왼쪽 현등의 색깔 ▶ 적색

chapter 04

8 난이도 ★★★ | 출제율 ★★★ □□□

길이 7m 미만이고 최대속력이 7노트 미만인 동력선이
표시해야 하는 등화는?

갑. 흰색 전주등 1개

을. 흰색 전주등 1개, 선미등 1개

병. 흰색 전주등 1개, 섬광등 1개

정. 현등 1개, 예선등 1개

흰색 전주등

정답 및 키워드 **갑** 길이 7m 미만, 최대속력 7노트 미만 ▶
흰색 전주등 1개

---

9 난이도 ★ | 출제율 ★★★ □□□

해사안전법상 야간에 다음 등화 중 어떤 등화를 보면서
접근하는 선박이 추월선인가?

갑. 마스트등   을. 현등

병. 선미등   정. 정박등

정답 및 키워드 **병** 야간에 추월 시 추월선을 식별하는 등화 ▶ 선미등

---

10 난이도 ★★ | 출제율 ★★ □□□

해사안전법상 삼색등을 표시할 수 있는 선박은?

갑. 항행 중인 길이 50m이상의 동력선

을. 항행 중인 길이 50m이하의 동력선

병. 항행 중인 길이 20m 미만의 범선

정. 어로에 종사하는 길이 50m이상의 어선

20m
삼색등

항행 중인 길이 20m 미만의 범선은 현
등, 선미등을 대신하여 마스트의 꼭대
기나 그 부근의 가장 잘 보이는 곳에
삼색등 1개를 표시할 수 있다.

정답 및 키워드 **병** 삼색등 ▶ 20m 미만의 범선

---

11 난이도 ★ | 출제율 ★★★ □□□

해사안전법상 삼색등에서의 삼색으로 알맞게 짝지어진
것은?

갑. 붉은색, 녹색, 황색

을. 황색, 흰색, 녹색

병. 붉은색, 녹색, 흰색

정. 황색, 흰색, 붉은색

정답 및 키워드 **병** 삼색등 ▶ 적녹백

---

12 난이도 ★★★ | 출제율 ★★★ □□□

해사안전법상 항행 중인 범선이 표시해야하는 등화로
옳은 것은?

갑. 현등 1쌍, 선미등 1개

을. 마스트등 1개, 현등 1쌍

병. 현등 1쌍, 황색 섬광등 1개

정. 마스트등 1개

현등   선미등

정답 및 키워드 **갑** 범선 등화 ▶ 현등 1쌍, 선미등 1개

---

13 난이도 ★★ | 출제율 ★★★ □□□

해사안전법상 범선이 기관을 동시에 사용하고 있는 경
우 표시하여야 할 형상물로 옳은 것은?

갑. 마름모꼴 1개

을. 원형 1개

병. 원뿔꼴 1개

정. 네모형 1개

원뿔꼴
형상물

정답 및 키워드 **병** 범선이 기관을 동시에 사용 시 형상물 ▶
원뿔꼴

14 난이도 ★★ | 출제율 ★★

해사안전법상 수면비행선박은 항행 중인 동력선이 표시해야 할 등화와 함께 어떤 등화를 추가로 표시해야 하는가?

갑. 황색 예선등

을. 황색 섬광등

병. 홍색 섬광등

정. 흰색 전주등

 수면비행선박이 비행하는 경우에는 항행 중인 동력선의 등화에 덧붙여 사방을 비출 수 있는 고광도 홍색 섬광등 1개를 표시해야 한다.
※ 수면비행선박(위그선): 수면에 뜰 수 있는 비행기

정답 및 키워드 병 **수면비행선박 등화** ● 홍색 섬광등

15 난이도 ★★★ | 출제율 ★★★

해사안전법상 야간에 수직으로 붉은색 전주등 3개를 표시하는 선박은?

갑. 준설선

을. 수중작업선

병. 조종불능선

정. 흘수제약선

붉은색 전주등 3개 흘수제약선

흘수제약선은 동력선의 등화에 덧붙여 가장 잘 보이는 곳에 붉은색 전주등 3개를 수직으로 표시하거나 원통형의 형상물 1개를 표시할 수 있다.

붉은색 전주등
현등

정답 및 키워드 정 **붉은색 전주등 3개** ● 흘수제약선

16 난이도 ★★★ | 출제율 ★★★

해사안전법상 흘수제약선이 동력선의 등화에 덧붙여 표시하여야 할 등화로 옳은 것은?

갑. 붉은색 전주등 1개

을. 붉은색 전주등 2개

병. 붉은색 전주등 3개

정. 붉은색 전주등 4개

정답 및 키워드 병 **흘수제약선 등화** ● 동력선의 등화 + 붉은색 전주등 3개

17 난이도 ★★★ | 출제율 ★★★

해사안전법상 예인선의 선미로부터 끌려가고 있는 선박이나 물체의 뒤쪽 끝까지 측정한 예인선열의 길이가 200미터를 초과하면 같은 수직선 위에 마스트등을 몇 개 표시해야 하는가?

갑. 1개   을. 2개

병. 3개   정. 4개

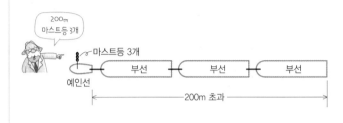

200m
마스트등 3개

마스트등 3개
예인선 | 부선 | 부선 | 부선
200m 초과

정답 및 키워드 병 **예인선열의 길이가 200미터 초과** ● 마스트등 **3**개

18 난이도 ★★★ | 출제율 ★★★

해사안전법상 트롤 외 어로에 종사하고 있는 선박이 항행여부와 관계없이 수직선에 표시하여야 하는 등화의 색깔로 옳은 것은?

갑. 위 : 붉은색, 아래 : 녹색

을. 위 : 녹색, 아래 : 흰색

병. 위 : 녹색, 아래 : 붉은색

정. 위 : 붉은색, 아래 : 흰색

붉은색, 흰색
전주등 각 1개
현등
선미등

정답 및 키워드 정 **어로에 종사하고 있는 일반 선박** ● 위 : 붉은색, 아래 : 흰색

19 난이도 ★★★ | 출제율 ★★★ □□□

해사안전법상 도선 업무에 종사하고 있는 선박이 표시하여야 할 등화의 색깔로 옳은 것은?

갑. 마스트의 꼭대기나 그 부근에 수직선 위쪽에는 흰색 전주등, 아래쪽에는 붉은색 전주등 각 1개

을. 마스트의 꼭대기나 그 부근에 수직선 위쪽에는 녹색 전주등, 아래쪽에는 흰색 전주등 각 1개

병. 마스트의 꼭대기나 그 부근에 수직선 위쪽에는 황색 전주등, 아래쪽에는 황색 전주등 각 1개

정. 마스트의 꼭대기나 그 부근에 수직선 위쪽에는 흰색 전주등, 아래쪽에는 흰색 전주등 각 1개

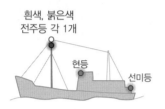

 도선: 도선사가 항구에서 주로 대형선박의 입출항을 인도하는 것을 말하며, 도선사 표시가 있는 배에게 진로를 양보하라는 의미이다.

정답 및 키워드 **갑** 도선 업무에 종사하는 선박 ▶ 위 : 흰색, 아래 : 붉은색

20 난이도 ★★ | 출제율 ★★★ □□□

해사안전법상 선박에서 등화를 표시하여야 하는 시간은?

갑. 해지는 시각 30분 전부터 해 뜨는 시각 30분 후까지

을. 해지는 시각부터 해 뜨는 시각까지

병. 해지는 시각 30분 후부터 해 뜨는 시각 30분 전까지

정. 하루 종일

정답 및 키워드 **을** 등화 표시 시간 ▶ 일몰~일출

21 난이도 ★★ | 출제율 ★★★ □□□

선박의 등화 및 형상물에 관한 규정으로 옳지 않은 것은?

갑. 등화의 점등시간은 일몰시부터 일출시까지이다.

을. 낮이라도 시계가 흐린 경우 점등한다.

병. 형상물은 주간에 표시한다.

정. 다른 선박이 주위에 없을 때는 등화를 켜지 않는다.

 낮에는 형상물, 밤에는 등화로 선박의 상태를 항상 표시해야 함

정답 및 키워드 **정** 선박 등화 ▶ 야간에는 항상 켜 있을 것

22 난이도 ★★ | 출제율 ★★★ □□□

해사안전법상 선박의 법정 형상물에 포함되지 않은 것은?

갑. 둥근꼴

을. 원뿔꼴

병. 마름모꼴

정. 정사각형

 선박의 법정형상물 : ○ △ ◇

정답 및 키워드 **정** 선박의 법정형상물 아닌 것 ▶ 정사각형

23 난이도 ★★★ | 출제율 ★★★ □□□

해사안전법상 정박 중인 선박이 가장 잘 보이는 곳에 표시하여야 할 형상물로 옳은 것은?

갑. 둥근꼴의 형상물 1개

을. 둥근꼴의 형상물 2개

병. 원통형의 형상물 2개

정. 마름모꼴의 형상물 1개

정답 및 키워드 **갑** 정박 중인 선박 ▶ 둥근꼴의 형상물 1개

24
난이도 ★★ | 출제율 ★★

해사안전법상 조종불능선의 등화나 형상물로 올바른 것은?

갑. 가장 잘 보이는 곳에 수직으로 둥근꼴이나 그와 비슷한 형상물 2개

을. 가장 잘 보이는 곳에 수직으로 하얀색 전주등 1개

병. 대수속력이 있는 경우에는 현등 1쌍과 선미등 2개

정. 대수속력이 있는 경우에는 현등 2쌍과 선미등 2개

정답 및 키워드 **갑** **조종불능선** ▶ 둥근꼴 형상물 2개

25
난이도 ★★ | 출제율 ★★★

해사안전법상 조종제한선에 표시하여야 하는 등화 또는 형상물로 옳은 것은?

갑. 가장 잘 보이는 곳에 수직선상으로 붉은색의 전주등 2개

을. 가장 잘 보이는 곳에 수직으로 둥근꼴이나 그와 비슷한 형상물 2개

병. 가장 잘 보이는 곳에 수직으로 위쪽과 아래쪽에는 둥근꼴, 가운데는 마름모꼴의 형상물 각 1개

정. 가장 잘 보이는 곳에 수직으로 위쪽과 아래쪽에는 흰색 전주등, 가운데는 붉은색 전주등 각 1개

정답 및 키워드 **병** **조종제한선 형상물** ▶ ● ◆ ●

[정박 중]　[조종불능선]　[얹혀있을 때]　[조종제한선]

⬆ **선박의 형상물 (23~26번 참조)**

26
난이도 ★★★ | 출제율 ★★★

해사안전법상 얹혀있는 선박이 가장 잘 보이는 곳에 표시하여야 할 형상물로 옳은 것은?

갑. 수직으로 둥근꼴의 형상물 1개

을. 수직으로 둥근꼴의 형상물 2개

병. 수평으로 둥근꼴의 형상물 2개

정. 수직으로 둥근꼴의 형상물 3개

정답 및 키워드 **정** **얹혀있는 선박** ▶ 둥근꼴 형상물 3개

27
난이도 ★★ | 출제율 ★★

해사안전법상 항행 중인 공기부양정은 항행 중인 동력선이 표시해야 할 등화와 함께 추가로 표시하여야하는 등화로 옳은 것은?

갑. 황색 예선등

을. 황색 섬광등

병. 홍색 섬광등

정. 흰색 전주등

정답 및 키워드 **을** **공기부양정** ▶ 황색 섬광등

28
난이도 ★★★ | 출제율 ★★★

해사안전법상 안전수역표지에 대한 설명으로 옳지 않은 것은?

갑. 두표는 하나의 적색구이다.

을. 모든 주위가 가항 수역이다.

병. 등화는 3회 이상의 황색 섬광등이다.

정. 중앙선이나 수로의 중앙을 나타낸다.

정답 및 키워드 **병** **안전수역표지 등화** ▶ 백색 섬광등(황색×)

29 난이도 ★★ | 출제율 ★★ □□□

해사안전법상 섬광등에 대한 설명으로 <u>맞는</u> 것은?

갑. 360도에 걸치는 수평의 호를 비추는 등화로서 일정한
　간격으로 30초에 120회 이상 섬광을 발하는 등
을. 125도에 걸치는 수평의 호를 비추는 등화로서 일정한
　간격으로 30초에 120회 이상 섬광을 발하는 등
병. 360도에 걸치는 수평의 호를 비추는 등화로서 일정한
　간격으로 60초에 120회 이상 섬광을 발하는 등
정. 135도에 걸치는 수평의 호를 비추는 흰색등

💡 정답 및 키워드　병 360도에 걸치는 수평의 호를 비추는 등화 ▶
　　　60초에 120회 이상 섬광

---

1 난이도 ★ | 출제율 ★★ □□□

해사안전법상 선박의 음향신호 중 단음은 어느 정도 계속되는 소리를 말하는가?

갑. 0.5초　　　　　　　을. 1초
병. 2초　　　　　　　　정. 4~6초

 단음: 1초, 장음: 4~6초

💡 정답 및 키워드　을 단음 ▶ 1초

---

2 난이도 ★★ | 출제율 ★★ □□□

해사안전법상 선박의 음향신호 중 장음은 어느 정도 계속되는 소리를 말하는가?

갑. 1~2초　　　　　　　을. 2~3초
병. 3~4초　　　　　　　정. 4~6초

💡 정답 및 키워드　정 장음 ▶ 4~6초

---

3 난이도 ★★★ | 출제율 ★★★ □□□

해사안전법상 선박길이 20미터 이상인 선박이 비치하여야 하는 최소한의 음향신호 설비는?

갑. 기적
을. 호종
병. 기적과 호종
정. 기적, 호종, 징

 20미터 기적과 호종
　• 길이 **12미터** 이상: **기적**
　• 길이 **20미터** 이상: 기적 + **호종**
　• 길이 **100미터** 이상: 기적 + 호종 + **징**

💡 정답 및 키워드　병 20미터 이상 ▶ 기적 + 호종

4 난이도 ★★ | 출제율 ★★★ ☐☐☐

해사안전법상 음향신호설비에 대한 설명이다. 가장 옳지 않은 것은?

갑. 기적이란 단음과 장음을 발할 수 있는 음향신호장치이다.
을. 단음은 1초 정도 계속되는 고동소리를 말한다.
병. 장음이란 4초부터 6초까지의 시간동안 계속되는 고동소리를 말한다.
정. 길이 12미터 이상의 선박은 기적1개를, 길이 50미터 이상의 선박은 기적1개 및 호종1개를 갖추어 두어야 한다.

💡 정답 및 키워드 **정** 🔲20 미터 이상 ▶ 기적 + 호종

---

5 난이도 ★★ | 출제율 ★★★ ☐☐☐

해사안전법상 호종과 혼동되지 아니하는 음조와 소리를 가진 징을 비치하여야 하는 선박으로 옳은 것은?

갑. 길이 12미터 미만의 선박
을. 길이 12미터 이상의 선박
병. 길이 20미터 이상의 선박
정. 길이 100미터 이상의 선박

💡 정답 및 키워드 **정** 기적, 호종, 징 ▶ 🔲100 미터

---

6 난이도 ★★ | 출제율 ★★★ ☐☐☐

해사안전법상 음향신호장비로서 기적, 호종, 징을 비치하여야 하는 선박의 최소길이는?

갑. 12미터   을. 50미터
병. 100미터   정. 120미터

💡 정답 및 키워드 **병** 기적, 호종, 징 ▶ 🔲100 미터

---

7 난이도 ★★★ | 출제율 ★★★ ☐☐☐

동력수상레저기구 운항 중 전방의 선박에서 단음 1회의 음향신호 또는 단신호 1회의 발광신호를 인식하였다. 이에 대한 설명으로 가장 옳은 것은?

갑. 우현 변침 중이라는 의미
을. 좌현 변침 중이라는 의미
병. 후진 중이라는 의미
정. 정지 중이라는 의미

암기: 우1좌2후3

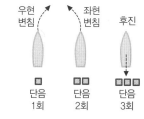

💡 정답 및 키워드 **갑** 단음 1회 ▶ 우현 변침

---

8 난이도 ★ | 출제율 ★★★ ☐☐☐

해사안전법상 선박의 우현변침 음향신호로 맞는 것은?

갑. 단음 2회
을. 장음 1회
병. 단음 1회
정. 장음 2회

💡 정답 및 키워드 **병** 우현 변침 ▶ 단음 1회

---

9 난이도 ★ | 출제율 ★★★ ☐☐☐

해사안전법상 항행 중인 동력선이 침로를 왼쪽으로 변경하고 있는 경우에 발하는 기적신호는?

갑. 단음 2회
을. 단음 1회
병. 장음 2회
정. 단음 3회

💡 정답 및 키워드 **갑** 좌현 변침 ▶ 단음 2회

chapter 04

10 난이도 ★ | 출제율 ★★

해사안전법상 항행 중인 동력선이 상대선박과 서로 시계 안에 있는 경우, 기관 후진 시 기적신호로 옳은 것은?

갑. 단음 1회   을. 단음 2회
병. 단음 3회   정. 장음 1회

정답 및 키워드   **병** 후진 시 ▶ 단음 **3**회

11 난이도 ★★ | 출제율 ★★★

해사안전법상 선박이 좁은수로 등에서 서로 시계 안에 있는 경우, 추월당하는 선박이 다른 선박의 추월에 동의할 경우, 동의의사의 표시방법으로 옳은 것은?

갑. 장음 2회, 단음 1회의 순서로 의사표시 한다.
을. 장음 2회와 단음 2회의 순서로 의사표시 한다.
병. 장음 1회, 단음 1회의 순서로 2회에 걸쳐 의사표시 한다.
정. 단음 1회, 장음 1회, 단음 1회의 순서로 의사표시 한다.

정답 및 키워드   **병** 추월 동의 신호 ▶ 장단장단

12 난이도 ★★ | 출제율 ★★★

해사안전법상 좁은 수로에서 피추월선의 추월선에 대한 추월 동의 신호는?

갑. 단음2, 장음2, 단음1, 장음2
을. 단음1, 장음1, 단음1, 장음1
병. 단음2, 장음1, 단음1, 장음2
정. 장음1, 단음1, 장음1, 단음1

정답 및 키워드   **정** 추월 동의 신호 ▶ 장단장단

13 난이도 ★ | 출제율 ★★★

해사안전법상 좁은 수로등의 굽은 부분이나 장애물 때문에 다른 선박을 볼 수 없는 수역에 접근하는 선박의 기적신호로 옳은 것은?

갑. 단음 1회
을. 단음 2회
병. 장음 1회
정. 장음 2회

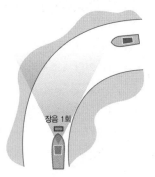

안보이면 장음 1회

정답 및 키워드   **병** 다른 선박을 볼 수 없는 수역 ▶ 장음 **1**회

14 난이도 ★★★ | 출제율 ★★★

해사안전법상 시계가 제한된 수역이나 그 부근에 정지하여 대수속력이 없는 동력선이 울려야 하는 기적신호는?

갑. 장음 사이의 간격을 2초 정도로 연속하여 장음을 2회 울리되, 2분을 넘지 아니하는 간격으로 울려야 한다.
을. 장음 사이의 간격을 3초 정도로 연속하여 장음을 3회 울리되, 2분을 넘지 아니하는 간격으로 울려야 한다.
병. 장음 사이의 간격을 2초 정도로 연속하여 장음을 3회 울리되, 3분을 넘지 아니하는 간격으로 울려야 한다.
정. 장음 사이의 간격을 3초 정도로 연속하여 장음을 2회 울리되, 2분을 넘지 아니하는 간격으로 울려야 한다.

※ 대수속력이 있을 때: 2분 이내의 간격으로 장음 1회

정답 및 키워드   **갑** 대수속력이 없을 때 ▶ 2분 이내의 간격으로 **2**초 연속 장음 **2**회

15 난이도 ★ | 출제율 ★★　□□□

해사안전법상 기적이나 사이렌을 단음으로 5회 울리는 것은 무엇을 뜻하는 신호인가?

갑. 주의환기신호
을. 조종신호
병. 추월동의신호
정. 의문, 경고신호

정답 및 키워드　**정** 단음으로 **5**회 ▶ 의문, 경고신호

16 난이도 ★★★ | 출제율 ★★★　□□□

해사안전법상 제한된 시계 안에서의 음향신호에 대한 설명으로 옳지 않은 것은?

갑. 항행 중인 동력선은 대수속력이 있는 경우에는 2분을 넘지 않는 간격으로 장음 1회를 울려야 한다.
을. 항행 중인 동력선은 정지하여 대수속력이 없는 경우에는 2분을 넘지 않는 간격으로 장음 2회를 울려야 한다.
병. 정박 중인 선박은 1분을 넘지 않는 간격으로 5초 정도 재빨리 호종을 울려야 한다.
정. 조종불능선, 조종제한선, 흘수제약선, 범선, 어로작업 중인 선박은 2분을 넘지 않는 간격으로 장음 1회에 이어 단음 3회를 울려야 한다.

 조종불능선, 조종제한선, 흘수제약선, 범선, 어로 작업을 하고 있는 선박은 2분을 넘지 아니하는 간격으로 연속하여 장음 1회에 이어 단음 2회를 울려야 한다.

▬▬▬ ■ □　▬▬▬ ■ □
→| 2분 이내 |←

정답 및 키워드　**정** 조종불능선, 조종제한선, 흘수제약선, 범선, 어로 작업을 하고 있는 선박 ▶ **2**분 이내 장음 **1**회, 단음 **2**회

chapter 04

1 ⚠ 틀리기 쉬운 문제 | 출제율 ★★★ □□□

해양환경관리법에서 말하는 '해양오염'에 대한 정의로 옳은 것은?

갑. 오염물질 등이 유출·투기되거나 누출·용출되는 상태

을. 해양에 유입되어 생물체에 농축되는 경우 장기간 지속적으로 급성·만성의 독성 또는 발암성을 야기할 수 있는 상태

병. 해양에 유입되거나 해양에서 발생되는 물질 또는 에너지로 인하여 해양환경에 해로운 결과를 미치거나 미칠 우려가 있는 상태

정. 해양생물 등의 남획 및 그 서식지 파괴, 해양질서의 교란 등으로 해양생태계의 본래적 기능에 중대한 손상을 주는 상태

 정답 및 키워드 병 해양오염 ▶ 해양환경에 해로운 결과를 미치거나 미칠 우려가 있는 상태

2 ⚠ 틀리기 쉬운 문제 | 출제율 ★★★ □□□

해양환경관리법 적용범위로 옳지 않은 것은?

갑. 한강 수역에서 발생한 기름 유출 사고

을. 우리나라 영해 및 내수 안에서 해양시설로부터 발생한 기름 유출 사고

병. 대한민국 영토에 접속하는 해역 안에서 선박으로부터 발생한 기름 유출 사고

정. 해저광물자원 개발법에서 지정한 해역에서 해저광구의 개발과 관련하여 발생한 기름 유출 사고

해양환경관리법은 강은 예외이다.

정답 및 키워드 갑 해양환경관리법 적용범위 아닌 것 ▶ 한강 수역의 기름 유출

3 난이도 ★★ | 출제율 ★★ □□□

해양환경관리법상 분뇨마쇄소독장치를 설치한 선박에서 분뇨를 배출할 수 있는 해역은?

갑. 항만법 제2조에 의한 항만구역

을. 해양환경관리법 제15조에 의한 환경보전해역

병. 해양환경관리법 제15조에 의한 특별관리해역

정. 영해기선으로부터 3해리 이상의 해역

분뇨마쇄소독장치를 사용해 마쇄·소독된 분뇨일지라도 400톤 이상의 선박에서 배출하려면 4노트 이상의 속도로 영해기선으로부터 3해리 이상의 해역에서 배출해야 한다.
참고) 분뇨처리장치나 마쇄소독장치 등을 거치지 않은 분뇨는 4노트 이상의 속도로 영해기선으로부터 12해리 이상의 해역에서만 배출할 수 있다.

정답 및 키워드 정 분뇨 배출 해역(분뇨마쇄소독장치 설치 시) ▶ 영해기선으로부터 3해리 이상의 해역

4 난이도 ★★ | 출제율 ★★ □□□

선박에서의 오염방지에 관한 규칙상 영해기선으로부터 3해리 이상의 해역에 버릴 수 있는 음식찌꺼기의 크기는?

갑. 25mm 이하   을. 25mm 이상
병. 50mm 이하   정. 50mm 이상

 음식쓰레기를 3해리에서 배출하려면 25mm 이하로 갈아야 해요.

 음식찌꺼기의 배출
분뇨와 마찬가지로 영해기선으로부터 최소한 12해리 이상의 해역에 배출할 수 있으며, 25mm 이하로 분쇄(연마)된 음식찌꺼기의 경우 영해기선으로부터 3해리 이상의 해역에 버릴 수 있다.

정답 및 키워드 갑 음식찌꺼기를 3해리 이상의 해역에 배출하려면 ▶ 25mm 이하로 분쇄할 것

5 ⚠ 틀리기 쉬운 문제 | 출제율 ★★★ ☐☐☐

선박에서의 오염방지에 관한 규칙상 선박으로부터 기름을 배출하는 경우 지켜야 하는 요건에 해당되지 않은 것은?

갑. 선박(시추선 및 플랫폼을 제외)의 항해 중에 배출할 것

을. 배출액 중의 기름 성분이 0.0015퍼센트(15ppm) 이하일 것

병. 기름오염방지설비의 작동 중에 배출할 것

정. 육지로부터 10해리 이상 떨어진 곳에서 배출할 것

 선박의 기름 배출은 구역이 따로 정해지지 않고 기름오염방지설비가 작동하여 0.0015퍼센트(15ppm) 이하일 때 배출해야 한다.

🔆 정답 및 키워드   정 기름 배출 시 지켜야 할 요건 아닌 것 ❯
육지로부터 10 해리 이상 떨어진 곳에서 배출

6 난이도 ★★ | 출제율 ★★ ☐☐☐

해양환경관리법상 선박 또는 해양시설에서 고의로 기름을 배출 할 때의 벌칙은?

갑. 5년 이하의 징역 또는 5천만원 이하의 벌금에 처한다.

을. 3년 이하의 징역 또는 3천만원 이하의 벌금에 처한다.

병. 2년 이하의 징역 또는 2천만원 이하의 벌금에 처한다.

정. 1년 이하의 징역 또는 1천만원 이하의 벌금에 처한다.

🔆 정답 및 키워드   갑 고의로 기름 배출 ❯
5 년 이하의 징역 또는 5 천만원 이하의 벌금

7 ⚠ 틀리기 쉬운 문제 | 출제율 ★★ ☐☐☐

해양환경관리법에서 말하는 '기름'의 종류로 옳지 않은 것은?

갑. 원유   을. 석유제품

병. 액체상태의 유해물질   정. 폐유

🔆 정답 및 키워드   병 '기름'의 종류가 아닌 것 ❯ 액체 유해물질

8 난이도 ★★ | 출제율 ★★★ ☐☐☐

해양환경관리법상 모터보트 안에서 발생하는 유성혼합물 및 폐유의 처리방법으로 옳지 않은 것은?

갑. 폐유처리시설에 위탁 처리한다.

을. 보트 내에 보관 후 처리한다.

병. 4노트 이상의 속력으로 항해하면서 천천히 배출한다.

정. 항만관리청에서 설치·운영하는 저장·처리시설에 위탁한다.

 선박의 급유, 세척, 오·폐수 및 폐유처리는 지정된 장소에서 실시하여야 한다.
※ '병'은 분뇨배출에 해당한다.

🔆 정답 및 키워드   병 유성혼합물 및 폐유의 처리가 아닌 것 ❯
4노트 이상의 속력으로 항해하며 천천히 배출

9 난이도 ★★ | 출제율 ★★ ☐☐☐

선박에서의 오염방지에 관한 규칙상 유해액체물질의 분류 중 해양에 배출되는 경우 해양자원 또는 인간의 건강에 심각한 위해를 끼치는 것으로서 해양배출을 금지하는 유해액체물질은?

갑. X류 물질   을. Y류 물질
병. Z류 물질   정. 잠정평가물질

🔆 정답 및 키워드   갑 해양자원 또는 인간의 건강에 심각한 위해를 끼치는 유해액체물질 ❯ X 류 물질

chapter 04

10 난이도 ★ | 출제율 ★★ □□□

해양환경관리법상 10톤 미만 FRP 선박을 해체하고자 하는 자는 누구에게 선박해체 해양오염방지 작업계획 신고서를 제출해야 하는가?

갑. 해당 지자체장

을. 해양경찰청장 또는 해양경찰서장

병. 경찰서장

정. 해양수산청장

11 ⚠ 틀리기 쉬운 문제 | 출제율 ★★★ □□□

해양환경관리법의 적용을 받지 않는 물질로 옳은 것은?

갑. 유성혼합물　　　　을. 해저준설토사

병. 액화천연가스　　　정. 석유사업법에서 정하는 기름

12 난이도 ★★ | 출제율 ★★ □□□

해양환경관리법상 선박에서 오염물질을 배출할 수 있는 경우에 대한 설명으로 옳은 것은?

갑. 선박 또는 해양시설 등의 안전 확보나 인명구조를 위하여 부득이하게 배출하는 경우

을. 선박 또는 해양시설 손상 등으로 인하여 부득이하게 배출하는 경우

병. 선박 또는 해양시설 등의 오염사고에 있어 해양수산부령이 정하는 방법에 따라 오염 피해를 최소화하는 과정에서 부득이하게 오염물질이 배출되는 경우

정. 상기 모두 다 맞다.

13 난이도 ★★ | 출제율 ★★ □□□

선박에서의 오염방지에 관한 규칙상 선박으로부터 기름을 배출하는 경우 배출액 중의 기름 성분은 얼마 이하여야 하는가?

갑. 10ppm　　　　을. 15ppm

병. 20ppm　　　　정. 5ppm

14 난이도 ★ | 출제율 ★★ □□□

해양환경관리법상 선박으로부터 오염물질이 배출되는 경우 신고자의 신고사항으로 옳지 않은 것은?

갑. 해양오염사고의 발생일시·장소 및 원인

을. 사고선박의 명칭, 종류 및 규모

병. 주변 통항 선박 선명

정. 해면상태 및 기상상태

15 난이도 ★★ | 출제율 ★★ □□□

해양환경관리법상 해양시설로부터의 오염물질 배출을 신고하려는 자가 신고 시 신고하여야 할 사항으로 옳지 않은 것은?

갑. 해양오염사고의 발생일시, 장소 및 원인

을. 배출된 오염물질의 종류, 추정량 및 확산상황과 응급조치상황

병. 사고선박 또는 시설의 명칭, 종류 및 규모

정. 해당 해양시설의 관리자 이름, 주소 및 전화번호

16 난이도 ★★ | 출제율 ★★ □□□

선박에서의 오염방지에 관한 규칙상 선박의 폐기물을 수용시설 또는 다른 선박에 배출할 때 폐기물기록부에 작성하여야 하는 사항으로 옳지 않은 것은?

갑. 배출일시
을. 항구, 수용시설 또는 선박의 명칭
병. 폐기물 종류별 배출량
정. 선박소유자의 서명

정답 및 키워드 **정** 폐기물기록부 작성사항이 아닌 것 ▶ 선박소유자의 서명

17 난이도 ★ | 출제율 ★★ □□□

해양환경관리법, 선박에서의 오염방지에 관한 규칙상 기름기록부를 비치하지 않아도 되는 선박은?

갑. 선저폐수가 생기지 아니하는 선박
을. 총톤수 400톤 이상의 선박
병. 경하배수톤수 200톤 이상의 경찰용 선박
정. 선박검사증서 상 최대승선인원이 15명 이상인 선박

정답 및 키워드 **갑** 기름기록부를 비치하지 않아도 되는 선박 ▶ 선저폐수가 생기지 않는 선박

18 난이도 ★★ | 출제율 ★★ □□□

해양환경관리법상 선박오염물질기록부(기름기록부, 폐기물기록부)의 보존기간은 언제까지인가?

갑. 최초기재를 한 날부터 1년
을. 최종기재를 한 날부터 2년
병. 최종기재를 한 날부터 3년
정. 최종기재를 한 날부터 5년

정답 및 키워드 **병** 선박오염물질기록부 보존기간 ▶ 최종기재한 날부터 **3**년

19 난이도 ★★ | 출제율 ★★ □□□

선박에서의 오염방지에 관한 규칙상 폐유저장용기를 비치하여야 하는 선박의 크기로 옳은 것은?

갑. 모든 선박
을. 총톤수 2톤 이상
병. 총톤수 3톤 이상
정. 총톤수 5톤 이상

정답 및 키워드 **정** 폐유저장용기를 비치해야 하는 선박 크기 ▶ 총톤수 **5**톤 이상

20 난이도 ★★ | 출제율 ★★ □□□

선박에서의 오염방지에 관한 규칙상 총톤수 10톤 이상 30톤 미만의 선박이 비치하여야 하는 폐유저장용기의 저장용량으로 옳은 것은?

갑. 20리터
을. 60리터
병. 100리터
정. 200리터

정답 및 키워드 **을** **10**톤 이상 **30**톤 미만 선박에 비치해야 할 폐유용기의 저장용량 ▶ **60**리터

21 난이도 ★★ | 출제율 ★★ □□□

해양환경관리법상 선박에서 해양오염방지관리인이 될 수 있는 자는?

갑. 선장
을. 기관장
병. 통신장
정. 통신사

정답 및 키워드 **을** 해양오염방지관리인 ▶ 기관장

22 ⚠ 틀리기 쉬운 문제 | 출제율 ★★★ □□□

해양환경관리법상 선박 안에서 발생하는 폐기물 중 해양환경관리법에서 정하는 기준에 의해 항해 중 배출할 수 있는 물질로 <u>옳지 않은</u> 것은?

갑. 음식찌꺼기
을. 화장실 및 화물구역 오수(汚水)
병. 해양환경에 유해하지 않은 화물잔류물
정. 어업활동으로 인하여 선박으로 유입된 자연기원물질

💡 정답 및 키워드 📋 선박 배출가능한 폐기물로 옳지 않은 것 ◐
화장실 및 화물구역 오수

23 난이도 ★★ | 출제율 ★★ □□□

해양환경관리법상 해양환경 보전·관리·개선 및 해양오염방제사업, 해양환경·해양오염 관련 기술개발 및 교육훈련을 위한 사업 등을 위하여 설립된 기관은?

갑. 한국환경공단
을. 해양환경공단
병. 해양수산연수원
정. 한국해운조합

💡 정답 및 키워드 📋 해양환경·해양오염의 제반사항 교육 ◐ 해양환경공단

CHAPTER

05

과목별 요약노트

Section 1 기상학 기초

01 선박기상의 요소 ◉
기온, 습도, 기압, 바람, 강우, 시정, (**수온×**)

02 기상이 나쁘다는 의미 ◉
- 기압이 내려간다.
- 바람방향이 변한다.
- 소나기가 때때로 닥쳐온다.
- ※ **뭉게구름이 나타난다.** → 뭉게구름은 날씨가 좋을 때 발생

03 계절풍의 설명으로 옳지 않은 것 ◉
겨울에는 대양에서 육지로 흐르는 한랭한 기류인 남동풍이 분다.
→ **계절풍의 바람 이동**
- 여름: 대양 → 육지 (남동풍)
- 겨울: 육지 → 대양 (**북서풍**)

[여름 – 남동계절풍]　　　[겨울 – 북서계절풍]

04 여름 장마철의 기압배치 ◉ 남고북저형

05 북서풍 ◉ 북서쪽에서 남동쪽으로 바람이 부는 것
→ '바람이 시작하는 방향'으로 표기

06 해륙풍에 대한 설명 ◉ 밤에는 육지에서 바다로 **육풍**이 분다.
→ 낮: 바다 → 육지 (해풍)

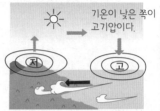
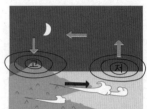

기온이 낮은 쪽이 고기압이다.

낮 : 바다 → 육지로 이동(해풍)　　밤 : 육지 → 바다로 이동(육풍)

07 맑은 날 일출 후 1~2시간은 거의 무풍상태였다가 태양고도가 높아짐에 따라 **해상** 쪽에서 바람이 불기 시작, 오후 1~3시에 가장 강한 **해풍**이 불며 일몰 후 일시적으로 무풍상태가 되었다가 육상에서 해상으로 **육풍**이 분다.

08 풍향 ◉ 바람이 **불어오는** 방향으로, 해상에서는 보통 북에서 시작하여 시계방향으로 32방위로 나타낸다.

09 계절풍에 대한 설명으로 타당하지 않은 것 ◉
여름계절풍이 겨울계절풍보다 강하다.
→ 겨울바람이 더 강하다.

10 편서풍대 내에서 서쪽에서 동쪽으로 이동하는 고기압을 **이동성 고기압**라 하고, **이동성 고기압**의 동쪽부분에는 날씨가 비교적 맑고, 서쪽에는 날씨가 비교적 흐린 것이 보통이다.

11 온난 전선의 설명으로 옳지 않은 것 ◉
격렬한 대류운동을 동반하는 적란운을 발생시키기 때문에 강한 바람과 소나기성의 비가 내린다.

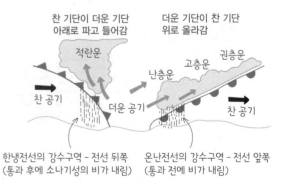

한냉전선의 강수구역 – 전선 뒤쪽　　온난전선의 강수구역 – 전선 앞쪽
(통과 후에 소나기성의 비가 내림)　　(통과 전에 비가 내림)

⬆ 한냉전선　　　⬆ 온난전선

Section 2 조석과 조류

01 **해류** ◑ 바다에서 대체로 일정한 방향으로 계속 흐르는 것

02 파도를 뜻하는 용어 설명 중 옳지 않은 것 ◑
파랑은 현재의 해역에 바람이 불지 않더라도 생길 수 있다.
→ 파랑(풍랑): 바람에 의해 생기는 파도
→ 너울: 풍랑이 전파되어 나타나는 파도 (바람의 직접적 영향이 없음)

03 **조류** ◑ 해수의 주기적인 수평운동(**수직운동**×)

04 **조석** ◑ 해수면의 주기적인 수직운동(승강운동)

05 **고조(만조)** ◑ 조석으로 인해 해면이 가장 높아진 상태

06 **저조(간조)** ◑ 조석으로 인해 해면이 가장 낮아진 상태

07 **조차** ◑ 연속적으로 발생하는 고조와 저조때의 해면 높이의 차 (또는 만조와 간조의 수위 차)

08 **사리** ◑ 조차가 가장 큰 때

09 **대조(사리)** ◑ 조차가 가장 큰 때의 조석(밀물과 썰물의 차가 최대가 되는 때)
→ 조차: 만조와 간조 사이의 높이 차 (= 간만차)

10 **창조(밀물, ↔낙조)** ◑ 저조에서 고조로 되기까지 해면이 점차 높아지는 상태

11 **낙조(썰물, ↔창조)** ◑
• 조석 때문에 해면이 낮아지고 있는 상태로서 고조에서 저조까지의 사이를 말함
• 유속이 가장 강함
• 보통 고조 전 3시~ 저조 전 3시 또는 고조 후 3시 ~ 저조 후 3시까지 흐르는 조류

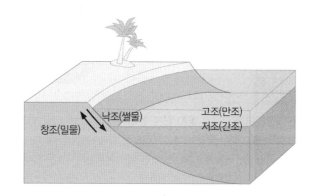

12 **조금** ◑ 밀물과 썰물의 차가 가장 작을 때(조차가 가장 작을 때)

13 **정조** ◑ 창조 또는 낙조의 전후에 해면의 승강은 극히 느리고 정지하고 있는 것 같아 보이는 상태로, 해면의 수직운동이 정지된 상태 (즉, 해면의 상승과 하강에 따른 조류의 멈춤상태)

14 **게류** ◑ 낙조류에서 창조류로 변할 때 흐름이 잠시 정지하는 현상

15 **와류** ◑ 조류가 빠른 협수로에서 일어나는 조류 상태

16 **백중사리**에 대한 설명으로 **틀린 것** ◑
고조시 해수면은 상대적으로 낮아 제방 등의 피해는 없다.
→ 백중사리는 일년 중 밀물의 수위가 가장 높아지는 것으로 해수면은 상대적으로 높다.

17 달이 밝은 야간에 달이 '**후방**'에 놓이게 되면 앞의 빛이 약한 물체가 근거리에서도 확인되지 않는 경우가 있다.
→ 즉, 달을 등지고 있으면 달빛에 의해 앞의 물체가 잘 보이지 않는다.

18 고고조(HHW, Higher High Water)의 의미 ◑
연이어 일어나는 2회의 고조 중 높은 것

19 조석표의 사용시각 ◑ 24시간 방식으로 오전(AM)과 오후(PM)로 구분하여 표기한다. (**12시간 아님**)

20 대형 선박이 수심이 얕은 지역을 통과할 때 제일 먼저 고려해야 할 수로서지(간행물) ◑ **조석표**

21 **이안류** ◐ 연안에서 수상 스포츠를 즐기는 사람들에게 외양 쪽으로 떠 내려가게 하여 위험한 상황을 만드는 해류

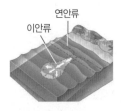

22 **이안류의 특징으로 옳지 않은 것** ◐
폭이 좁고 매우 빨라 바다에서 육지로 쉽게 헤엄쳐 나올 수 있다.
→ 이안류는 폭이 좁고 매우 빨라 바다로 쉽게 헤엄쳐 나갈 수 있지만, 바다에서 육지로 들어오기는 어렵다.

23 고조시 출항 후 고조시 재 입항이 필요 시 12시간 후를 계획하여야 한다.

24 **임의좌주(임시좌주, Beaching)를 위한 적당한 장소** ◐ 경사가 완만하고 육지로 둘러싸인 곳
→ 임의좌주: 선체의 손상이 커서 침몰 직전에 이르면 선체를 적당한 해안에 좌초 시키는 것

25 해안선을 나타내는 경계선 기준 ◐ 약최고고조면

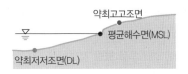

26 **해무**(sea fog, 海霧, 이류안개, 바다안개) ◐
• 따뜻한 공기가 찬 해면으로 이동할 때 해면부근의 하층 공기층이 냉각되어 수증기가 응결되며 발생한 작은 물방울이 안개 형태로 나타난다.
• 차가운 해수면 위로 따뜻한 공기가 근접하여 포화될 때 발생된다. 대기는 고온다습하고 바다의 표면 수온변화가 없이 차갑고 복사안개보다 두께가 두꺼우며 발생하는 범위가 아주 넓고 지속성이 크다.
• 해상 안개의 80%를 차지하며 **안개범위는 넓으며, 며칠씩 지속될 정도로 지속시간은 길다.**

따뜻한 공기에 포함된 수증기가 찬 해면으로 인해 냉각된다.

찬 해면

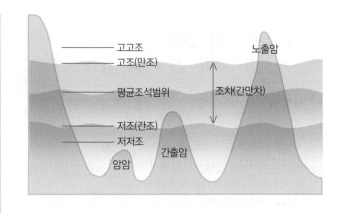

27 **간출암** ◐ 조석의 간만에 따라 수면 위에 나타났다 수중에 잠겼다하는 바위
→ 저조(썰물) 시에 수면 위에 나타나고, 밀물에 잠김

28 **노출암** ◐ 만조(고조), 간조(저조) 관계없이 항상 노출되어 있는 바위 (↔간출암)

29 **암암(暗巖)** ◐ 저조 때에도 수면 위에 잘 나타나지 않아 항해에 위험을 주는 바위

30 해저 저질의 종류 중 자갈 ◐ G
→ G(자갈 Gravel), M(뻘 Mud), R(암반 Rock), S(모래 Sand)

31 우리나라 연안의 수온에 대한 설명 ◐
• 동해안이 가장 수온이 낮다.
• 서해가 계절에 따른 수온 변화가 가장 심한 편이다.
• 남해는 쿠로시오 난류의 영향으로 수온 변화가 심하지 않다.
• 조난 시 체온 유지를 고려할 때, 10℃ 이상의 수온도 적합하다.

32 기상청 특보 중 해양기상 특보 ◐ (암기법 : 서태지 폭풍)
풍랑, 폭풍해일, 지진해일, 태풍 (주의보·경보)

33 수상레저활동이 금지되는 기상특보의 종류 ◐ 태풍주의보, 풍랑주의보, 해일주의보, 호우주의보, 대설주의보, 강풍주의보 **(폭풍주의보×)**

34 태풍의 가항반원과 위험반원 ◑ 위험반원의 후반부에 삼각파의 범위가 넓고 대파가 있다.

→ 태풍의 이동축선에 대해 좌측 반원을 위험반원이라 하며, 선박의 운항에 큰 위협이 되므로 이 영역에서의 운항은 금하는 것이 좋다. 반대로 우측 반원을 가항반원이라 하며, 이 영역에서는 바람과 파도가 상대적으로 약해 항해가 가능(可航)하다는 의미이기도 하다.

35 기상특보 중 풍랑·호우·대설·강풍 경보가 발효된 구역에서 파도 또는 바람만을 이용하여 활동이 가능한 수상레저기구를 운항 신고 후 해양경찰서장 또는 시장·군수·구청장이 허용한 경우만 가능하다.

36 기상특보가 발효된 구역에서 관할 해양경찰관서에 운항신고 후 활동가능한 수상레저기구: 윈드서핑(※ 파도·바람만 이용한 기구)

---

01 구명부환(Life Ring) – 비교적 **가까이** 있는 익수자를 구출
드로우 백(구조용 로프백) – 비교적 **멀리** 있는 익수자를 구출

 구명부환   드로우 백

02 인명구조 장비 중 부력을 가지고 먼 곳에 있는 익수자를 구조하기 위한 구조 장비가 **아닌 것** ◑ 레스큐 튜브

인명구조 장비로 직선형태의 부력재로 근거리에 빠진 사람을 구조하기 위한 기구

03 가장 멀리 던질 수 있는 구명장비 ◑ 드로우 백

04

 (구명부기)   (구명부환)

05 수동 팽창식 구명조끼에 대한 설명 중 **옳지 않은 것** ◑
CO_2 팽창 후 부력 유지를 위한 공기 보충은 필요 없다.

→ 장시간 부력 유지를 위해 수시로 빠진 공기를 보충시켜야 한다.

06 구명조끼 작동법 **아닌 것** ◑ 직접 공기를 불어 넣은 후에는 가스 누설을 막기 위해 마우스피스의 마개를 거꾸로 닫는다.

07 팽창식 구명뗏목 수동 진수 순서 ◑
안전핀 제거 – 투하용 손잡이 당김 – 연결줄 당김

08 팽창식 구명뗏목은 자동 진수 시 수심 2~4m 사이에서 수압에 의해 자동으로 구명뗏목을 분리시키는 장비 ◑ 자동이탈장치

09 구명뗏목의 자동이탈장치 ◑ 절대로 페인트 등 도장을 하면 안된다.

chapter **05**

10 구명뗏목에 승선 후 즉시 취할 행동 지침을 게시 ◐ **행동지침서**

11 행동지침서의 기재사항이 **아닌 것** ◐ 침몰하는 배 주변 가까이에 머무를 것(침몰하는 배에서 신속히 떨어질 것)

12 구명뗏목이 바람에 떠내려가지 않도록 바닷속의 저항체 역할과 전복방지에 유용한 것 ◐ 해묘

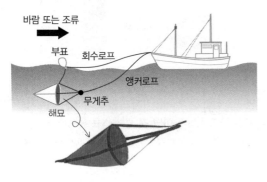

바람 또는 조류

부표   회수로프

앵커로프

무게추

해묘

13 구명조끼의 보관장소 **아닌 것** ◐ 햇볕이 잘 드는 곳

14 구명부환의 사양 ◐ 고유의 부양성을 가진 물질로 제작될 것

15 구명환과 로프를 던질 때 ◐ 바람을 **등지고** 던지는 것이 용이하다. (바람을 정면으로 맞으면 멀리 던질 수 없다)

16 조난신호 장비 사용으로 잘못된 것 ◐
발연부 신호 – 불을 붙여 손으로 잡거나 배 위에 올려놓으면 3분 이상 연기를 분출한다.(발연부 신호는 불을 붙인 후 물에 던질 것)

17 조난 신호 방법 ◐
• 손전등을 이용한 모르스 부호(SOS)
• 좌우로 벌린 팔을 상하로 천천히 흔듦
• 초단파(VHF) 통신 설비
아닌 것) 백색 등화의 수직 운동에 의한 신체 동작 신호

Section 4 # 구급법(소생술, 응급처치 등)

01 쓰러진 환자의 호흡을 확인하는 방법 ◐ 얼굴과 가슴을 **10초** 정도 관찰하여 호흡이 있는지 확인

02 기본소생술 순서 ◐
반응확인 – 도움요청 – 호흡확인 – 심폐소생술(반도호심)

03 심폐소생술에서 나이 ◐
• 소아: 만 1세부터 만 8세 미만까지
• 성인: 만 8세부터

04 **심폐소생술 응급처치 절차** ◐
119 신고 및 자동심장충격기 요청 → 의식 및 호흡 확인 → 심폐소생술 시작(가슴압박 30 : 인공호흡 2) → 자동심장충격기 사용 → 119가 올 때까지 심폐소생술 실시

05 심정지 환자에게 전기충격 후 바로 시행해야 할 응급처치 ◐ **가슴 압박**

06 심폐소생술 시 가슴압박 깊이 ◐ 소아 4~5cm, 영아 4cm

07 가슴압박 위치 ◐

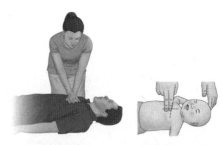

성인 또는 소아: 영아: 양쪽 젖꼭지의 중간선
가슴뼈의 아래쪽 1/2   바로 아래

08 자동심장충격기(AED) 사용 절차
전원을 켠다 → 패드 부착 부위에 물기를 제거한 후 **패드를 붙인다** → **심전도 분석** → 심실세동이 감지되면 **쇼크 스위치를 누른다** → **바로 가슴 압박 실시**

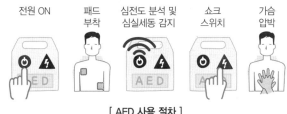

[AED 사용 절차]

전원 ON | 패드 부착 | 심전도 분석 및 심실세동 감지 | 쇼크 스위치 | 가슴 압박

---

09 자동심장충격기 패드 부착 위치
- 오른쪽 빗장뼈 아래
- 왼쪽 젖꼭지 아래의 중간 겨드랑선

---

10 자동심장충격기에서 '분석 중' 이라는 음성지시가 나올 때 ◑ **가슴압박을 중단한다.**

---

11 심정지 환자 응급처치 시 **옳지 않은 것** ◑ 자동심장충격기는 도착해도 5주기 가슴압박 완료 후 사용하여야 한다.
→ 자동심장충격기 도착 후 즉시 사용할 것

---

12 심정지 환자의 가슴압박 설명 중 옳지 않은 것 ◑
불충분한 이완은 흉강 내부 압력을 증가시켜 뇌동맥으로 가는 혈류를 증가시킨다. **(감소시킨다)**

---

13 인공호흡 시 **옳지 않은 것** ◑ 인공호흡양이 많고 강하게 불어 넣을수록 환자에게 도움이 된다.
→ 과도한 인공호흡은 흉강내압을 상승시키고 심장으로 돌아오는 정맥환류 흐름을 저하시켜 심박출량과 생존율을 감소시킬 수 있다.

---

14 심폐소생술을 시작한 후 불가피하게 중단할 경우 **10초**를 넘지 말 것

---

15 구조자가 2명일 경우 **2분**마다 교대하여 가슴압박을 한다.

---

16 심정지 환자 응급처치 방법으로 **옳지 않은 것** ◑ 인공호흡을 할 때 약 2~3초에 걸쳐 가능한 빠르게 많이 불어 넣는다.
→ 평상 시 호흡과 같은 양의 호흡으로 1초에 걸쳐서 숨을 불어 넣는다.

---

17 심폐소생술 시행 시 적절한 가슴 압박속도 ◑ 분당 100~120회

---

18 자동심장충격기 등 심폐소생술 장비를 갖추어야 하는 기관 ◑
선박법에 따른 선박 중 총톤수 **20톤** 이상 선박

---

19 윌리암슨즈 선회법 ◑
- 사람이 물에 빠진 시간 및 위치가 명확하지 못하고 시계가 제한되어 사람을 확인 할 수 없을 때 사용한다.
- 한쪽으로 전타하여 원침로에서 약 60도 정도 벗어날 때까지 선회한 다음 반대쪽으로 전타하여 원침로로부터 180도 선회하여 전 항로로 돌아가는 방법이다.

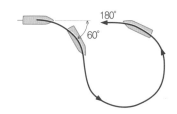

---

20 가족이 바다에 빠진 경우 **옳지 않은 것** ◑ 즉시 입수하여 가족을 구조

---

21 보트를 이용한 익수자가 있을 때 접근 방법 ◑

---

22 익수자를 구조할 때 선미로 다가가면 프로펠러 때문에 익수자가 다칠 우려가 있어 **선수를 익수자쪽으로 최대한 전타**하여 **저속으로 접근**한다.

---

23 무동력보트를 이용한 익수자 구조방법 ◑
선미가 선수보다 낮으며 스크루가 없기 때문에 **선미로 유도**하여 끌어 올리는 것이 효과적이다.

---

24 기도폐쇄 치료 방법으로 옳지 않은 것 ◑ 1세 미만 영아는 복부 밀어내기를 한다.(장기손상이 우려)

---

25 하임리히법의 순서 ◑
1. 환자의 뒤에 서서 환자의 허리를 팔로 감싸고 한쪽 다리를 환자의 다리 사이에 지지한다.
2. 주먹 쥔 손의 엄지를 배꼽과 명치 중간에 위치한다.
3. 다른 한 손으로 주먹 쥔 손을 감싸고, 빠르게 후상방으로 밀쳐 올린다.
4. 이물질이 밖으로 나오거나 환자가 의식을 잃을 때까지 계속한다.

---

26 떡을 먹다가 기침 ◑ 등을 두드려 기침을 유도

---

27 저체온증 ◑ **35℃** 이하

chapter 05

28 저체온증 응급처치로 **옳지 않은 것** ◐
  신체 말단부위부터 가온을 시킨다.
   → 복부, 흉부 등의 중심부를 가온하도록 한다.

29 저체온증 익수자의 체온 손실을 막기 위한 응급처치 ◐
  젖은 의류를 벗기고 담요를 덮어 보온을 해준다.

30 동상 환자에 대한 응급처지로 **잘못된 것** ◐
  동상부위를 녹이기 위해 열을 직접 가하는 것이 도움이 된다.
   → 직접 열을 가하는 것은 추가적인 조직손상을 일으킨다.

31 응급처치 방법으로 **옳지 않은 것** ◐
  복부를 강하게 부딪힌 환자는 대부분 금식이 필요할 수 있으므
  로 음식물 섭취는 금하고 진통제는 필수로 먹을 수 있도록 한다.
   → 진통제 복용 금함

32 골절 증상로 **옳지 않은 것** ◐
  관절이 아닌 부위에서 골격의 움직임은 관찰되지 않는다.
   → 관찰될 수 있다.

33 지혈대 사용으로 **옳지 않은 것** ◐
  팔, 다리관절 부위에도 사용이 가능하다.
   → 관절에는 절대 사용하지 않는다.

34 상처의 드레싱 ◐
  • 상처부위를 소독거즈나 붕대로 감는 것
  • 상처 오염을 예방
  • 상처부위를 고정하기 전 드레싱이 필요
  • **지혈에 도움**

35 개방성 상처 세척용액 ◐ 생리식염수(**알코올×**)

36 지혈대로 적합하지 **않은 것** ◐ 생명을 위협하는 심한 출혈로(지혈
  이 안 되는) 지혈대 적용 시 최대한 가는 줄이나 철사를 사용한다.

37 **지혈 방법**
  • 국소 압박법
  • 선택적 동맥점 압박법
  • 지혈대 사용법
  ※ **아닌 것)** 냉찜질을 통한 지혈법(완전한 지혈이 어렵다)

38 개방성 상처의 응급처치 방법으로 **틀린 것** ◐
  무리가 가더라도 손상부위를 움직여 정확히 고정한다.
   → 손상부위를 과도하게 움직이면 심한 통증과 2차 손상을 유발할 수 있
      으므로 움직임을 최소화한다.

39 현장 응급처치로 **틀린 것** ◐
  콘텍트 렌즈를 착용한 모든 안구손상 환자는 현장에서 즉시 렌즈
  를 제거한다.
   → 응급처치로 렌즈 제거로 인한 눈 손상이 악화될 우려가 있다.

40 전기손상에 대한 설명으로 **틀린 것** ◐
  전기가 신체에 접촉 시 일반적으로 들어가는 입구의 상처가 출구
  보다 깊고 심하다.
   → 전기 손상 시 상처 크기: 출구 상처 > 입구 상처

41 열사병 ◐ 땀을 분비하는 기전이 억제되어 **땀을 흘리지 않는다.**

42 근골격계 손상 응급처치로 **옳지 않은 것** ◐
  붕대를 감을 때에는 중심부위에서 신체의 말단부위 쪽으로 감
  는다.
   → 붕대를 감을 때 말단부에서 중심부로

43 신체 절단물 응급처치 ◐ 비닐주머니에 밀폐하여 **얼음이 닿지 않
  도록** 얼음이 채워진 비닐에 보관한다.

44 화학 화상에 대한 응급처치로 **틀린 것** ◐
  중화제를 사용하여 제거할 수 있도록 한다.
   → 중화제는 화학반응으로 발생되는 열로 인하여 조직손상이 더욱 악화
      될 수 있으므로 사용하지 말아야 한다.

45 경련 시 응급처치 방법 ◐ 경련 후 기면상태가 되면 환자의 몸을
  한쪽 방향으로 기울이고 기도가 막히지 않도록 한다.

46 뇌졸중 환자에 대한 주의사항이 **아닌 것** ◐ 뇌졸중 증상 발현 시
  간은 중요하지 않다.

47 해파리에 쏘였을 때 대처요령이 **아닌 것** ◐ 식초로 세척
   → 촉수 제거, 바닷물로 세척

48 부목고정의 일반원칙이 **아닌 것** ❷
골절이 확실하지 않을 때에는 손상이 의심되더라도 부목은 적용하지 않는다.

→ 골절이 확실하지 않더라도 손상이 의심될 때에는 부목으로 고정한다.

49 생존수영의 방법으로 **옳지 않은 것** ❷ 두 손으로 구조를 요청한다.

50 협심증에 대한 설명으로 **옳지 않은 것** ❷
가슴통증의 지속시간은 보통 1시간 이상 나타난다.

→ 협심증 지속시간: 보통 3~8분간, 드물게 10분 이상

51 유류 화재의 종류 ❷ B급 화재

52 엔진룸 화재와 같은 B급 유류 화재에는 **대부분의 소화기 사용이 가능**하다.

53 화재 발생 시 조치사항으로 **옳지 않은 것** ❷
선내 조명등의 전원 유지

54 화재 시 소화 작업을 하기 위한 조종방법으로 **옳지 않은 것** ❷
중앙부 화재 시 선수에서 바람을 받도록 조종한다.

55 휴대용 CO_2 소화기의 최대 유효거리 ❷ 1.5~2m

56 **1도 화상**의 특징 ❷ **피부 표피층만 화상**, 일광 화상 시 주로 발생

57 **2도 화상**의 특징 ❷ 피부 표피와 진피 일부의 화상으로 **수포가 형성되고 통증이 심하며** 일반적으로 2주에서 3주 안으로 치유된다.

58 흡입화상에 대한 설명으로 **옳지 않은 것** ❷
초기에 호흡곤란 증상이 없었더라면 정상으로 볼 수 있다.

→ 초기에는 호흡곤란 증상이 없었더라도 나중에 호흡곤란이 발생할 수 있다.

운항 및 운용

동력수상레저기구 조종면허
❸ 수상레저기구 장치

선박 일반

01 선박의 주요 치수로 옳지 않은 것 ❷ **높이**

02 **흘수** ❷ 선체가 수면 아래에 잠겨 있는 깊이를 나타냄
(선박의 항행이 가능한 수심 예측)

03 **건현** ❷ 예비부력을 가져 안전항해를 하기 위해 필요

04 **전폭** ❷ 선체의 가장 넓은 부분에 있어서 양현 외판의 외면에서
외면까지의 수평거리

05 **트림** ❷ 길이 방향의 선체 경사를 나타
내는 것(선수 흘수와 선미 흘수의 차이)

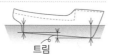

06 **선수미 등흘수** ❷ 모터보트로 얕은
수로를 항해하기에 가장 적당한 선
체 트림상태

07 **복원력** ❷ 원래의 상태로 돌아오려고 하는 힘

08 **복원력 감소의 원인** ❷
• 건현의 높이를 낮춤
• 연료 탱크 내 유동수 발생
• 무게중심이 갑판쪽에 있음
(갑판 화물의 무게 증가 등)
• 상갑판의 중량물을 갑판
아래 창고로 이동(×)

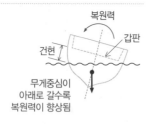

09 **복원력이 증가하면** ❷ 횡요 주기가 짧아짐
※ 횡요 주기: 앞에서 보았을 때 선체가 한쪽으로 최대한 경사진 상태에
서 다른 쪽으로 기울었다를 반복하며 원위치로 되돌아오는 시간을 말
하며, 복원력이 증가하면 횡요 주기가 짧아진다.

10 **복원력 향상 방법** ❷ 무거운 화물을 선박의 낮은 부분(갑판 밑)으
로 옮겨 무게중심을 낮춘다.

11 **타(舵)**는 선박에 보침성과 선회성을 제공한다.
※ 보침성: 배가 똑바로 가도록 유지하는 것
※ 선회성: 선수의 방향을 바꾸기 위해 선회하는 것

12 **닻의 역할** ❷
• 선박을 임의의 수면에 정지 또는 정박
• 좁은 수역에서 선회하는 경우에 이용
• 부두에 접안 및 이안 시에 보조 기구로 사용
• 침로유지에 사용 (타의 역할)

13 **피험선**: 협수로 통과 시나 입출항 통과 시에 준비된 위험 예방선

항해 계기

01 해상에서의 거리 단위 ❷ 해리

02 1해리 ❷ 1,852m

03 속도(노트) = $\dfrac{거리(해리)}{시간}$ (1시간동안 1해리를 가는 속력)

04 **대수속력**(speed through water) ❷ 선박이 수면상을 지나는 속
력(= 기관 속력)

05 **대지속력**(speed over ground) ❷ 대수속력에서 해류의 영향을
가감한 속력(전진 속도 = 실제 속력 = 육지에서 바라본 속력)
• 목적지의 도착예정시간(ETA)을 구할 때는 대지속력(실제속력)
으로 계산한다.

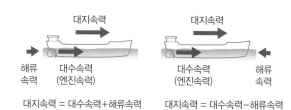

대지속력 = 대수속력＋해류속력 　　대지속력 = 대수속력－해류속력

06 해도(지도)의 표시 요소 ◐ 조류 속도, 조류 방향, 수심, (**풍향×**)

07 해도 도식에서 의심되는 수심 ◐ SD

08 **등심선** ◐ 해도에서 수심이 같은 장소를 연결한 선

09 RK(RocK) ◐ 바위

10 해도를 이용할 때 자세히 표현된 구역은 수심이 복잡하게 기재되었더라도 정밀하게 측량된 것이다.

11 해도에 표기된 조류의 방향 및 속도는 측정치의 **평균방향과 평균속도**이다.

12 선박에서 상대방위 ◐ **선수를 기준으로 한 방위**

13 동력수상레저기구의 계기가 **아닌 것** ◐ 축(SHAFT) 게이지

14 **축척** ◐ 두 지점 사이의 실제 거리와 해도에서 이에 대응하는 두 지점 사이의 거리의 비

15 자기 컴퍼스(Magnetic compass) ◐ 단독으로 작동 가능. 임의 물표의 방위를 측정하여 선박의 위치를 구함

16 점장도는 고위도로 갈수록 왜곡이 심하므로 두 지점간의 거리가 **부정확**하다.

17 컴퍼스의 자차 원인 ◐ 선수를 동일한 방향으로 장시간 둠

18 **침로** ◐ 선수미선과 선박을 지나는 자오선이 이루는 각

19 **풍압차** ◐ 바람을 받아 떠밀려 실제 지나온 항적과 선수미선이 일치하지 않을 때의 각

20 진침로(실제 배가 진행하는 방향) ◐ 나침로(나침 방위)에서 편차, 자차, 풍압차를 반영한 각도

21 상대선에서 본선과 같은 주파수대의 레이더를 사용하고 있을 때 나타나는 현상 ◐ **간섭현상**

22 레이더 플로팅을 통해 알 수 있는 타선 정보 ◐ 진속력, 진침로, 최근접 거리, **선박 형상(×)**

23 레이더의 기능 ◐ 거리측정, 방위측정, 물표탐지, **풍속측정(×)**

24 레이더 화면의 영상 판독 시 상대선의 침로와 속력 변경으로 인해 상대방위가 변화하고 있다면 **충돌위험이 있을 수 있다.**

25 초단파(VHF) 통신설비의 채널 16 ◐ **조난, 긴급, 안전 호출용**으로만 사용

26 레이더에 연결되는 주변 장치 ◐ 자이로컴퍼스, GPS, 선속계, VHF(×)

27 현재 위치 측정방법으로 가장 정확한 방법 ◐ 위성항법장치(GPS)

28 연안항해에서 선위 측정 시 부정확한 방법 ◐ 레이더 방위만에 의한 방법

29 위성항법장치(GPS) 플로터의 해도(간이전자해도)는 보조용이다.(선위확인 등 안전한 항해를 위한 목적으로 사용×)

30 선박자동식별장치(AIS, Automatic Identification System) ◐ 시계가 좋지 않아도 상대선의 선명, 침로, 속력 등의 식별 가능하므로 선박 충돌방지에 효과적이다.

31 침로유지를 위한 목표물은 가능한 **먼 곳**의 목표물을 선정할 것
　→ 교차방위법과 비교할 것 (직선 침로를 똑바로 활주하기 위해 가능한 한 먼 쪽에 있는 목표물을 설정)

32 교차방위법을 위한 물표 선정 시 주의사항이 **아닌 것** ◐ 다수의 물표를 선정하는 것이 좋다.
　→ 교차방위법: 항해 중 배에서 2~3개의 연안 목표물의 각도를 재고, 그 방위선을 해도에 그려, 그 교차점을 찾아 연안에서 배의 현재 위치를 측정하는 방법

33 변침 지점과 물표 선정 시 주의사항 ▶ 변침 후 침로와 거의 평행 방향에 있고 거리가 **가까운 것**을 선정한다.(**먼 것×**)

　→ 목표물은 해도상의 위치가 명확한 것이어야 하며, 너무 먼 것보다 가까운 거리의 것을 정하는 편이 좋다.

34 중시선에 대한 설명으로 **틀린 것** ▶ 중시선은 일정시간에만 보인다.

　→ 중시선은 해도상에 그려지는 하나의 선으로, 관측자는 2개의 식별 가능한 물표를 하나의 선으로 볼 수 있으며, 항해사가 그 위치를 신속히 식별할 수 있도록 하는 데 사용된다.

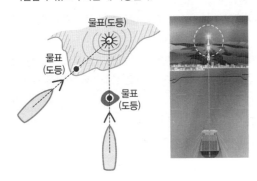

35 좁은 수로나 항만의 입구 등에 2~3개의 등화를 앞뒤로 설치하여 그 중시선에 의해 선박을 인도하도록 하는 것: **도등**

36 총톤수 2톤 이상의 소형선박의 필수 무선통신설비 ▶ 초단파대 무선설비

37 비상위치 지시용 무선표지설비(EPIRB)는 침몰 시 위성 설치 위치 ▶ 조난신호를 발신하므로 **선교(Top bridge) 외부에 설치**

38 소개정(Small Correction)　(19)312, 627 **(20)110** ▶ 소개정 최종 개보는 2020년 110번 항까지이다.

Section 3　국제신호

01 A기 ▶ '본선은 잠수부(스쿠버 다이빙)를 내리고 있으니 저속으로 피하라'는 의미

02 B기 ▶ 위험물 운반선(빨간색 바탕 기류, 오른쪽 〈 모양)

03 NC기 ▶ '조난중, 즉시 지원'을 의미

04 D기 ▶ '피하라, 본선은 조종이 자유롭지 않다'는 의미

05 J기 ▶ '화재가 발생했으며 위험물이 적재되었다. 본선을 충분히 피하라'는 의미

06 O기 ▶ 바다에 사람이 빠졌을 때 국제 기류 신호

07 S기 ▶ '후진중이다'는 의미

08 I기 ▶ 일본 국기

09 의료수송 식별 표시 ▶
　• 단독 또는 공동으로 사용
　• 선측, 선수, 선미 또는 갑판상에 백색바탕에 적색
　• 제네바협정에서 정한 의료수송에 종사함으로 보호받을 수 있는 선박의 식별표시

10 비상집합장소 ▶ 선박비상상황 발생 시 탈출을 위해 모이는 장소

11 음향표지 또는 무중신호의 작동 ▶ 주야간 모두 작동해야 함

12 우현항로 표지의 색 ▶ 홍색

13 북방위 표지 ▶
　• 북쪽이 안전수역이며, 북쪽으로 항해할 수 있다.
　• 2개의 흑색 원추형으로 상부흑색, 하부황색의 방위표지
　　—흑색
　　—황색

14 고립장해표지 ▶ 선박이 통항할 수 있는 해역 내에서 항행장애가 될 고립된 장애물을 표시
　• 이 표지의 주변이 가항수역이다.
　• 두표는 흑구 두 개가 수직으로 연결
　• 암초, 침선 등 고립된 장애물 위에 설치 또는 계류하는 표지
　　—흑색
　　—적색

Section 4 수상레저기구의 조종술

01 선박의 회전 운동 ◐

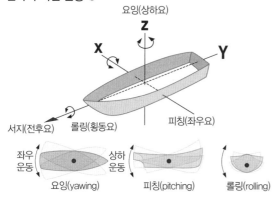

요잉(상하요) Z

X Y

서지(전후요) 롤링(횡동요) 피칭(좌우요)

좌우 운동 / 상하 운동
요잉(yawing)　피칭(pitching)　롤링(rolling)

회전운동	의미
롤링	• 앞에서 보았을 때 좌우로 흔들리는 현상 • 선박의 복원력, 러칭, 전복과 관계
요잉	• 선수가 좌우 교대로 선회하려는 왕복 운동 • 선박의 보침성과 관계
피칭	• 옆에서 보았을 때 선수, 선미가 앞뒤로 흔들리는 현상 • 선수미 등흘수

※ 보침성: 원하는 방향으로 똑바로 갈 수 있는 성질(침로안정성)

02 폭풍우 시 대처방법 아닌 것 ◐

파도의 충격과 동요를 최대로 줄이기 위해 속력을 줄이고 풍파를 우현 90° 방향에서 받도록 조종한다.

→ 풍파를 90° 방향으로 받으면 보트가 뒤집어 질 우려가 크다.

03 높은 파도를 넘는 방법 ◐

파도를 선수 20~30° 방향에서 받도록 한다.

04 황천 항해 중 선박조종법 ◐

• 라이 투(Lie to)
• 히브 투(Heave to)
• 스커딩(Scudding)
아닌 것) 브로칭(Broaching)

→ 황천 항해: 폭풍과 태풍 등의 악천후 속에서의 항해

05 스커딩 ◐ 풍랑을 **선미** 좌·우현 25~35도에서 받으며, **파에 쫓기는 자세**로 항주하는 것

06 히브 투 ◐ 황천으로 항해가 곤란할 때 바람을 선수 좌·우현 25~35도로 받으며 타효가 있는 **최소한의 속력**으로 전진하는 것

07 파도(파랑)에 의한 위험상태 ◐

• 러칭
• 브로칭
• 동조 횡동요
• 슬래밍

08 러칭 ◐ 선체가 횡동요 중에 옆에서 돌풍을 받든지 또는 파랑 중에서 대각도 조타를 하면 선체는 갑자기 큰 각도로 경사하게 된다.

→ 횡동요(≒롤링): 선박의 길이방향을 중심으로 주기적인 회전 왕복 운동

롤링(횡요) 돌풍

09 브로칭 ◐ 브로칭 현상이 발생하면 파도가 갑판을 덮치고 대각도의 선체 횡경사가 유발되어 선박이 전복될 위험이 있다.

10 수심이 얕은 해역을 항해할 때 발생하는 현상 ◐

조종 성능 저하, 속력 감소, 선체 침하 현상
아닌 것) 공기 저항 증가

11 전진 중 횡방향에서 바람을 받으면 ◐ 선수는 바람이 불어오는 방향으로 향함

12 전타 선회 시 제일 먼저 생기는 현상 ◐ 킥(Kick)

13 킥(Kick) 현상 ◐

• **선회 초기** 선체는 원침로보다 **안쪽 (바깥쪽×)**으로 밀리면서 선회한다.

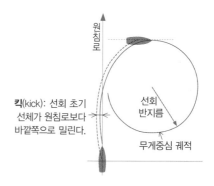

원침로

킥(kick): 선회 초기 선체가 원침로보다 바깥쪽으로 밀린다.

선회 반지름

무게중심 궤적

chapter 05

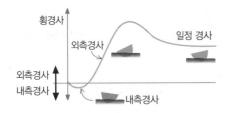

- 선회 초기 선체는 **내측 경사**하며, 선회를 계속하면 선체는 정상 선회를 하며 **외측 경사**하게 된다.

14 좌초 후 자력으로 이초하는 방법 ❯
갯벌에 얹혔을 때에는 선체를 좌우로 흔들면서 기관을 사용
→ **이초**: 항해 중 암초에 걸린 배가 암초에서 떨어져 다시 물에 뜨는 것

15 해양사고 시 이초 여부 판단 ❯
- 손상 부분으로부터 들어오는 침수량과 본선의 배수 능력을 비교하여 물에 뜰 수 있을 것인가
- 해저의 저질, 수심을 측정하고 끌어낼 수 있는 시각과 기관의 후진 능력을 판단
- 조류, 바람, 파도가 어떤 영향을 줄 것인가
- 무게를 줄이기 위해 적재된 물품을 어느 정도 해상에 투하하면 물에 뜰 수 있겠는가

16 협수로와 만곡부에서의 운용 ❯
조류는 역조 때에는 정침이 잘 되나 순조 때에는 정침이 어렵다.

17 협수로를 통과하는 적절한 시기 ❯
1. 일반 원칙 : 낮에 조류가 약한 시기에 통과
2. **굴곡이 없는 곳** : 순조 시에 통과
3. **굴곡이 심한 곳** : 역조 시에 통과

순조일 때 유속의 영향을 받기 쉬우므로 침로가 변경되기 쉽다.

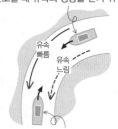

역조일 때 유속을 거스르므로 침로를 일정하게 유지하기 쉽다.

18 협수로에서의 주의사항 ❯
일시에 대각도 변침을 피하고, 조류 방향과 직각되는 방향으로 선체가 가로 놓이게 되면 조류 영향을 크게 받는다.

19 좁은 수로에서 변침 시 ❯ 소(小) 각도로 여러 번 변침

20 두 선박 사이에 추월하거나 마주칠 때의 운용 ❯
- 상호 간섭 작용을 막기 위해 저속으로 한다.
- 소형선은 선체가 작아서 쉽게 끌려들 수 있다.
- 추월할 때에는 추월선과 추월 당하는 선박은 선수나 선미의 고압 부분끼리 마주치면 서로 반발한다.
- 상호 간섭 작용을 막기 위해 상대선과의 거리를 크게(**작게 ×**) 한다.

21 Fl(3)WRG.15s 21m 15~11M 등질에 대한 설명이 **아닌 것** ❯
WRG : 지정된 영역안에서 서로 다른 백, 홍, 청등이 비춘다.
→ **WRG**: White(백), Red(홍), Green(녹)

22 선박 간 충돌 또는 장애물과의 접촉 사고 시 조치 사항이 **아닌 것** ❯
충돌이나 접촉 직후에는 기관을 전속으로 후진하여 충돌 대상과 안전거리 확보가 우선이다.

23 선박 충돌 시 조치사항 ❯
침몰할 염려가 있을 때에는 임의좌초 시킨다. (주의)
아닌 것) 침수량이 배수량보다 많으면 배수를 중단한다.
→ 부력 상실 전까지 시간 확보를 위해 배수를 중단해서는 안 된다.

24 안전한 속력을 결정할 때 고려사항 ❯
- 시계의 상태
- 해상교통량의 밀도
- 선박의 정지거리·선회성능, 그 밖의 조종성능
아닌 것) 선박의 승선원과 수심과의 관계

25 모터보트로 야간 항해 시 ❯ 기적과 기관을 사용

26 동력수상레저기구의 야간 항해 시 ❯ 다소 멀리 돌아가는 일이 있더라도 안전한 침로를 택하는 것이 좋다.

27 계선줄의 길이를 결정하는데 우선 고려사항 ❯ 조수간만의 차
→ 계선줄: 선박을 부두 등에 붙들어 매는 데 쓰는 밧줄

28 모터보트가 전복될 위험이 가장 큰 경우 ❯ 횡요주기와 파랑의 주기가 일치할 때
- 횡요주기: 배를 앞에서 보았을 때 좌우로 흔들리는 주기
- 파랑주기: 파도의 파동 주기

29 운항 중 우현 쪽으로 사람이 빠졌을 때 ◐ 우현 변침
　　→ 모터 선수를 익수자 방향으로 향하도록 변침한다.

30 상대선박과 충돌위험이 가장 큰 경우 ◐
　　방위가 변하지 않을 때

31 등대의 광달거리 ◐ 빛이 도달하는 최대거리
　　아닌 것) 날씨와는 관계없다. (날씨에 따라 광달거리가 다르다)

32 보트가 얕은 모래톱에 올라앉은 경우 조치 ◐ 엔진 정지

33 이안 거리(해안으로부터 떨어진 거리)를 결정할 때 고려사항 아닌 것 ◐ 해도의 수량 및 정확성 (해도(섬)와 무관)

34 모터보트를 조종할 때 주의사항이 아닌 것
　　교통량이 많은 해역은 최대한 신속하게 이탈한다.
　　→ 교통량이 많은 해역에서는 충돌 위험이 크므로 주의하며 이탈한다.

35 수상오토바이에 대한 설명이 아닌 것
　　선체의 안전성이 좋아 전복할 위험이 적다.

36 **선박 충돌 시 조치** ◐
　　• 주기관을 정지시킨다.
　　• 두 선박을 밀착시킨 상태로 밀리도록 한다. (주의)
　　• 절박한 위험이 있을 때는 음향신호 등으로 구조를 요청한다.
　　아닌 것) 선박을 후진시켜 두 선박을 분리한다.
　　→ 충돌 부위에 물 유입량이 많아져 침수 위험이 더 커질 수 있다.

37 선박의 조난신호에 관한 사항이 아닌 것 ◐
　　유사시를 대비하여 정기적으로 조난신호를 행해야 한다.
　　→ 유사시에만 사용

38 고무보트 운항 전 확인사항이 아닌 것 ◐
　　흔들림을 방지하기 위해 중량물을 싣는다.

39 선박 침수 시 조치사항이 아닌 것 ◐ 즉각적인 퇴선조치

40 수로 둑이나 계류장에 의한 선박 영향 ◐
　　아닌 것) 둑에서 가까운 선수 부분은 둑으로부터 흡인 작용을 받는다.
　　→ 둑에서 가까운 선수 부분은 둑으로부터 반발 작용을 받고, 선미 부분은 흡인 작용을 받는다. 이런 이유로 모터보트를 계류장에 접안할 때 선수를 먼저 접안하고, 선미는 나중에 접안한다.

41 선박이 우현쪽으로 둑에 접근할 때 선수가 받는 영향 ◐ 반발

42 동력수상레저기구 두 대가 근접하여 나란히 고속 운항할 때 현상 ◐ 흡인작용에 의해 서로 충돌할 위험이 있다.
　　→ 흡인작용 : 나란히 운항하는 선박 사이에 압력이 낮아져 흡입력이 크게 작용하여 서로를 잡아당기는 현상

43 우회전 프로펠러로 운행하는 선박이 계류 시 우현계류보다 좌현계류가 더 유리한 이유 ◐ 후진 시 배출류의 측압작용으로 선미가 좌선회하는 것을 이용한다.
　　→ **배출류의 측압작용** : 후진 중일 때 프로펠러는 시계반대방향으로 회전하며, 좌현측 배출류는 선체 형상을 따라 흘러나가지만, 우현측 배출류는 우측미 외벽을 때리며 선미가 좌측으로, 선수는 우측으로 회두된다.

44 **모터보트 상호간의 흡인·배척 작용의 특징** ◐
　　• 접근거리가 가까울수록 흡인력이 크다.
　　• 추월시가 마주칠 때보다 크다.
　　• 수심이 얕은 곳에서 뚜렷이 나타난다.
　　• 고속 항주 시 크게 나타난다.(저속×)

45 모터보트의 선회 시 우회전 프로펠러가 1개인 경우 횡압력에 의해 선수가 좌편향되므로 초기에 선회방향에 영향을 받는다.

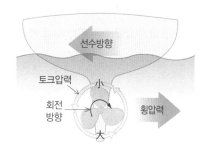

46 추적류(반류) ◐ 선체가 앞으로 나아가면서 물을 배제한 수면의 빈 공간을 주위의 물이 채우려고 유입하는 수류로 인해, 뒤쪽 선수미선상의 물이 앞쪽으로 따라 들어오는데 조류를 말한다.

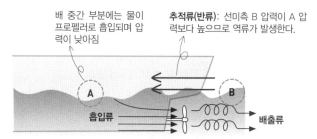

chapter 05

47 모터보트를 현측으로 접안 시 선수미 방향을 기준으로 진입각도 ◐ 약 20~30°

48 모터보트의 조타설비 ◐ 운항 방향을 제어

49 항해 시 변침 목표물 ◐ 부표

50 모터보트에 승·하선 시 ◐ 모터보트의 중앙에서

51 **바람과 조류가 선박에 미치는 영향** ◐
   바람은 회두를 일으키고, 조류는 모터보트를 이동시킴(떠밀림)
   ※ 회두(回頭): 뱃머리(선수)가 돌아가는 현상

52 모터보트의 활주 상태 ◐
   모터보트의 속력과 양력이 증가되어 선수 및 선미가 수면과 평행 상태가 되는 것

53 모터보트를 조종할 때 조류의 영향 ◐
   조류가 빠른 수역에서 선수 방향의 조류(역조)는 타효가 커서 조종이 잘 되지만, 선미 방향의 조류(순조)는 조종 성능이 저하된다.

54 선박 크기가 다를 경우 ◐ 작은 선박이 더 큰 영향

55 레저기구가 다른 레저기구를 추월할 때의 영향 ◐ 소형 레저기구가 훨씬 큰 영향을 받는다.

56 통항 중인 레저기구 ◐ 접안선에서 멀리 떨어져 통항

57 구조정으로 활용한 인명구조 방법 ◐
   구조정을 조난선의 풍하쪽에 접근시킨다.

58 **운송을 위한 용적** ◐ 순톤수(Net Tonnage)

59 **우현표지의 의미** ◐ 우측에 장애물이 있을 때 그 한계를 나타낸 것이므로 우현표지의 좌측으로 항행하라는 의미이다.

60 야간에 다른 선박을 피할 때 ◐ **대각도로 변침**

61 선저 밸브: 평상시에는 열어 배에 고인 물을 배출시키며, 침수 시 잠궈 물의 유입을 최소화한다.

62 시정이 제한될 때의 속력 ◐ **안전속력**, 최저속력(×), 제한속력(×)

63 **시정(눈으로 보이는 최대거리)이 제한된 상태** ◐
   • 안개 속
   • 침로 전면에 안개덩이가 있는 때
   • 눈보라가 많이 내리는 때
   아닌 것) 해안선이 복잡하여 시야가 막히는 경우

64 시계 제한 상황에서 주의사항 **아닌 것** ◐ 기관 정지, 닻 투하

65 **항해 중 안개가 끼었을 때** ◐ 안전한 속력으로 항해하며, 소리를 발생하고 근처에 항해하는 선박에 알린다.

66 **시정이 나빠졌을 때 조치사항** ◐
   • 낮에도 항해등을 점등하고 속력을 줄인다.
   • 다른 선박의 무중신호 청취에 집중한다.
   • 주변의 무중신호 청취를 위해 기적이나 싸이렌은 작동
   ※ 무중신호(霧中信號): 안개 · 눈 등으로 앞이 잘 보이지 않을 때(시정이 나쁠 때) 기적이나 싸이렌 등으로 배의 위치나 움직임을 알리는 신호

67 **안개 등으로 운항 금지** ◐ 가시거리 0.5km 이내 **(마일×)**

68 **제한 시계의 원인** ◐ 눈, 안개, 모래바람, **야간 항해(×)**

CHAPTER 03 동력수상레저기구 장치

Section 1 내연기관

01 4행정 가솔린 기관의 작동 순서 ◎
- **흡입행정**: 피스톤이 내려오며 공기(또는 공기+연료)를 실린더에 흡입
- **압축행정**: 피스톤이 상승하며 공기(또는 공기+연료)를 압축
- **폭발행정**: 압축된 공기(또는 공기+연료)에 연료를 분사하거나 점화하여 연소(폭발)시켜 그 압력에 의해 피스톤이 내려오며 **동력을 발생**
- **배기행정**: 피스톤이 상승하며 연소가스를 실린더 밖으로 배출

02 가솔린기관에 비해 디젤기관이 갖는 특성 ◎
디젤엔진은 흡입공기를 압축하여 고온고압의 공기에 연료를 분사시켜 착화하는 방식이며, 가솔린엔진에 비해 행정을 길게 하여 압축비가 높은 특징이 있다. (즉, **압축비가 높아야 한다**)

03 열효율을 높이기 위한 조건 ◎ 압축압력을 높임
열효율이 높다는 것은 연료가 실제 동력으로 이용되는 정도가 높아진다는 의미로 4행정 사이클 엔진의 압축압력(혼합기 또는 공기가 압축되어 있을 때의 압력, ≒ 압축비)은 높을수록 열효율이 좋다.

04 연료소비율 ◎ 1시간당 1마력을 얻기 위해 소비하는 연료량

05 가솔린 기관의 연료 구비조건 ◎
- 내부식성이 크고, 저장 시에 안정성이 있어야 한다.
- 옥탄가가 높아야 한다.
- 연소 시 발열량이 커야 한다.
- ※ **휘발성(기화성)이 커야 한다.(작아야 한다×)**
- → 가솔린 엔진은 연소에 원활한 혼합기를 형성하기 위해 연료의 기화가 커야 한다.

06 연료 연소성의 향상 방법 아닌 것 ◎ 냉각수 온도 낮춤

07 디젤기관의 압축압력이 저하하는 원인 ◎
- 실린더 라이너의 마모가 클 때
- 피스톤 링의 마모, 절손 또는 고착되었을 때
- 배기밸브와 밸브시트의 접촉이 안 좋을 때
- ※ 배기밸브 타펫 간격이 **너무 작을 때(클 때×)**
- → 타펫 간격(tappet clearance)은 밸브 스템 상부와 로커 암 사이의 간격으로 '밸브 간극'을 의미한다. 타펫 간격이 너무 좁을 경우 밸브가 완전히 닫히지 않아 압축공기가 누출되어 압축압력이 저하된다.

08 피스톤의 역할이 아닌 것 ◎ 회전운동을 통해 외부로 동력을 전달 (크랭크축의 역할임)

09 고속 내연기관에서 알루미늄 합금 피스톤을 많이 쓰는 이유 ◎ 중량이 가볍다.

10 피스톤 링(Piston ring)의 고착 원인 ◎
피스톤 링은 피스톤에 설치되어 피스톤 벽과 피스톤 사이에 기밀을 유지시켜 연소 가스 누설, 실린더 벽과 피스톤 사이를 윤활하는 오일량을 제어한다. '피스톤 링의 고착'이란 피스톤과 실린더 벽이 늘어붙는 현상을 말한다.
아닌 것) 냉각수의 순환량 과다
→ 냉각수의 순환량이 많으면 실린더의 온도는 낮아지므로 피스톤 링이 고착되는 원인과 거리가 멀다.

11 피스톤 링 플러터(Flutter) 현상의 영향 ◎ 블로바이 현상
- **플러터**: 피스톤이 고속으로 운동할 때 피스톤 링이 링 홈의 상하로 움직이며 진동을 일으키는 것으로, 피스톤링과 실린더 벽 또는 홈의 상·하면 사이에 공간이 생겨 가스 누설 증가의 원인이 된다.
- **블로바이(Blow-by) 현상**: 실린더의 압축행정 시 실린더 벽과 피스톤 사이의 틈 사이로 미량의 혼합기 가스가 새어나오는 현상

12 **과급(supercharging)이 기관 성능에 미치는 영향** ◐

과급은 배기가스의 힘을 이용하여 연소실에 강제적으로 많은 공기를 공급시켜 엔진의 흡입효율을 높이고 출력을 증가시키는 장치로, 공기가 많아지므로 질이 다소 낮은 연료를 사용하는데 유리하다.

- 평균 유효압력을 높여 기관의 출력을 증대시킨다.
- 연료소비율이 감소한다.
- 단위 출력 당 기관의 무게와 설치 면적이 작아진다.
- 미리 압축된 공기를 공급하므로 압축 초의 압력이 약간 높다.
- 저질 연료를 사용하는데 **유리**하다.

13 **연료분사가 되지 않는 원인** (연료공급이 원활하지 않음) ◐

- 연료유 관내의 프라이밍이 불충분할 때
- 연료 여과기의 오손이 심할 때
- 연료탱크 내에 물이 들어가거나 연료탱크의 밸브가 잠겼을 때

※ 공기탱크 압력이 낮아졌을 때

14 불꽃(스파크)을 튀기기 위해 고전압을 발생 ◐ 점화코일

15 플라이휠의 설치 목적 ◐ 크랭크축 회전속도의 변화를 감소

16 **장기간 저속 운전이 곤란한 이유** ◐

불완전 연소, 낮은 열효율, 연료분사 불량

아닌 것) 밸브의 개폐시기 불량은 아님

→ 흡기 및 배기 밸브의 개폐시기가 불량하면 엔진 부조(떨림), 출력 부족, 시동꺼짐의 원인이 된다.

17 크랭크축의 손상 원인 ◐ **장기간 고속운전(위험회전수)**, 축의 불균형(축 중심이 휨), 과부하, 충격 등

18 과부하 운전 지속의 영향이 아닌 것 ◐ 연료분사 압력이 낮아진다.

→ 연료분사 압력이 낮으면 연료분사량이 부족해지므로 과부하 운전과는 무관하다.

19 배기가스 소음을 줄이는 방법 ◐ 배기가스의 팽창·냉각

20 배기색이 검정색인 원인 ◐ 소기(흡기)압력이 너무 낮거나, 불완전 연소, 과부하 운전 시 등이 있다.(주로 공기량이 부족한 경우)

21 배기가스 색이 흰색일 때 ◐ 연료에 수분 혼입

22 이상 연소 현상에는 조기점화, 데토네이션이 있다.

조기점화는 정상발화 전에 발화하는 것이고,

데토네이션은 정상발화 후 또 다른 발화를 말한다.

23 가솔린 엔진의 노킹(knocking) ◐ 실린더 내에 연소가 점화플러그의 점화에 의한 정상연소가 아닌 혼합기 말단부의 미연소 가스가 자연발화하는 현상이다. 주 원인은 압축 말에 점화플러그에 의한 점화가 아닌 엔진 온도가 높을 때 압축 중에 혼합기가 자연발화(조기점화)되고, 다시 점화플러그의 점화에 의한 연소로 압력이 비정상적으로 높아지며 그 충격에 의해 피스톤이 실린더 벽을 두드리는 노킹음이 발생한다. **녹킹과 조기점화는 인과관계나 현상이 같다.**

24 진동발생 원인 아닌 것 ◐ **배기가스 온도가 높을 때**

25 연료소모량 多, 출력 감소 ◐ 피스톤, 실린더 마모

26 냉각수펌프의 불량은 엔진과열의 원인이 되므로 진동과는 무관하다.

27 냉각수는 냉각장치와 관련이 있고, 엔진 회전수 증가와 관련이 없다. 엔진의 급속한 회전은 연료 분사량과 관련있다.

28 냉각수 자동온도조절밸브는 냉각수에 관련된 장치로, 엔진온도 조절에 관한 것이다. 엔진 과냉/과열과 관계가 있으나 출력저하 원인의 직접적인 원인은 아니다.

29 시동 전 점검사항이 **아닌 것** ◐

냉각수 점검, 시동모터 점검

30 **프라이머 밸브(primer valve), 프라이밍** ◐

프라이머 펌프를 의미하며, 초기 시동 또는 재시동 시 연료공급계통에 공기가 차 있을 경우 연료 공급이 되지 않으므로 탱크의 연료를 연료펌프까지 수동으로 이송시켜주는 부품으로, 시동이 잘 걸리지 않을 경우 펌핑하여 연료라인에 연료를 채워 연료공급을 원활하게 해주는 역할을 한다.

즉, 연료공급이 원활하지 않거나 공급되지 않을 때 점검사항임

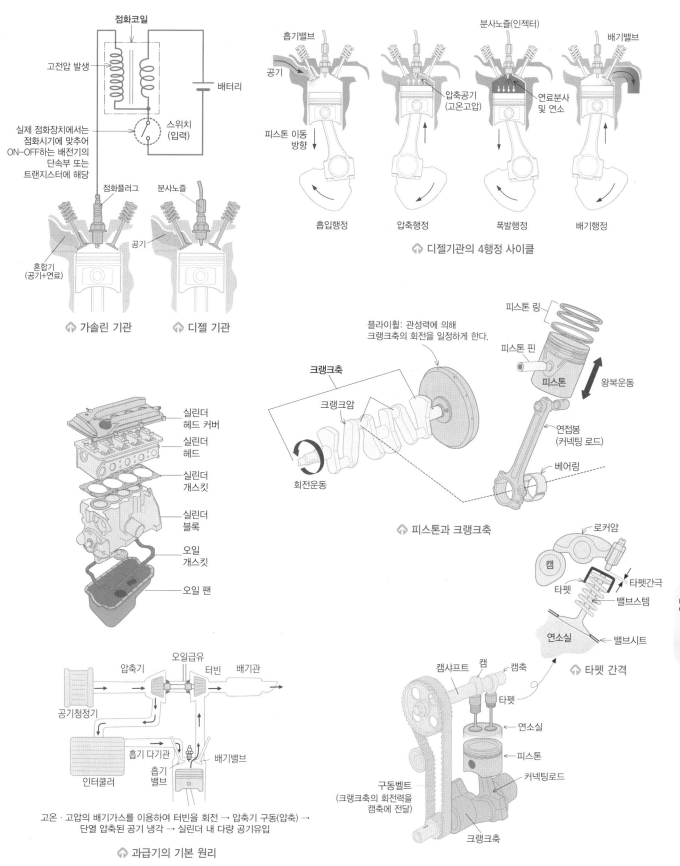

점화코일

고전압 발생

배터리

실제 점화장치에서는
점화시기에 맞추어
ON–OFF하는 배전기의
단속부 또는
트랜지스터에 해당

스위치
(입력)

점화플러그

분사노즐

공기

혼합기
(공기+연료)

⬆ 가솔린 기관   ⬆ 디젤 기관

흡기밸브

공기

피스톤 이동
방향

분사노즐(인젝터)

압축공기
(고온고압)

연료분사
및 연소

배기밸브

흡입행정   압축행정   폭발행정   배기행정

⬆ 디젤기관의 4행정 사이클

실린더
헤드 커버

실린더
헤드

실린더
개스킷

실린더
블록

오일
개스킷

오일 팬

플라이휠: 관성력에 의해
크랭크축의 회전을 일정하게 한다.

크랭크축

크랭크암

회전운동

피스톤 링

피스톤 핀

피스톤   왕복운동

연접봉
(커넥팅 로드)

베어링

⬆ 피스톤과 크랭크축

로커암

캠

타펫

연소실

타펫간극

밸브스템

밸브시트

⬆ 타펫 간격

압축기

오일급유

터빈

배기관

공기청정기

흡기 다기관

흡기
밸브

배기밸브

인터쿨러

고온 · 고압의 배기가스를 이용하여 터빈을 회전 → 압축기 구동(압축) →
단열 압축된 공기 냉각 → 실린더 내 다량 공기유입

⬆ 과급기의 기본 원리

캠샤프트   캠   캠축

타펫

연소실

피스톤

커넥팅로드

구동벨트
(크랭크축의 회전력을
캠축에 전달)

크랭크축

31 운항 중 기관 정지 시 즉시 점검사항 ◉
- 몸에 연결한 스톱스위치(비상정지) 확인
- 연료 잔량 확인
- 임펠러가 로프나 기타 부유물에 걸렸는지 확인

아닌 것) 노즐 분사량 → 즉시 점검할 수 없음

32 연료에 해수 유입 시 영향 ◉
- 연료유 펌프 고장 원인
- 시동 어려움
- 해수 유입 초기에 진동과 엔진 꺼짐 현상 발생

아닌 것) 윤활유 오손

33 1 마일(mile) 당 연료 소모량 ◉ 속력의 **제곱**에 비례

Section 2 윤활 및 냉각장치

01 윤활유 역할 ◉ 감마(마멸감소), 냉각, 청정, 기밀(누설 방지)

아닌 것) 산화작용, 연료펌프 고착을 방지

---

02 릴리프 밸브(relief valve) ◉

유압장치 내에 압력이 설정압력보다 커지면 장치 내 부품이나 라인이 파손될 우려가 있다. 이를 방지하기 위해 릴리프 밸브를 설치하여 유압의 일부를 탱크로 다시 보내 **압력을 일정하게 유지시**키는 역할을 한다.

---

03 윤활유 소비량의 증가 원인 **아닌 것** ◉ 연료분사밸브의 분사상태 불량
 → 윤활유 소비량은 누설(증발)과 연소와 연관이 있으며, 연료장치와는 무관하다.

---

04 윤활유의 점도(끈끈한 정도) ◉

온도가 낮으면 물엿처럼 끈끈해지며 점도가 높아짐
온도가 올라가면 물처럼 연해지며 점도가 낮아짐

---

05 윤활유의 선택 ◉ 온도변화에 따른 점도변화가 적어야 한다.
 → 점도가 너무 크면 : 유압이 상승되기 쉽고, 내부저항(마찰)이 커져 오일펌프의 부하가 커짐
 → 점도가 너무 작으면 : 유막이 파괴되기 쉬워 윤활기능이 떨어져 부품 마모를 초래

---

06 윤활유 압력저하 원인이 아닌 것 ◉ 오일온도 하강
 오일온도가 하강하면 점도가 커져 오일압력이 상승한다.

---

07 기관(엔진)이 과열되는 원인이 아닌 것 ◉ 점화시기가 너무 빠름
 → 점화시기는 출력과 관계가 있으며, 엔진과열과는 관계가 없다.

---

08 선외기 엔진에서 주로 사용되는 냉각방식 ◉ 담수 또는 해수 냉각식
 → 일반 자동차와 달리 수상보트나 수상오토바이는 내부에 냉각수를 이용하여 엔진을 냉각하지 않고, 담수나 해수를 흡입시켜 엔진을 냉각시킨다. (담수나 해수의 온도가 낮기 때문에 냉각효과가 좋기 때문이다.)

---

09 냉각수 펌프로 주로 사용되는 원심 펌프에서 호수(프라이밍)를 하는 목적 ◉ 기동 시 흡입 측에 국부진공을 형성시키기 위해서
 → 통상 펌프의 위치가 수면보다 높기 때문에 수면의 물을 펌프로 이동시키기 위해 흡입 측을 **국부 진공**을 형성시키기 위함이다. (즉, 수면 아래의 압력이 진공보다 크므로 물을 쉽게 빨아들이게 하기 위함이다)

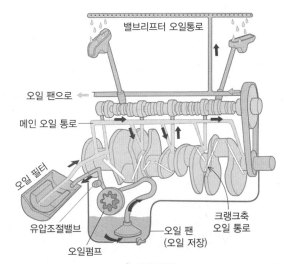

↥ 윤활장치

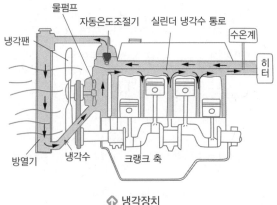

↥ 냉각장치

10 배기냉각시스템의 플러싱(관내 청소) 절차 – 암기: 호기냉정
냉각수 호스연결 → 엔진기동 → **냉각수** 공급(약5분) → 냉각수
차단 → 엔진정지

11 **자동온도조절기(서모스텟)의 역할** ◑
· 과열 및 과냉각 방지
· 오일의 열화방지 및 엔진의 수명 연장
· 냉각수의 소모를 방지
아닌 것) 냉각수의 녹 발생을 방지한다.

12 **냉각수 온도가 높을 때 현상** ◑
· 피스톤링 고착
· 실린더의 마모 증가
· 윤활유 사용량 증가
아닌 것) 노킹 발생
→ 디젤엔진의 노킹은 가솔린 엔진과 달리 실린더 온도가 낮아져 연소가
지연되어 발생한다. 디젤엔진의 냉각수(실린더) 온도가 높으면 노킹을 방
지하는 효과가 있다.

13 추운 지역에서 냉각수 펌프를 장시간 사용하지 않을 때의 일반
적인 조치 ◑ 반드시 물을 빼낸다.

01 수상오토바이의 추진방식 ◑ 임펠러 회전에 의한 워터제트 분
사방식

02 운행 중 갑자기 출력이 떨어질 때 점검 ◑ 물 흡입구에 이물
질 점검
→ 엔진 및 추진장치의 결함이 아닐 경우 주로 물 흡입이나 임펠러(프로
펠러)을 점검해야 한다.

03 프로펠러 효율 ◑ 보스비 **작게(크게×)**
→ 보스(boss)는 블레이드가 고정된 속이 빈 중심 구조부을 말하며, 보
스비는 보스 지름을 추진기의 지름으로 나눈 값으로 작은 것이 좋다.

04 **피치(pitch)** ◑ 프로펠러가 360도 회전하면서 선체가 전진하
는 거리

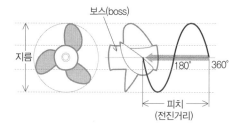

05 프로펠러의 공동현상(Cavitation) 발생 원인 ◑
액체의 국소압력이 증기압 이하로 떨어져 기포가 발생하는 현상
(발생한 기포는 압력이 높은 부분에 이르면 급격히 부서져 소음이
나 진동의 원인이 됨)
· 날개 끝이 **두꺼울 때**
· 날개 끝 속도가 고속일 때
· 프로펠러가 수면에 가까울 때
· 날개의 단위 면적당 추력이 과다할 때
· 프로펠러와 선체와의 간격이 좁을 때

06 추진기 날개면이 거칠어졌을 때 추진 성능에 미치는 영향 ◑
소요 토크 증가, 날개면에 대한 마찰력 증가, 캐비테이션 유발,
추력 감소

07 프로펠러의 전개면적비가 **작을수록** ◐ **프로펠러 효율 좋아짐**
→ 전개면적비: 원판면적에 대한 프로펠러 전개면적의 비, 즉 프로펠러의 비틀어진 날개면을 평평하게 편 상태에서의 면적을 프로펠러가 회전할 때 날개 끝이 그리는 날개 원 면적으로 나눈 값으로 전개면적비가 작을수록 프로펠러의 효율이 좋아진다.

08 프로펠러에 의해 발생하는 축계진동의 원인 ◐
날개피치의 불균일, 프로펠러 날개의 수면노출, 공동현상의 발생와 같이 프로펠러에 작용하는 압력이 균일하지 못할 경우 발생된다.
아닌 것) 프로펠러 하중의 증가

09 레이싱 ◐ 프로펠러가 수면 위로 노출되어 공회전하는 현상
→ 공회전: 엔진의 회전력에 부하가 걸리지 않고 엔진만 회전되는 상태 즉, 자동차의 경우 바퀴를 통해 지면에 엔진 회전력이 전달되지 않거나, 배의 경우 엔진 회전력이 프로펠러를 통해 물을 추진되지 않은 상태이다.

10 프로펠러 축에 슬리브(sleeve)를 씌우는 이유 ◐ 축의 부식과 마모를 방지하기 위하여

11 **선외기 프로펠러에 손상을 주는 요인** ◐
캐비테이션(공동현상), 프로펠러의 공회전, 부식
※ 아닌 것) 프로펠러가 기준보다 깊게 장착되어 있을 때

12 선체가 심하게 떨릴 경우 **즉시 점검** 사항이 아닌 것 ◐
크랭크축 균열 상태 (→ 분해 후 점검해야 함)

13 **클러치의 동력전달 방식** ◐ 마찰클러치, 유체클러치, 전자클러치 **※ 아닌 것)** 감속클러치

14 선체 형상이 **유선형일수록** 가장 적어지는 저항 ◐ **조와저항**

15 선체에 조개·해초류 등이 번식할 때 커지는 저항 ◐ **마찰저항**

16 모터보트가 **저속 항해** 시 가장 크게 작용하는 저항 ◐ **마찰저항**

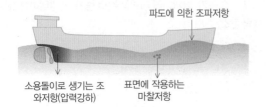

파도에 의한 조파저항

소용돌이로 생기는 조와저항(압력강하)   표면에 작용하는 마찰저항

◐ 항행 중인 배에 작용하는 3가지 저항

17 속력이 떨어지는 원인 ◐
• 수면 하 선체에 조패류가 많이 붙어 있을 때
• 선체가 수분을 흡수하여 무게가 증가했을 때
• 선체 내부 격실에 빌지 량이 많을 때
아닌 것) 냉각수 압력이 낮을 때

Section 4 기타 장비 및 일상 정비점검

01 로프 규격 ◐ **로프 직경**

02 로프를 안전하게 사용할 수 있는 최대의 하중 ◐ **안전사용 하중**

03 수상오토바이 출항 전 반드시 점검 아닌 것 ◐ **예비 배터리**

04 기어 케이스에 물이 혼합되면 오일의 색깔 ◐ **회색**

05 전기설비 중에 설치된 퓨즈(Fuse)의 용량 ◐ 허용 용량 **이하로** 사용할 것

06 기관실 빌지의 레벨 검출기 ◐ 플로트 스위치

07 전기기기의 절연상태가 나빠지는 것이 아닌 것 ◐ **절연저항이 클 때**

08 멀티테스터로 측정할 수 있는 요소 ◐ 전압, 전류, 저항 등
※ 아닌 것) 유효전력
부도체 갯수(3개): 유리, 고무, 운모

Section 1 수상레저안전법

▶ 수상레저안전법 일반

01 수상레저안전법의 제정목적 ◑
수상레저활동의 안전·질서 확보, 수상레저사업의 건전한 발전을 도모

02 수상의 정의 ◑ 해수면과 내수면

03 해수면 ◑ 바다의 수류나 수면

04 동력수상레저기구에 해당하는 것 ◑ 총톤수 20톤 미만의 모터보트

05 동력수상레저기구의 종류 ◑ 수상오토바이고무보트, 스쿠터, 호버크래프트

06 무동력 수상레저기구의 종류 ◑ 워터슬레드, 서프보드

07 워터슬레드 ◑ 땅콩보트, 바나나보트, 플라잉피쉬 등과 같은 튜브형기구로서 동력수상레저기구에 의해 견인되는 기구

08 래프팅 ◑ 무동력 수상레저기구를 이용하여 수상에서 노를 저으며 급류를 타거나 유락행위를 하는 수상레저기구

09 주의보가 발효된 구역에서 관할 해양경찰에게 운항신고 후 활동 가능한 수상레저기구 ◑ 윈드서핑

10 풍력을 이용하는 수상레저기구가 아닌 것 ◑ 케이블 웨이크보드 (Cable wake-board)

11 동력수상레저기구 조종면허의 종류 ◑
제1·2급 조종면허, 요트조종면허

12 조종면허가 필요한 추진기관 최대출력 기준 ◑ 5마력 이상

13 제2급 조종면허 응시 가능 나이 ◑ 14세 이상

14 일반조종면허 필기시험 ◑
수상레저안전, 운항 및 운용, 기관, 법규
※ 시험과목 아닌 것: 항해 및 범주

15 요트조종면허 필기시험 과목 ◑ 요트활동 개요, 항해 및 범주, 법규
※ 요트조종면허 필기시험 과목 아닌 것: 운항 및 운용

16 필기시험 법규과목 ◑
· 수상레저안전법
· 선박의 입항 및 출항등에 관한 법률
· 해사안전법
· 해양환경관리법
※ 법규과목 아닌 것: 선박안전법

17 조종면허 응시원서의 유효기간 ◑ 접수일부터 1년

18 동력수상레저기구 조종면허 종별 합격기준 ◑
· 제1급 조종면허 : 필기 70점, 실기 80점(70점×)
· 제2급 조종면허 : 필기 60점, 실기 60점
· 요트조종면허   : 필기 70점, 실기 60점

19 조종면허 종별 기준 ◑
· 제1급 조종면허 : 수상레저사업자 또는 종사자
· 제2급 조종면허 : 동력수상레저기구(세일링요트 제외)
· 요트조종면허 : 세일링요트

chapter 05

20 실기시험 중 실격사유가 **아닌 것** ◉ 계류장과 선수 또는 선미가 부딪힌 경우(감점사항에 해당)

21 응시자가 동력수상레저기구를 준비할 경우 ◉ 실기시험 응시 가능

22 일반조종면허 실기시험의 진행 순서 ◉
출발 전 점검 및 확인−출발−변침−운항−사행−급정지 및 후진−인명구조−접안

23 일반조종면허 실기시험에서 부이는 필수 설치물이 아님

24 일반조종면허 실기시험의 출발 전 점검 및 확인사항 ◉
구명튜브, 소화기, 예비 노, 엔진, 연료, 배터리, 핸들, 속도전환레버, 계기판, 자동정지줄 (모두 암기할 것)

25 이안 ◉ 계류줄을 걷고 계류장에서 이탈하여 출발할 수 있도록 준비하는 행위 (출발하는 것이 아님)

26 실기시험 사행 시 감점사항 ◉
사행 중 갑작스러운 핸들조작으로 선회가 부자유스러운 경우

27 실기시험 채점기준 ◉
사행 시 부이로 부터 3미터 이상 15미터 이내로 접근하여 통과한다.(2미터 이내×)

28 실기시험 중 실격사유 ◉ 지시시험관의 지시 없이 2회 이상 임의로 시험을 진행하는 경우

29 실기시험 시 수상레저기구 1대당 ◉ 시험관 2명 탑승

30 면허 취소 후 재응시 가능한 기간 ◉ 조종면허가 취소된 날부터 1년이 경과 후

31 실기시험 시 시험감독관도 **정원에 포함**됨

32 제2급 조종면허시험 과목의 전부를 면제 가능한 경우 ◉ 해양경찰청장이 지정·고시하는 기관이나 단체(면제교육기관)에서 실시하는 교육을 이수한 사람

33 면허시험 면제교육기관의 지정 취소 사유 ◉ 거짓이나 그 밖의 부정한 방법으로 지정을 받은 경우

34 부정행위로 면허시험에 응시할 수 없는 기간 ◉ **2년**

35 제2급 조종면허 취득자가 제1급 조종면허를 취득한 경우 제2급 조종면허의 효력은 상실

36 면허시험 공고내용 아닌 것 ◉ 시험 합격기준

37 조종면허 시험대행기관 책임운영자 ◉ 5년 이상 경력자 일반조종면허 시험관 ◉ 1급 조종면허 소지자

▶ 수상레저기구의 시험면제

01 제2급 조종면허의 필기 또는 실기시험의 면제대상 아닌 것 ◉ 해양경찰관서에서 수난구조업무에 종사

02 외국인의 조종면허 특례 ◉ **2개국** 이상 국제경기대회 참여

03 조종면허 중, 제1급 조종면허 보유자의 감독 하에 면허 없는 사람이 동력수상레저기구를 조종할 수 있는 장소로 옳지 않은 곳 ◉ 경정 경기장

04 항해사·기관사·운항사 또는 소형선박 조종사의 면허 소지자 ◉ 제2급 조종면허 및 요트조종면허 필기시험 면제

05 시험업무 종사자에 대한 교육 ◉ 정기교육, 수시교육(임시교육×)

06 면제교육기관장이 교육을 중지할 수 있는 기간 ◉ 3개월

07 1급 조종면허 소지자 감독 하에 수상레저활동 시 무면허수상레저기구 조종이 가능한 기구 댓수 ◉ 3대 이하인 경우

08 외국인이 국내에서 개최되는 국제경기대회에 참가기간 ◉ 개최일 10일 전 ~ 종료 후 10일까지

09 조종면허의 소지자의 의무 ◉ 관계 공무원이 면허증 제시를 요구하면 면허증을 내보여야 한다.

10 충돌할 위험이 있을 때 ◉ 우현쪽으로 회피(진로 변경)

11 다른 선박의 진로를 횡단하여 충돌위험이 있는 경우 ◐ 다른 수상레저기구를 오른쪽에 있는 기구가 진로를 회피

12 수상레저기구 동승자의 **사망·실종 또는 중상 시 신고** ◐ 경찰서장, 소방서장, 해양경찰서장

13 수상레저활동 **시간 조정** 지정자 ◐ 해양경찰서장, 시장·군수·구청장

14 수상레저활동 **금지구역** 지정자 ◐ 해양경찰서장, 시장·군수·구청장

15 수상레저활동자의 준수사항 아닌 것 ◐ **과속금지**

16 보트로 사상한 후 도주하면 ◐ **4년간 면허를 받을 수 없다**

17 야간 수상레저활동 금지시간 ◐ 일몰 후 30분 ~ 일출 전 30분

18 야간 수상레저활동 시간 조정범위 ◐ 일몰 후 30분~ 24시

19 야간 수상레저활동 시 운항장비(11가지) ◐ 항해등, 나침판, 통신기기, 야간 조난신호장비(신호 홍염), 자기점화등, 통신기기, 위성항법장치(GPS), 구명부환, 등이 부착된 구명조끼, 소화기, **레이더 반사기**(레이더×, 비상식량×)

20 안전을 위한 시정명령 행정조치 아닌 것 ◐ 조종면허의 효력 정지

21 주취 조종 시 처벌 ◐ 조종면허 취소(면허 효력 정지×)

22 음주 측정 불복 시 혈액 채취 등 재측정할 때: 본인의 동의가 필요

23 정비 및 원상복구를 명할 경우: 서식에 의한 원상복구 명령서로 통지(구두×)

24 다이빙대·계류장 및 교량으로부터 20미터 이내의 구역이나 해양경찰서장 또는 시장·군수·구청장이 지정하는 위험구역에서는 10노트 이하의 속력으로 운항해야 한다.

25 해양경찰관서에 신고해야 하는 거리: 출발항으로부터 10해리 이상 (즉, 원거리 수상레저활동 별도로 신고해야 함)

26 동승자 사망·실종된 경우 신고 내용 아닌 것 ◐ 엔진 상태

▶ 수상안전교육

01 **수상안전교육 과목** ◐
 • 수상레저안전에 관한 법령
 • 수상에서의 안전을 위하여 필요한 사항
 • 수상레저기구의 사용 및 관리에 관한 사항
 교육내용 아닌 것) 오염 방지, 수상환경보존

02 조종면허 시험합격 전 수상안전교육 유효기간 ◐ 6개월

03 조종면허 없이 동력수상레저기구를 조종 가능한 경우 ◐
 제1급 조종면허 소지자 또는 요트조종면허 소지자와 함께 탑승할 때

04 동력수상레저기구 조종면허를 가진 자와 동승하여 무면허로 조종할 경우 면허를 소지한 사람의 요건이 아닌 것 ◐ 면허 취득 후 2년이 경과한 사람일 것(즉 경력과 무관함)

▶ 면허 발급·갱신·취소·정지

01 **조종면허의 효력발생 시기** ◐
 조종면허증을 본인(또는 대리인)에게 발급한 때부터(합격날짜×)

02 **조종면허를 받을 수 없는 경우** ◐
 • 조종면허가 취소된 날부터 1년이 지나지 않을 때
 (취소 후 1년이 지나면 받을 수 있음)
 • 정신질환 또는 마약중독으로 수상레저활동을 수행할 수 없다고 정한 때

03 **조종면허 취소 또는 효력 정지** ◐
 • 부정한 방법으로 면허를 받은 경우
 • 혈중 알코올농도 0.03 이상의 주취 상태에서 조종한 경우
 • 조종 중 고의 또는 과실로 사람을 사상한 때
 아닌 것) 수상레저사업이 취소된 때

04 조종면허증의 갱신기간 연기 사유 ◐
- 갱신기간 중 해외에 머물 예정인 경우
- 법령에 따라 신체의 자유를 구속당한 경우
- 군복무 중인 경우
아닌 것) 질병으로 인한 통원치료

---

05 조종면허증의 갱신기간 ◐
면허증 발급일로부터 **7년**이 되는 날부터 **6월** 이내

---

06 조종면허증 발급 조건 ◐ 수상안전교육 **3시간**

---

07 면허시험 합격 시 면허증 발급 기간 ◐ **14일** 이내

---

08 면허증 효력정지기간에 조종한 경우 ◐ 면허 취소

---

09 조종면허증 갱신이 연기되고 그 사유가 없어진 날부터 면허증을
갱신해야 하는 기간 ◐ **3개월** 이내

---

10 조종면허증 발급 또는 재발급 사유 아닌 것 ◐
조종면허증을 친구에게 빌려주어 받지 못하게 된 경우
면허증 발급일로부터 **7년**이 되는 날부터 **6개월** 이내

---

11 조종면허 취소 사유 ◐
- 거짓이나 그 밖의 부정한 방법으로 조종면허를 받은 경우
- 조종면허 효력정지 기간에 조종을 한 경우
- 술에 취한 상태에서 조종을 한 경우

---

12 조종면허 정지(1년 이내) 사유 ◐ 면허증을 빌려줌

---

13 조종면허 취소 후 면허를 다시 받을 수 있는 기간 ◐ 면허 취소
일부터 **1년**이 지난 때

---

14 면허시험 종사자의 교육시간 ◐ **29시간**
- 면허시험 면제교육기관, 시험 대행기관: **21시간** 이상
- 안전교육 위탁기관: **8시간** 이상

---

15 처분대상자의 소재를 알 수 없어 통지할 수 없을 때 ◐
관할 해양경찰관서 게시판에 **14일간** 공고

---

16 조종면허의 결격사유 관련 개인정보를 해양경찰청장에게 통보
할 의무가 있는 사람
병무청장, 보건복지부장관, 시장·군수·구청장
아닌 것) 경찰서장

▶ 인명안전장비

01 서프보드 또는 패들보드 ◐ **보드리쉬**
워터슬레드, 래프팅: 구명조끼와 안전모(헬멧)

---

02 래프팅 시 착용 장비 ◐ 구명조끼+헬멧

---

03 구명조끼 미 착용 시 ◐ 과태료 **10만원**

---

04 안전장비 종류 지정권자 ◐ 해양경찰서장, 시장·군수·구청장
아닌 것) 경찰서장, 소방서장

▶ 수상레저기구의 안전검사

01 안전검사의 종류 ◐ 신규검사, 정기검사, 임시검사 **(중간검사×)**

---

02 부양성에 영향을 미치는 구조·장치 변경 시 ◐ 임시검사

---

03 수상레저안전법상 수상레저기구 안전검사의 내용으로 옳지 않
은 것은?

---

04 수상레저기구 정기검사 기간 ◐ **5년마다**
수상레저사업의 수상레저기구 정기검사 기간 ◐ **1년마다**

---

05 수상레저안전법상 수상레저기구 안전검사의 유효기간에 대한
설명으로 옳지 않은 것은?

---

06 안전검사증의 유효기간 만료일 전후 각각 30일 이내에 정기검
사를 받은 경우 종전 안전 검사증 유효기간 **만료일의 다음날부**
터 기산한다.

---

07 동력수상레저기구 안전검사증 (재)발급 신청기관 ◐
시·도지사, 해양경찰청장, 검사대행자 **(시장·군수·구청장×)**

08 안전검사 유효기간 ● 만료일 전후 각각 30일 이내

09 수상레저사업장 **비상구조선의 기준** ● 탑승정원 3명 이상, 시속 20노트 이상

▶ 수상레저사업

01 **수상레저사업 등록 유효기간** ● 10년

02 **수상레저사업 등록의 갱신기간** ● 유효기간 종료일 5일 전

03 **수상레저사업 등록 시 서류 아닌 것** ● 수상레저기구 수리업체 명부

04 **수상레저사업 등록 변경 시** ● 조종면허증은 필요없음

05 **수상레저사업 등록의 결격사유** ● 금고 이상의 형 집행이 종료 후 2년이 경과되지 않은 자 (3년이 아님)

06 **수상레저사업 취소사유** ● 거짓이나 그 밖의 부정한 방법으로 수상레저사업의 등록한 경우

07 **수상레저사업장에서의 금지 행위** ●
• 정원을 초과하여 탑승시킴
• 14세 미만자를 보호자 없이 탑승시킴(단, 보호자 동승시 가능)
• 허가 없이 일몰 30분 이후 영업
※ 알콜중독자에게 기구를 대여하는 것은 아님

08 **수상레저사업장에서 갖춰야 할 구명조끼 갯수** ● 승선정원의 110% (탑승정원의 10%는 소아용)

09 **수상레저사업장의 구명조끼 교체 기준** ● 법적 기준으로 정해지지 않음

10 **수상레저사업장에서 갖춰야 할 구명튜브 갯수** ● 탑승정원의 30%에 해당하는 수 (구명조끼와 구분할 것)

11 **수상레저사업에 이용되는 인명구조용 통신장비 조건** ● 영업구역이 2해리 이상인 경우, 수상레저기구에 사업장 또는 가까운 무선국과 연락 가능해야 함

12 **탑승정원 13명 이상인 경우 갖춰야 할 소화기** ● 선실, 조타실 및 기관실에 1개 이상

13 **수상레저사업에 이용하는 비상구조선의 수** ●

수상레저기구 수	비상구조선 수
30대 이하	1대 이상
31~50대	2대 이상
51대 이상~50대 초과	50대 마다 1대씩 더한 수 이상

14 **수상레저사업의 휴업/폐업 신고기간** ● 3일

15 **수상레저기구사업 영업구역 등록 기관** ● 시장·군수·구청장

16 수상레저사업장의 안전점검 항목 아닌 것 ● 수상레저기구의 형식승인 여부

17 **수상레저사업장에 비치하는 비상구조선 조건** ●
탑승정원 3명 이상, 속도 시속 20노트 이상
※ 실기시험의 비상구조선 속도: 20노트 이상

18 영업구역 또는 영업시간 제한, 영업 일시정지 명할 수 있는 경우가 아닌 것 ● 사업장에 대한 안전점검을 하려고 할 때

19 **수상레저사업자가 사람을 사상한 경우 처분** ● 사업 등록 취소 또는 3개월의 영업 정지

20 **수상레저사업 휴업 및 폐업 수수료** ● 무료

▶ 동력수상레저기구의 등록·말소·보험

01 동력수상레저기구의 등록절차 ❯
정. 안전검사 – 보험가입(필수) – 등록

02 동력수상레저기구의 등록신청 기간 ❯ 소유한 날부터 1개월
이내

03 동력수상레저기구 등록 또는 변경신청 기관 ❯
주소지를 관할하는 **시장·군수·구청장** (해경서장은 아님)
※ 수상레저기구 등록원부 열람 발급도 동일

04 동력수상레저기구 등록 시 서류 아닌 것 ❯ 경력증명서

05 동력수상레저기구의 변경신고가 필요한 경우 ❯
법인 명칭, 기구 명칭, 소유권, 구조나 장치가 변경된 때
※ 수상레저기구의 본래 기능을 상실한 때는 **말소신고**를 해야 함

06 영업구역이 2개 이상의 해양경찰서 관할 또는 시·군·구에 걸쳐
있는 경우 사업등록 기관 ❯
수상레저기구를 주로 매어두는 장소를 관할하는 관청

07 수상레저기구 등록신청 후 등록증과 등록번호판 발급 기간 ❯
수상레저기구등록원부에 등록한 후 3일 이내

08 수상레저기구 등록대상 ❯ 추진기관 30마력인 고무보트(20마
력×)
※ 함께 체크하기) 조종면허가 필요한 추진기관 최대출력 기준:
5마력 이상

09 수상레저기구 말소등록 사유 ❯ 수상레저기구의 존재 여부가
3개월간 분명하지 아니할 때

10 말소등록 신청 기한 ❯ 3개월

11 말소등록 시 제출서류 아닌 것 ❯ 분실·도난신고확인서

12 직권말소 통지를 받으면 ❯ 등록증을 반납 (파기×)

13 수상레저기구 등록번호판 부착 수 ❯ 2개(옆면과 뒷면)

14 등록번호판 색상 ❯ 바탕 : 옅은 회색, 숫자(문자) : 검은색

15 등록번호판 두께 ❯ 0.2mm

16 수상오토바이 등록번호판 ❯ PW(Personal Watercraft)

17 압류등록의 촉탁 주체 기관 ❯ 법원

18 수상레저사업자의 보험 가입기간 ❯
사업 기간 동안만 유지 (휴업·폐업 제외)

19 보험가입기간 ❯ 등록기간 동안 계속하여 가입할 것

20 보험, 공제 가입 기간 ❯ 수상레저기구 소유일부터 1개월

21 수상레저사업에 이용되는 수상레저기구는 등록대상에 관계없이
보험가입 필요하며, 책임보험가입 대상과 등록 대상은 다르다.

22 운항신고 내용 ❯ 수상레저기구의 종류, 운항시간, 운항자의 성
명 및 연락처 등 (보험가입증명서×)

▶ 과징금 및 과태료

01 과태료 처분권한 ❯ 해양경찰청장, 해양경찰서장, 시장·군
수·구청장 (소방서장×)

02 음주 측정 불응 시 ❯ 1년 이하의 징역 또는 1000만원 이하
의 벌금

03 원거리 수상레저활동 시 신고하지 않은 경우 ❯ 20만원

04 수상레저활동 금지구역에서 수상레저기구 운항 시 ❯ 60만원

05 정원 초과 시 ❯ 60만원

06 보험에 가입하지 않았을 경우 ❯ 10일 이내 1만원, 10일 초과
시 1일당 1만원 추가, 최대 30만원까지

▶ 기타

01 범죄가 아닌 것 ❍ 방수 방해, 수리 방해

02 동력수상레저기구를 이용한 범죄 ❍
유선 및 도선사업법, 낚시 관리 및 육성법, 내수면어업법
(선박직원법×)

03 수상레저안전법상의 적용 배제 사유 ❍
- 낚시관리 및 육성법
- 유선 및 도선사업법
- 체육시설의 설치·이용에 관한 법률
아닌 것) 관광진흥법(즉 관광 목적의 선박은 수상레전안전법을 지켜야 함)

04 안전관리계획의 시행에 필요한 지도·감독 ❍ 지방해양경찰청장

Section 2 선박의 입·출항

01 **무역항의 의미** ❍ 국민경제와 공공의 이해에 밀접한 관계가 있고 주로 **외항선이 입항·출항**하는 항만

02 **우선피항선(優先避航船)** ❍ 주로 무역항의 수상구역에서 운항하는 선박으로서 다른 선박의 진로를 피해야 하는 선박
- 부선 및 예인선
- 주로 노와 삿대로 운전하는 선박
- **20톤 미만**의 선박
※ 25톤 이상, 압항부선은 우선피항선이 아님

03 입·출항 허가가 필요 없는 경우 ❍ 입·출항 선박이 복잡한 경우

04 선박의 입항 및 출항 등에 관한 정의 ❍
- 정박: 선박이 해상에서 닻을 바다 밑바닥에 내려놓고 운항을 멈추는 것(다른 시설이 아님)
- 정박지: 선박이 정박할 수 있는 장소
- 계류: 선박을 계류장이나 부이 등 다른 시설에 붙들어 매어 놓는 것
- 정류: 선박이 해상에서 일시적으로 운항을 멈추는 것
- 계선: 선박이 운항을 중지하고 장기간 정박하거나 계류하는 것

05 무역항의 수상구역에서 정박·정류가 가능한 경우 ❍
- 선박의 고장 등으로 **조종이 불가능**할 때(가능한 경우는 아님)
- 인명 구조 또는 급박한 위험이 있는 **선박을 구조**할 때
- 허가받은 공사 또는 작업을 할 때
- **해양사고를 피하고자 할 때**

06 무역항의 수상구역에서 정박·정류가 금지되는 경우 ❍
- 부두, 잔교, 안벽, 계선부표, 돌핀 및 선거의 부근 수역
- 하천운하, 그 밖의 협소한 수로와 계류장 입구의 부근 수역
- 선박의 고장으로 선박 조종이 가능한 경우
- 화물이적작업에 종사할 때 등

07 정박지의 사용 시 우선피항선(다른 선박의 진로를 피하여야 하는 선박)은 다른 선박의 항행에 방해가 될 우려가 있는 장소에 정박·정류해선 안된다.

08 총톤수 20톤 이상의 선박을 계선할 때 ❍ 지정 장소에 계선시켜야 함 (원하는 장소×)

09 무역항의 수상구역 등의 항로에서 가장 우선인 선박 ❍ **항로를 따라 항행하는 선박**

10 항로에서의 항법 ❍
- 항로에서 항로 밖으로 나가거나 들어오는 선박이 항로를 따라 항행하는 선박의 진로를 피해야 한다.
- 항로에서 다른 선박과 나란히 항행하지 아니할 것
- 항로에서 다른 선박과 마주칠 경우에는 **오른쪽**으로 항행할 것
- 항로에서 다른 선박을 추월하지 아니할 것.(다만, 추월하려는 선박을 눈으로 볼 수 있고 안전하게 추월할 수 있다고 판단되는 경우 추월 가능)

11 좁은 수로에서의 항행 원칙 ❍
수로의 오른쪽 끝을 따라 항행 (← 우측보행과 유사)

12 입항선이 방파제에서 출항선과 마주칠 때 ❍ 입항선이 출항선의 진로를 피한다.

13 방파제 부근에서는 입항하는 동력선이 출항하는 선박의 진로를 피해야 한다.

14 항계 안에서 방파제, 부두 등을 **왼쪽 뱃전에 두고 항행할 때**에는 가능한 한 **멀리 돌아간다.**

15 해양사고 발생 시 ❍ **위험 예방조치비용을 5일 이내 납부**

16 무역항의 수상구역에서 폐기물 투기 금지 구간 ❍ **10km**

17 무역항의 수상구역에 계선 시 신고가 필요한 선박 ❍ **총톤수 20톤 이상**

18 무역항의 수상구역 등에서 2척 이상의 선박이 항행 시 충돌 예방을 위한 조치 ❍ **상당한 거리 유지** (최저속도×)

19 기적이나 사이렌으로 장음 5회 ❍ **화재경보**

20 무역항의 수상구역에서 선박 안전 및 질서 유지를 위해 명령 사항 아닌 것 ❍ **선박 척수의 확대**

21 부유물에 대한 허가가 필요없는 경우 ❍ **선박에서 육상으로 부유물체를 옮기려는 할 때**

22 • **국가관리무역항 관리** : 해양수산부장관 (해양경찰청장×)
   • **지방관리무역항 관리**: 특별시장·광역시장·도지사 또는 특별자치도지사

23 무역항의 수상구역에서 항행 최고속력 지정 ❍ **해양경찰청장**

24 무역항의 수상구역에서 빠른 항행속도로 인해 다른 선박의 안전 운항에 지장을 줄 우려가 있다고 인정할 경우 **해양경찰청장**이 관리청에 선박 항행 최고속력을 지정할 것을 요청할 수 있으며, **관리청**은 항행 최고속력을 지정·고시하여야 한다. (즉, 지정 요청자는 해양경찰청장, 지정권자는 관리청이다)

25 무역항의 수상구역에서 **선박 경기**를 개최하려면 ❍ **관리청의 허가**를 받아야 한다. (경찰청×)

26 무역항의 수상구역에 입항 시 입·출항 보고서의 제출기관 ❍ 지방해양수산청장, 특별시장·광역시장·도지사·특별자치도지사 또는 항만공사 (**지방해양경찰청장** ×)

27 선박의 입·출항 등에 관한 법률규칙이 아닌 것 ❍ **선박교통관제에 관한 규칙**

28 해양수산부장관 또는 시·도지사의 청문 사항 아닌 것 ❍ **정박지 지정 취소**

Section 3 해사안전법

▷ 총칙

01 해사안전법의 목적 ❍
   • 선박
   • 해사안전 증진과 선박의 원활한 교통에 이바지함
   아닌 것) 항만 및 항만구역의 통항로 확보(항만법의 목적이다)

02 해사안전법의 내용 ❍
   해사안전관리계획, 교통안전특정해역, 선박의 항법
   아닌 것) 선박시설의 기준

03 해사안전법과 가장 관련이 있는 국제법 ❍
   COLREG : Collision Regulations (해상충돌예방규칙)

04 고압가스 중 인화가스의 총톤수 ❍ 총톤수 1천톤 이상의 선박에 산적된 것

05 '항행 중'이 아닌 경우 ❍
   1. 정박(碇泊)
   2. 항만의 안벽 등 계류시설에 매어놓은 상태
   3. 얹혀있는 상태(좌초, 좌주 포함)
   아닌 것) 표류하는 선박

06 흘수제약선 ❍ 가항수역의 수심 및 폭과 선박의 흘수와의 관계에 비추어 볼 때 그 진로에서 벗어날 수 있는 능력이 매우 제한되어 있는 동력선 (기동성이 제한)

07 조종불능선 및 조종제한선 ● 선박의 조종성능을 제한하는 고장이나 그 밖의 사유로 조종을 할 수 없거나 조종을 제한하는 작업에 종사하고 있어 다른 선박의 진로를 피할 수 없는 선박 (운전부자유선)

08 조종제한선의 종류 (조종을 제한) ●
1. 항로표지, 해저전선 또는 해저파이프라인의 부설·보수·인양작업
2. 준설, 측량 또는 수중작업
3. 항행 중 보급, 사람 또는 화물의 이송작업
4. 항공기의 발착작업
5. 기뢰제거작업
6. 진로에서 벗어날 수 있는 능력에 제한을 많이 받는 예인작업
※ '어로에 종사하고 있는 선박'으로 조종제한선에 해당되지 않는다.

09 흘수제한선 ● 대형 탱크선, 컨테이너선과 같이 무게가 무거운 대형선박의 경우 흘수가 깊어지는데 수심, 폭이 충분하지 못하면 항해가 제한되기 때문에 수심이 얕고 폭이 좁은 곳으로서는 진로변경이 어렵다. 그러므로 흘수제한선은 등화, 형상물로 표시해야 한다.

10 통항로 ● 항행안전 확보를 위해 한쪽 방향으로만 항행하도록 설정된 수역

11 고속여객선의 기준 ● 시속 15노트 이상

12 해사안전법의 적용을 받지 않는 선박 ● 우리나라 배타적 경제수역 내에 있는 외국 선박

13 항행장애물로 옳지 않은 것 ● 침몰·좌초된 선박으로부터 분리되지 않은 선박의 전체

▶ 수상 및 해상교통 안전관리

01 해양시설 부근 해역에서 선박의 안전항행과 해양시설의 보호를 위한 수역 ● 보호수역

02 허가 없이 **보호수역**에 입역할 수 있는 경우 ●
- 선박의 고장 등으로 선박 조종이 불가능한 경우
- 해양사고를 피하기 위해 부득이한 경우
- 인명 구조나 선박 구조
아닌 것) 관광 업무

03 교통안전특정해역 지정할 수 있는 해역 ●
- 해상교통량이 아주 **많은 해역**
- 15노트 이상의 고속여객선의 통항이 잦은 해역
- 거대선, 위험화물운반선, 고속여객선 등의 통항이 잦은 해역

04 해사안전특정해역을 항행할 수 있는 경우 ●
- 해양경비·해양오염방제 등을 위하여 긴급히 항행할 필요가 있는 경우
- 해양사고를 피하거나 인명이나 선박을 구조하기 위해 부득이한 경우
- 교통안전해역과 접속된 항구에 입출항 하지 아니하는 경우

05 교통안전특정해역 ● 인천, 부산, 울산, 여수, 포항 (여포부인울)

06 교통안전특정해역 항행 시 항행안전 확보를 위한 명령이 아닌 것 ● 선박통항이 많은 경우 선박의 항행 제한

07 유조선통항금지해역의 원유 용량 제한 ● **1,500킬로리터**

08 항행장애물의 위험성 결정사항이 아닌 것 ● 항행장애물의 가치

09 해양사고 발생 시 보고 내용이 아닌 것 ● 상대선박의 소유자

10 진로 우선권 순위 (순서대로 암기 : 조흘어범동) ●
- 조 종불능선(조종제한선)
- 흘 수제약선
- 어 로에 종사하고 있는 선박
- 범 선
- 동 력선

11 동력선이 범선의 진로를 피한다.

12 범선이 어로에 종사하는 선박의 진로를 피한다.

13 항로에서의 금지행위 아닌 것 ❷ 폐기물 투기

14 항로에서의 제한행위 아닌 것 ❷ 항로 지정 고시

15 항만이나 어항 수역에서 수상레저 행위(스킨다이빙, 스쿠버다이빙, 윈드서핑) 허가 관청 ❷ 해양경찰서장
   ※ 낚시어선 운항

16 수역이나 항로 차단 금지 구간 ❷ 수역에서 10km 거리

17 다른 선박과의 거리가 가까워지고, 침로(진로방향)와 방위의 변화가 없을 경우 충돌의 위험성이 있다.

18 **항로에서의 수상레저행위를 허가한 후, 허가 취소 또는 시정명령의 사유 ❷**
   • 항로의 해상교통여건이 달라진 경우
   • 거짓으로 허가를 받은 경우
   • 정박지 해상교통 여건이 달라진 경우
   • 허가조건을 위반한 경우(**허가조건을 잊은 경우×**)

19 술에 취한 상태의 기준 ❷ 혈중 알콜농도 **0.03%** 이상

20 음주 측정결과에 불복하는 사람에 대해서는 해당 운항자 또는 도선사의 **동의를 받아** 혈액 채취할 수 있다.

21 선박안전관리증서의 유효기간 ❷ 5년

22 해양사고 신고 관청 ❷ 해양경찰서장

▶ 선박의 항법

01 **해사안전법에서 정의하는 시계상태 ❷**
   • 모든 시계상태에서의 항법
   • 선박이 서로 시계 안에 있을 때의 항법
   • 제한된 시계에서의 선박의 항법

02 안전한 속력 결정 시 고려사항 **아닌 것** ❷ 불빛의 유무

03 좁은 수로에서의 항행 시 ❷ 좁은 수로에서는 **오른편 끝쪽에**서 항행한다.

04 시정 제한 상태에서 변침만으로 피항할 때 금지 동작 ❷
   정횡보다 전방의 선박에 대한 좌현 변침

05 길이 20미터 미만의 선박이나 범선은 좁은 수로 등의 안쪽에서 안전하게 항행할 수 있는 다른 선박의 통항을 방해해서는 아니 된다.

06 **다른 선박과의 충돌을 피하기 위한 조치 ❷**
   • 침로 및 속력을 크게 변경한다.
   • 가능한 충분한 시간을 두고 조치를 취한다.
   • 필요한 경우 선박을 완전히 멈추어야 한다.

07 통항로의 옆쪽으로 출입하는 경우에는 다른 선박과의 충돌을 최소화하거나 충돌 시 그 피해를 최소화하기 위해 **작은 각도로** 진입하는 것이 좋다.

08 통항분리대 또는 분리선을 횡단하여서는 안 되는 경우 ❷
   길이 20미터 이상의 선박

09 통항분리대(또는 분리선) 횡단 가능한 선박 ❷
   길이 20미터 미만의 선박

10 연안통항대에 인접한 통항분리수역의 통항로를 안전하게 통과할 수 있는 경우에는 **연안통항대를 따라 항행해서는 아니된다.**

11 통항분리수역 항행 시 준수사항 ❷ 분리선이나 분리대에서 될 수 있으면 떨어져서 항행할 것 (좁은수로에서는 오른쪽에 붙어 항행할 것)

12 부득이하게 통항분리수역의 통항로를 횡단해야 할 경우 **분리대 진행방향으로 항행하는 선박을 따라 횡단하지 말고,** 횡단거리(시간)를 최소화하기 위해 통항로와 선수방향이 직각에 가까운 각도로 횡단한다.

13 **통항분리방식이 적용되는 수역 ❷** 홍도, 거문도, 보길도 (암기: 홍금보)

14 **추월선 ❷** 피추월선을 앞지를 때는 다른 선박의 정횡으로부터 **22.5도를 넘는 후방의** 위치로부터 **다른 선박**을 앞지르는 선박을 말한다.

15 2척의 범선이 다른 쪽 현에 바람을 받고 있는 경우 ❷ **좌현에** 바람을 받고 있는 범선이 진로를 피한다.

16 자기 선박의 **좌현**쪽에 있는 선박을 향해 침로를 **왼쪽**으로 변경해선 안된다.

17 야간항해 중 상대선박과 횡단관계로 조우할 때 취할 행동이 **아닌 것** ◐ 정선한다

▶ 신호(등화와 형상물)

01 동력선(50m 이상)의 등화 표시 ◐
    1. 앞쪽에 마스트등 1개와 그 마스트등보다 뒤쪽의 높은 위치에 마스트등 1개
      (※ 50m 미만일 경우 뒤쪽의 마스트등 생략 가능)
    2. 현등 1쌍
    3. 선미등 1개

02 동력선(12m 미만) ◐ 흰색 전주등 1개, 현등 1쌍
  → 현등 1쌍을 대신하여 양색등으로 표시 가능

03 길이 7m 미만, 최대속력 7노트 미만 ◐ 흰색 전주등 1개

04 마스트등: 선수미선상에 설치되어 225도에 걸치는 수평의 호를 비추되, 그 불빛이 정선수 방향으로부터 양쪽 현의 정횡으로부터 뒤쪽 22.5도까지 비출 수 있는 흰색등
  ※ 참고) 전주등: 360도에 걸치는 수평의 호를 비추는 등화

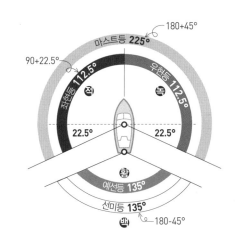

05 야간 등화색 ◐
🔴적 🟢녹 🟡황 ⚪백

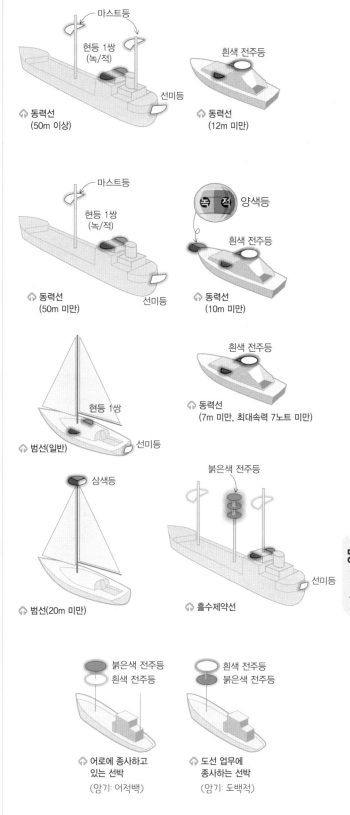

동력선 (50m 이상)   동력선 (12m 미만)

동력선 (50m 미만)   양색등 / 동력선 (10m 미만)

범선(일반)   동력선 (7m 미만, 최대속력 7노트 미만)

범선(20m 미만)   흘수제약선

어로에 종사하고 있는 선박 (암기: 어적백)   도선 업무에 종사하는 선박 (암기: 도백적)

06 야간에 타 선박을 정선수 방향(정면으로 마주 볼 때)에서 양현등 (좌현 홍등, 우현 녹등)이 모두 보여야 한다.

07 야간에 추월 시 추월선을 식별하는 등화 ● 선미등

08 범선 등화 ● 현등 1쌍, 선미등 1개

09 범선 등화(20m 미만) ● 삼색등 표시

10 삼색등 ● 붉은색, 녹색, 흰색

11 범선이 기관을 동시에 사용 ● 원뿔꼴 형상물

12 수면비행선박 ● 홍색 섬광등

13 흘수제약선 ● 붉은색 전주등 3개

14 어로에 종사하고 있는 선박 ● 위 : **붉은색**, 아래 : 흰색

15 도선 업무에 종사하는 선박 ● 위 : **흰색**, 아래 : 붉은색

16 예인선열의 길이가 200미터 초과 ● 마스트등 3개

17 등화 표시 시간 ● 일몰~일출

18 선박 등화 ● 야간에는 **항상** 켜 있을 것

19 선박의 형상물 ●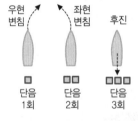

20 정박 중인 형상물 ● **둥근꼴 1개**

21 조종불능선의 형상물 ● **둥근꼴 2개**

22 얹혀있는 선박의 형상물 ● **둥근꼴 3개**

23 조종제한선의 형상물 ● 위쪽과 아래쪽에는 둥근꼴, 가운데는 마름모꼴의 형상물 각 1개

24 공기부양정 ● 동력선의 등화 + 황색 섬광등

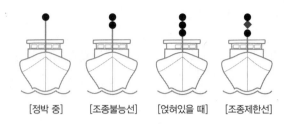

[정박 중]　　[조종불능선]　　[얹혀있을 때]　　[조종제한선]

▶ 음향신호 및 발광신호

01 **단음** ● 1초

02 **장음** ● 4~6초

03 **길이에 따른 음향장비** ●
- 길이 12미터 이상: 기적
- 길이 20미터 이상: 기적 + 호종
- 길이 100미터 이상: 기적 + 호종 + 징

04 **조종방향에 따른 신호** ●

우현 변침　　좌현 변침　　후진

단음 1회　　단음 2회　　단음 3회

05 추월당하는 선박이 다른 선박의 추월에 동의할 경우, 동의의사 의 표시방법 ● 장 단 장 단

06 좁은 수로등의 굽은 부분이나 장애물로 다른 선박을 볼 수 없는 수역 ● 장음 1회

07 항행 중인 동력선은 정지하여 대수속력이 없는 경우, 장음 사이 의 간격을 2초 정도로 연속하여 장음을 2회 울리되 2분을 넘지 아니하는 간격으로 울려야 한다.

2초　　　　2초

2분 이내

08 조종불능선, 조종제한선, 흘수제약선, 범선, 어로 작업을 하고 있는 선박은 2분을 넘지 아니하는 간격으로 연속하여 장음 1회에 이어 단음 2회를 울려야 한다.

→ 2분 이내 ←

09 단음으로 5회 ❯ 의문, 경고신호

10 공기부양정 ❯ 황색의 섬광등
안전수역표지 등화 ❯ 백색 (황색×)

11 섬광등 ❯ 360도에 걸치는 수평의 호를 비추는 등화로서 일정한 간격으로 60초에 120회 이상 섬광을 발하는 등

Section 4 해양환경관리법

01 '해양오염'의 정의
해양에 유입되거나 해양에서 발생되는 물질 또는 에너지로 인하여 해양환경에 해로운 결과를 미치거나 미칠 우려가 있는 상태

02 해양환경관리법 적용범위가 아닌 것 ❯ 한강 수역의 기름 유출

03 분뇨의 배출 ❯
분뇨마쇄소독장치로 마쇄·소독한 후 영해기선으로부터 3해리 이상의 해역에서 4노트 이상의 속력으로 항해하면서 천천히 배출

04 음식찌꺼기의 배출 ❯
25mm 이하로 분쇄하여 3해리 이상의 해역에서 배출

05 선박의 기름 배출 ❯
• 항해 중에 배출할 것
• 배출액 중의 기름 성분이 0.0015퍼센트(15ppm) 이하일 것
• 기름오염방지설비의 작동 중에 배출할 것
아닌 것) 육지로부터 10해리 이상 떨어진 곳에서 배출할 것
→ 선박의 기름 배출은 구역이 따로 정해지지 않음
※ 주의) 모터보트의 경우 기름을 배출하면 안됨

06 고의로 기름 배출 ❯ 5년 이하의 징역 또는 5천만원 이하의 벌금

07 해양자원 또는 인간의 건강에 심각한 위해를 끼치는 것으로 해양 배출을 금지하는 유해액체물질 ❯ X류 물질

08 해양환경관리법에서 말하는 '기름'의 종류 ❯
원유, 석유제품, 폐유
아닌 것) 액체상태의 유해물질

09 선박해체 시 해양오염방지 작업계획 신고서 제출 기관 ❯
해양경찰청장 또는 해양경찰서장

10 해양환경관리법의 적용을 받지 않는 물질 ❯ 액화천연가스

11 선박에서 오염물질을 배출할 수 있는 경우 ❯
• 안전 확보나 인명구조를 위해
• 선박 또는 해양시설 손상 등
• 선박 또는 해양시설 등의 오염사고로 부득이하게 배출될 때

12 오염물질 배출 신고사항 ❯
• 해양오염사고의 발생일시·장소 및 원인
• 배출된 오염물질의 종류, 추정량 및 확산상황과 응급조치상황
• 사고선박의 명칭, 종류 및 규모
• 해면상태 및 기상상태
아닌 것) • 주변 통항 선박 선명
• 해당 해양시설의 관리자 이름, 주소 및 전화번호
• 선박소유자의 서명

13 기름기록부를 비치하지 않아도 되는 선박 ❯ 선저폐수가 생기지 않는 선박

14 선박오염물질기록부(기름기록부, 폐기물기록부)의 보존기간 ❯ 최종기재를 한 날부터 3년

15 폐유저장용기를 비치해야 하는 선박 크기 ❯ 총톤수 5톤 이상

16 10톤 이상 30톤 미만 선박에 비치해야 할 폐유용기의 저장용량 ❯ 60리터

17 선박에서의 해양오염방지 관리자 ❯ 기관장

18 해양환경공단 ❯ 해양환경 보전·관리·개선 및 해양오염방제사업, 해양환경·해양오염 관련 기술개발 및 교육훈련

동력수상레저기구 조종면허 제1·2급

Power Driven Leisure Vessel

CHAPTER

06

실전모의고사

실전모의고사 제❶회

해설

▶ 실력테스트를 위해 문제 옆 해설란을 가리고 문제를 풀어보세요.

01

하루 동안 발생되는 해륙풍에 대한 설명으로 옳지 않은 것은?

갑. 해풍은 일반적으로 육풍보다 강한 편이다.

을. 해륙풍의 원인은 맑은 날 일사가 강하여 해면보다 육지 쪽이 고온이 되기 때문이다.

병. 낮과 밤에 바람의 영향이 거의 반대가 되는 현상은 해륙풍의 영향이다.

정. 밤에는 육지에서 바다로 해풍이 분다.

01 • 낮: 바다 → 육지 (해풍)
  • 밤: 육지 → 바다 (**육풍**)

02

조석현상 중 창조에 대한 설명으로 옳은 것은?

갑. 저조에서 고조로 되기까지 해면이 점차 높아지는 상태이다.

을. 고조에서 저조로 되기까지 해면이 점차 낮아지는 상태이다.

병. 고조와 저조시에 해면의 승강운동이 순간적으로 거의 정지한 것 같이 보이는 상태이다.

정. 조석으로 인하여 해면이 가장 낮아진 상태이다.

02 • 창조(漲潮, 밀물): 저조에서 고조로 되기까지 해면이 점차 높아지는 상태
  • 낙조(落潮, 썰물): 고조에서 저조로 되기까지 해면이 점차 낮아지는 상태

03

따뜻한 해면의 공기가 찬 해면으로 이동할 때 해면부근의 공기가 냉각되어 생기는 것을 무엇이라 하는가?

갑. 해무   을. 구름

병. 이슬   정. 기압

03 해무 (sea fog, 海霧, 바다안개)
  차가운 해수면 위로 따뜻한 공기가 근접하여 포화될 때 발생된다. 대기는 고온다습하고 바다의 표면 수온변화가 없이 차갑고 복사안개보다 두께가 두꺼우며 발생하는 범위가 아주 넓다. 또한 지속성이 커서 한번 발생되면 수일 또는 한달 동안 지속되기도 한다. – 지속성이 가장 크다.

04

전타 선회 시 제일 먼저 생기는 현상은?

갑. 킥(Kick)   을. 종거

병. 선회경   정. 횡거

04 전타란 방향키의 각도를 바꾸는 것으로, 선회시 가장 먼저 킥 현상이 발생한다.

정답 01 정 02 갑 03 갑 04 갑

05

자동 및 수동 겸용 팽창식 구명조끼 작동법에 대한 설명 중 옳지 않은 것은?

갑. 물감지 센서(Bobbin)에 의해 익수 시 10초 이내에 자동으로 팽창한다.

을. 자동으로 팽창하지 않았을 경우, 작동 손잡이를 당겨 수동으로 팽창시킨다.

병. CO_2 가스 누설 또는 완전히 팽창되지 않았을 경우 입으로 직접 공기를 불어 넣는다.

정. 직접 공기를 불어 넣은 후에는 가스 누설을 막기 위해 마우스피스의 마개를 거꾸로 닫는다.

05 마우스피스 마개를 거꾸로 닫게 되면 에어백 내부의 공기가 빠진다.

06

자동심장충격기 패드 부착 위치로 올바르게 짝지어진 것은?

보기

ⓒ 왼쪽 빗장뼈 아래

ⓒ 오른쪽 빗장뼈 아래

ⓒ 왼쪽 젖꼭지 아래의 중간 겨드랑선

ⓒ 오른쪽 젖꼭지 아래의 중간 겨드랑선

갑. ㉠ - ㉡   을. ㉡ - ㉢

병. ㉡ - ㉣   정. ㉠ - ㉣

06 자동심장충격기 패드 부착 위치 (환자 입장에서)

오른쪽 빗장뼈

왼쪽 젖꼭지 아래의 중간 겨드랑선

07

열로 인한 질환에 대한 설명 및 응급처치에 대한 설명으로 옳지 않은 것은?

갑. 열경련은 열 손상 중 가장 경미한 유형이다.

을. 일사병은 열 손상 중 가장 흔히 발생하며 어지러움, 두통, 경련, 일시적으로 쓰러지는 등의 증상을 나타낸다.

병. 열사병은 열 손상 중 가장 위험한 상태로 땀을 많이 흘려 피부가 축축하다.

정. 일사병 환자 응급처치로 시원한 장소로 옮긴 후 의식이 있으면 이온음료 또는 물을 공급한다.

07 열사병: 가장 중증인 유형으로 피부가 뜨겁고 건조하며 붉은색으로 변한다. 대개 땀을 분비하는 기전이 억제되어 **땀을 흘리지 않는다.** 열사병은 생명을 위협하는 응급상황으로 신속히 병원으로 이송하여 치료받아야 한다.

 정답   05 정   06 을   07 병

chapter 06

08

항해 중 사람이 물에 빠졌을 때 가장 먼저 해야 할 조치사항으로 가장 옳은 것은?

갑. 주변 사람에게 알린다.

을. 기관을 역회전시켜 전진 타력을 감소한다.

병. 키를 물에 빠진 쪽으로 최대한 전타한다.

정. 키를 물에 빠진 반대쪽으로 최대한 전타한다.

09

지혈대 사용에 대한 설명 중 가장 옳지 않은 것은?

갑. 다른 지혈방법을 사용하여도 외부 출혈이 조절 불가능할 때 사용을 고려할 수 있다.

을. 팔, 다리관절 부위에도 사용이 가능하다.

병. 지혈대 적용 후 반드시 착용시간을 기록한다.

정. 지혈대를 적용했다면 가능한 신속히 병원으로 이송한다.

10

복원력 감소의 원인이 아닌 것은?

갑. 선박의 무게를 줄이기 위하여 건현의 높이를 낮춤

을. 연료유 탱크가 가득차 있지 않아 유동수가 발생

병. 갑판 화물이 빗물이나 해수에 의해 물을 흡수

정. 상갑판의 중량물을 갑판아래 창고로 이동

11

대지속력을 잘 설명하는 것은?

갑. 선박이 항해 중 수면과 이루는 속력

을. 상대속력이라고 한다.

병. 조류의 영향을 별로 받지 않는다.

정. 목적지의 도착예정시간(ETA)를 구할 때 사용한다.

---

08 익수자를 구조할 때 선미로 다가가면 프로펠러에 의해 익수자가 다칠 우려가 있으므로 선수를 **익수자쪽으로 방향**을 바꾸고 천천히 접근한다.

09 지혈대 사용
- 팔과 다리에 사용한다. (관절에는 절대 사용하지 않는다)
- 복부, 목, 머리에는 사용할 수 없다.

10 갑. 건현의 높이: 물에 잠기지 않는 선체의 높이로 선체 중앙부 상갑판의 선측 상면에서 만재흘수선까지의 수직거리를 말하며, 건현이 클수록 복원력이 크다.
  을. 유동수: 연료의 출렁임

  ※ 일정한 흘수에서 무게중심의 위치가 낮아질수록 복원력이 커진다. 즉, 중량물을 선박의 아래 부분으로 이동할 경우 배의 무게중심이 아래로 내려가면서 안정성과 복원력이 증가한다.

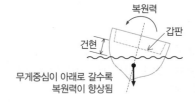

무게중심이 아래로 갈수록 복원력이 향상됨

11 ※ 대수속력(speed through water): 선박이 수면상을 지나는 속력(= 기관 속력)
  ※ 대지속력(speed over ground): 대수속력에서 해류의 영향을 가감한 속력(전진 속도 = 실제 속력 = 육지에서 바라본 속력)
  목적지의 도착예정시간(ETA)을 구할 때는 대지속력(실제 속력)으로 계산한다.

 정답 08 병 09 을 10 정 11 정

12

해사안전법상 추월선이란 다른 선박의 정횡으로부터 ( )도를 넘는 ( )의 위치로부터 ( )을 앞지르는 선박을 말한다. ( )속에 들어갈 말로 맞는 것은?

갑. 22.5, 후방, 다른 선박

을. 22.5, 후방, 자선

병. 25.5, 후방, 자선

정. 25.5, 전방, 다른 선박

13

자이로컴퍼스(Gyro compass)의 특징 및 작동법에 관한 설명으로 옳지 않은 것은?

갑. 자이로컴퍼스는 고속으로 회전하는 회전체를 이용하여 진북을 알게 해주는 장치이다.

을. 스페리식 자이로컴퍼스를 사용하고자 할 때에는 4시간 전에 기동하여야 한다.

병. 자이로컴퍼스는 자기컴퍼스와 다르게 어떠한 오차도 없다.

정. 방위를 간단히 전기신호로 바꿀 수 있어 여러 개의 리피터 컴퍼스를 동작시킬 수 있다.

14

보트나 부이에 국제신호서상 A기가 게양되어 있을 때, 깃발이 뜻하는 의미는?

갑. 스쿠버 다이빙을 하고 있다.

을. 낚시를 하고 있다.

병. 수상스키를 타고 있다.

정. 모터보트 경기를 하고 있다.

12 추월선이 피추월선을 앞지를 때는 다른 선박의 정횡으로부터 22.5도를 넘는 **후방**의 위치로부터 다른 선박을 앞지르는 선박을 말한다.

※ 정횡 : 좌우 현의 옆면

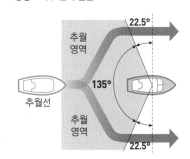

13 자이로컴퍼스에는 위도오차, 속도 오차, 가속도 오차 등의 오차가 있다.

14 A(알파기): '본선은 잠수부를 내리고 있으니 저속으로 피하라'는 의미이다.

 정답 **12 갑 13 병 14 갑**

15

동력수상레저기구를 운항할 때 높은 파도를 넘는 방법으로 가장 적당한 것은?

갑. 파도 방향과 선체가 평행이 되도록 한다.

을. 파도를 선수 20~30° 방향에서 받도록 한다.

병. 파도 방향과 직각이 되도록 한다.

정. 파도와 관계없이 정면에서 바람을 받도록 한다.

15 히브투(Heave to): 선수를 풍랑 쪽으로 향하게 하여 조타가 가능한 최소의 속력으로 전진하는 방법으로, 풍랑을 선수 좌우현 25~35°(또는 20~30°)로 받으며, 최소의 속력으로 운항한다.

16

동력수상레저기구 두 대가 근접하여 나란히 고속으로 운항할 때 어떤 현상이 일어나는가?

갑. 수류의 배출작용 때문에 멀어진다.

을. 평행하게 운항을 계속하면 안전하다.

병. 흡인작용에 의해 서로 충돌할 위험이 있다.

정. 상대속도가 0에 가까워 안전하다.

16 흡인작용: 다음 문제와 같이 횡압력에 의해 선체 중간부의 압력이 낮아진다. 이때 나란히 운항하는 선박 사이에서 저압부가 중첩되면서 흡입력이 크게 작용하여 서로를 잡아당기는 현상이다.
(압력은 높은 곳에서 낮은 곳으로 이동하므로 선수미의 고압이 다른 선박의 저압으로 이동하며 흡인작용이 발생한다)

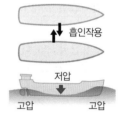

17

항행 중 비나 안개 등에 의해 시정이 나빠졌을 때 조치사항으로 옳지 않은 것은?

갑. 낮에도 항해등을 점등하고 속력을 줄인다.

을. 다른 선박의 무중신호 청취에 집중한다.

병. 주변의 무중신호 청취를 위해 기적이나 싸이렌은 작동하지 않는다.

정. 시계가 좋아질 때를 기다린다.

17 무중신호(霧中信號)
선박에서 보내는 신호의 하나로, 안개·눈 등으로 앞이 보이지 않을 때(시정이 나쁠 때) 기적이나 싸이렌 등으로 배의 위치나 움직임을 알리는 신호
※ 霧는 '안개 무'를 뜻하므로 '안개 중의 신호'이다.

18

야간에 항해 시 주의사항으로 가장 옳지 않은 것은?

갑. 양 선박이 정면으로 마주치면 서로 오른쪽으로 변침하여 피한다.

을. 다른 선박을 피할 때에는 소각도로 변침한다.

병. 기본적인 항법 규칙을 철저히 이행한다.

정. 적법한 항해등을 점등한다.

18 야간에 항해 시 다른 선박을 피할 때 큰 각도로 변침한다.

 정답 15 을   16 병   17 병   18 을

19

용어의 정의가 옳지 않은 것은?

갑. 조차란 만조와 간조의 수위 차이를 말한다.

을. 사리란 조차가 가장 큰 때를 말한다.

병. 정조란 해면의 상승과 하강에 따른 조류의 멈춤상태를 말한다.

정. 조류란 달과 태양의 기조력에 의한 해수의 주기적인 수직운동을 말한다.

20

중시선에 대한 설명 중 가장 옳지 않은 것은?

갑. 중시선은 일정시간에만 보인다.

을. 선박의 위치 편위를 중시선을 활용하여 손쉽게 알 수 있다.

병. 관측자는 2개의 식별 가능한 물표를 하나의 선으로 볼 수 있다.

정. 통항 계획의 수립 단계에서 찾아낸 자연적이고 명확하게 식별할 수 있는 물표로도 표시할 수 있다.

21

구명뗏목 탑승법에 대한 설명 중 옳지 않은 것을 고르시오.

갑. 최대한 빠르게 물속으로 입수한 후 뗏목으로 올라탄다.

을. 탑승할 때 높이가 4.5미터 이내인 경우 천막 위로 바로 뛰어내려도 된다.

병. 탑승을 위해 보트 사다리 등 주변에 이용 가능한 모든 것을 준비 및 사용한다.

정. 뒤집어져 팽창했을 때는 뗏목 바닥의 복정장치를 이용, 체중을 실어 당기거나 풍향을 이용하여 복원시킨다.

22

가솔린 기관의 연료가 구비해야 할 조건에 들지 않은 것은 ?

갑. 내부식성이 크고, 저장 시에 안정성이 있어야 한다.

을. 옥탄가가 높아야 한다.

병. 휘발성(기화성)이 작아야 한다.

정. 연소 시 발열량이 커야 한다.

---

19 • 조류(潮流): 달과 태양의 기조력에 의한 해수의 주기적인 수평운동
• 조석(潮汐): 지구와 달과 태양 사이의 힘에 의하여 발생되는 해수면의 주기적인 수직운동

20 중시선: 시선은 해도상에 그려지는 하나의 선으로, 관측자는 2개의 식별 가능한 물표를 하나의 선으로 볼 수 있으며, 항해사가 그 위치를 신속히 식별할 수 있도록 하는 데 사용된다. 해도에 인쇄되어 있고, 통항 계획의 수립 단계에서 찾아낸 자연적이고 명확하게 식별 가능한 물표로도 표시할 수 있으며, 선박이 항로 위에 있는지, 편위되어 있는지 중시선을 활용한다.

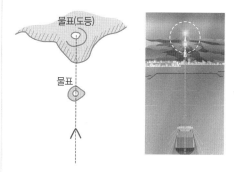

21 구명뗏목 탑승 시에는 체온 및 체력 감소를 막기 위해 가능한 한 입수하지 않고 탑승하는 것이 좋다.

22 을. 옥탄가: 연소를 할 때 이상폭발(노킹)을 일으키지 않는 정도를 수치로 나타내며, 옥탄가가 높을수록 좋은 연료다.
병. 가솔린 엔진은 혼합기(연료+공기)의 연소로 이루어진다. 이때 연료증기가 많을 때 즉 연료의 기화성(휘발성)가 좋아야 점화가 쉽게 된다.
정. 연료의 발열량이란 연료가 완전 연소할 때 발생하는 열량으로 클수록 연료의 효율이 좋다는 의미이다.

 정답 19 정 20 갑 21 갑 21 병

23

수상레저안전법상 운항규칙에 대한 내용 중 ( )안에 들어갈 단어가 알맞은 것은?

보기

다른 수상레저기구와 정면으로 충돌할 위험이 있을 때에는 음성신호·수신호 등 적당한 방법으로 상대에게 이를 알리고 (㉠)쪽으로 진로를 피해야 하며, 다른 수상레저기구의 진로를 횡단하여 충돌의 위험이 있을 때에는 다른 수상레저기구를 (㉡)에 두고 있는 수상레저기구가 진로를 피해야 한다.

갑. ㉠ 우현   ㉡ 왼쪽

을. ㉠ 우현   ㉡ 오른쪽

병. ㉠ 좌현   ㉡ 왼쪽

정. ㉠ 좌현   ㉡ 오른쪽

23 • 다른 기구와 정면 충돌 위험 시 ▶ 우현쪽으로 피함
 • 다른 기구의 진로를 횡단하여 충돌 위험 시 ▶ 오른쪽에 두고 피함

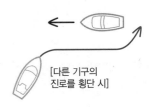

우현

[정면 충돌 위험 시]

[다른 기구의 진로를 횡단 시]

24

연료소모량이 많아지고, 출력이 떨어지는 직접적인 원인으로 맞는 것은?

갑. 피스톤 및 실린더 마모가 심할 때

을. 윤활유 온도가 높을 때

병. 냉각수 압력이 낮을 때

정. 연료유 공급압력이 높을 때

24 피스톤 및 실린더 마모가 심하면 연소실의 압축가스의 누설량이 많아지므로 연료소모량이 많아지고, 압축압력이 떨어져 출력이 떨어지게 된다.

25

윤활유의 취급상 주의사항으로 옳지 않은 것은?

갑. 이물질이나 물이 섞이지 않도록 한다.

을. 점도가 적당한 윤활유를 사용한다.

병. 여름에는 점도가 높은 것, 겨울에는 점도가 낮은 것을 사용한다.

정. 고온부와 저온부에서 함께 쓰는 윤활유는 온도에 따른 점도 변화가 큰 것을 사용한다.

25 을·정. 점도가 낮으면 유막이 끊어져 윤활작용이 원활하지 않아 마멸작용이 떨어지고, 점도가 너무 높으면 각 부품이 오일에 대한 저항성이 커 출력이 떨어지고 연비가 나빠진다. 그러므로 윤활유의 점도는 적당해야 하며, 온도변화에 따른 **점도 변화가 적은 것**을 사용해야 한다.
 병. 여름에는 온도가 높으므로 점도가 낮아지므로 점도가 높은 것을, 겨울에는 온도가 낮으므로 점도가 높아지므로 낮은 것을 사용한다.

 정답 ▶ **23** 을   **24** 갑   **25** 정

26

엔진의 냉각수 계통에서 자동온도조절기(서모스텟)의 역할 중 가장 옳지 않은 것은?

갑. 과열 및 과냉각을 방지한다.

을. 오일의 열화방지 및 엔진의 수명을 연장시킨다.

병. 냉각수의 소모를 방지한다.

정. 냉각수의 녹 발생을 방지한다.

27

프로펠러 효율에 관한 설명 중 옳지 않은 것은 ?

갑. 일정한 전달마력에 대해서 프로펠러의 회전수가 낮을수록 효율이 좋다.

을. 후방 경사 날개는 선체와의 간극이 크게 되므로 효율이 좋다.

병. 강도가 허용하는 한 날개 두께를 얇게 하면 효율이 좋다.

정. 보스비가 크게 되면 일반적으로 효율이 좋다.

28

수상레저안전법상 용어 정의로 옳지 않은 것은 ?

갑. 강과 바다가 만나는 부분의 기수는 해수면으로 분류된다.

을. 수상이란 해수면과 내수면을 말한다.

병. 래프팅이란 무동력수상레저기구를 이용하여 계곡이나 하천에서 노를 저으며 급류 또는 물의 흐름 등을 타는 수상레저 활동을 말한다.

정. 내수면이란 하천, 댐, 호수, 늪, 저수지, 그 밖에 인공으로 조성된 담수나 기수(汽水)의 수류 또는 수면을 말한다.

29

수상레저안전법상 수상레저활동자가 착용하여야 할 인명안전장비 종류를 조정할 수 있는 권한이 없는 자는?

갑. 해양경찰서장

을. 경찰서장

병. 구청장

정. 시장·군수

---

26 자동온도조절기(서모스텟)는 온도가 높을 때 냉각수를 라디에이터(방열기)로 보내 열을 방출시키고, 온도가 낮을 때 냉각수를 엔진으로 다시 보내 정상온도(약 80~100℃)가 되기 까지 과냉각을 방지한다. **why?** 온도가 낮으면 엔진 출력이 낮아지기 때문이다. '을'과 '병'은 과열, 과냉각의 영향을 나타낸 것이다.

27 **갑.** 선반용 엔진은 저속인 이유는 프로펠러 효율을 높이기 위한 것으로, '출력(전달마력) = 토크×속도'이므로 출력이 일정할 때 토크(회전력)와 속도는 반비례이다. 즉, 속도를 늦추어 토크를 크게 하기 위함이다.

을. 후방 경사 날개는 선체와의 간극이 크게 되어 저항이 감소하여 효율이 좋다.

병. 추력을 견디기 위해 일정한 두께를 가져야 하지만, 날개 두께를 얇을수록 캐비테이션(공동현상)이 감소된다.

※ 보스의 외경은 가능한 한 작아야 효율이 좋다.

※ 보스(boss)는 블레이드가 고정된 속이 빈 중심 구조부을 말하며, 보스비는 보스 지름을 추진기의 지름으로 나눈 값이다.

후방경사날개

블레이드
보스(boss)

28 해수면은 바다의 수류나 수면을 말한다.

※ 기수역(汽水域)이란 담수와 해수가 만나는 지역을 말하며, 해수면에 속하지 않는다.

29 인명 안전장비 종류 지정 권한자: 해양경찰서장, 시장·군수, 구청장

정답 > **26** 정 **27** 정 **28** 갑 **29** 을

30

수상레저안전법상 일반조종면허 실기시험 중 실격사유로 옳지 않은 것은?

갑. 3회 이상의 출발 지시에도 출발하지 못한 경우

을. 속도전환레버 및 핸들 조작 미숙 등 조종능력이 현저히 부족하다고 인정되는 경우

병. 계류장과 선수 또는 선미가 부딪힌 경우

정. 이미 감점한 점수의 합계가 합격기준에 미달함이 명백한 경우

31

수상레저안전법상 동력수상레저기구 조종면허증을 갱신할 수 있는 시기로 옳지 않은 것은?

갑. 동력수상레저기구 조종면허증 갱신 기간 내

을. 사전갱신신청서를 제출한 경우 동력수상레저기구 조종면허증 갱신 기간 시작일 전

병. 갱신기간 만료일 후 갱신연기신청서를 제출한 경우

정. 동력수상레저기구 조종면허증 정지 기간 내

32

수상레저안전법상 수상레저사업장에서 금지되는 행위로 옳지 않은 것은?

갑. 정원을 초과하여 탑승시키는 행위

을. 14세 미만자를 보호자 없이 탑승시키는 행위

병. 알콜중독자에게 기구를 대여하는 행위

정. 허가 없이 일몰 30분 이후 영업행위

33

해사안전법상 조종불능선의 등화나 형상물로 올바른 것은?

갑. 가장 잘 보이는 곳에 수직으로 둥근꼴이나 그와 비슷한 형상물 2개

을. 가장 잘 보이는 곳에 수직으로 하얀색 전주등 1개

병. 대수속력이 있는 경우에는 현등 1쌍과 선미등 2개

정. 대수속력이 있는 경우에는 현등 2쌍과 선미등 2개

해설

30 계류장과 선수 또는 선미가 부딪힌 경우 감점사항이다.

31 조종면허증 갱신기간 만료일 다음날부터 조종면허의 효력이 정지된다.

32 수상레저사업의 금지사항
   1. 14세 미만인 자(보호자 동반 시 탑승 가능), 술에 취한 자 또는 정신질환자를 수상레저기구에 태우거나 이들에게 수상레저기구를 빌려 주는 행위
   2. 수상레저기구의 정원을 초과하여 태우는 행위
   3. 수상레저기구 안에서 술 판매·제공 또는 반입하도록 하는 행위
   4. 영업구역을 벗어나 영업을 하는 행위
   5. 수상레저활동시간 외에 영업을 하는 행위
   6. 폭발물·인화물질 등의 위험물을 이용자가 타고 있는 수상레저기구로 반입·운송하는 행위
   7. 안전검사를 받지 않거나 불합격한 수상레저기구 또는 안전점검을 받지 아니한 수상레저기구로 영업하는 행위

33 조종불능선의 등화나 형상물: 수직으로 **둥근꼴**이나 그와 비슷한 형상물 2개

 정답 30 병 31 병 32 병 33 갑

34

수상레저안전법상 등록된 수상레저기구가 존재하는지 여부가 분명하지 않은 경우 말소등록을 신청해야 할 기한으로 옳은 것은?

갑. 1개월

을. 3개월

병. 6개월

정. 12개월

34 기상상태 악화 등으로 기구가 떠내려가 분실되거나 도난을 3개월 이내에 기구를 찾지 못할 경우 말소신청을 해야한다.

35

수상레저안전법상 수상레저활동 금지구역에서 수상레저기구를 운항한 사람에 대한 과태료 부과기준은 얼마인가?

갑. 30만원

을. 40만원

병. 60만원

정. 100만원

35 수상레저활동 금지구역에서 수상레저기구를 운항할 경우 과태료는 60만원이다.

36

선박의 입항 및 출항 등에 관한 법률상 우선피항선에 해당하지 않은 것은?

갑. 주로 노와 삿대로 운전하는 선박

을. 예선

병. 압항부선

정. 총톤수 20톤 미만의 선박

36 예인선이 부선을 끌거나 밀고 있는 경우의 예인선 및 부선을 포함하되, 예인선에 결합되어 운항하는 압항부선(압항부선)은 제외한다.

※ 우선피항선: 무역항의 수상구역에서 운항하는 선박으로서 다른 선박의 진로를 피하여야 하는 선박

※ 압항부선(押航解船): 일반적인 부선은 예선(예인선)이 앞에서 당겨 운행하지만 압항부선은 예선이 뒤에서 밀어 항행하는 부선을 말한다.

※ 부선(바지선): 동력이나 돛 등 자체 항행력이 없는 선박 (주로 작업용, 화물용)

압항부선

예선과 부선이 연결된 압항부선은 우선피항선에 해당되지 않음

37

선박의 입항 및 출항 등에 관한 법률상 무역항의 수상구역 등에서 2척 이상의 선박이 항행할 때 서로 충돌을 예방하기 위해 필요한 것은?

갑. 최고속력 유지

을. 최저속력 유지

병. 상당한 거리 유지

정. 기적 또는 사이렌을 울린다.

37 이 문제는 틀리기 쉬운 문제로, 선박은 자동차와 같이 급정지가 어려우므로 변침과 함께 충분한 거리를 유지하는 것이 좋다.

 정답 **34** 을 **35** 병 **36** 병 **37** 병

chapter 06

38

해사안전법상 가항수역의 수심 및 폭과 선박의 흘수와의 관계에 비추어 볼 때 그 진로에서 벗어날 수 있는 능력이 매우 제한되어 있는 동력선을 무엇이라 하는가?

갑. 조종불능선

을. 조종제한선

병. 예인선

정. 흘수제약선

39

해사안전법상 해양경찰서장의 허가를 받아야 하는 해양레저 행위의 종류로 옳지 않은 것은?

갑. 스킨다이빙

을. 윈드서핑

병. 요트활동

정. 낚시어선 운항

40

해사안전법상 어로 중인 선박은 가능하면 (   )의 진로를 피해야 한다. (   )안에 들어갈 내용으로 알맞은 것은?

갑. 운전부자유선, 기동성이 제한된 선박

을. 수중작업선, 범선

병. 운전부자유선, 범선

정. 정박선, 대형선

41

해사안전법상 충돌을 피하기 위한 동작으로 옳지 않은 것은?

갑. 충돌을 피하거나 상황을 판단하기 위한 시간적 여유를 얻기 위해 필요하면 전속으로 항진하여 다른 선박을 빨리 비켜나야 한다.

을. 될 수 있으면 충분한 시간적 여유를 두고 적극적으로 조치해야 한다.

병. 적절한 시기에 큰 각도로 침로를 변경해야 한다.

정. 침로나 속력을 소폭으로 연속적으로 변경해서는 아니된다.

---

38 조종불능선 및 조종제한선 : 선박의 조종성능을 제한하는 고장이나 그 밖의 사유로 조종을 할 수 없거나 조종을 제한하는 작업에 종사하고 있어 다른 선박의 진로를 피할 수 없는 선박

※ 조종제한선(操縱制限船)의 종류 (조종을 제한)

1. 항로표지, 해저전선 또는 해저파이프라인의 부설 · 보수 · 인양작업
2. 준설, 측량 또는 수중작업
3. 항행 중 보급, 사람 또는 화물의 이송작업
4. 항공기의 발착작업
5. 기뢰제거작업
6. 진로에서 벗어날 수 있는 능력에 제한을 많이 받는 예인작업

※ 흘수제한선 : 대형 탱크선, 컨테이너선과 같이 무게가 무거운 대형선박의 경우 흘수가 깊어지는데 수심, 폭이 충분하지 못하면 항해가 제한되기 때문에 수심이 얕고 폭이 좁은 곳으로서는 진로변경이 어렵다. 그러므로 흘수제한선은 등화, 형상물로 표시해야 한다.

39 항만의 수역 또는 어항의 수역에서는 스킨다이빙, 스쿠버다이빙, 윈드서핑은 허가가 필요하다.

40 • 조종불능선 = 조종제한선 = 운전 부자유선

• 흘수제약선 = 진로에서 벗어날 수 있는 능력이 매우 제한(기동성 제한)

※ 진로 우선권 순위 (순서대로 암기 : 조흘어범동)

조 종불능선(조종제한선)

흘 수제약선

어 로에 종사하고 있는 선박

범 선

동 력선

41 안전 속도를 유지하면 대각도로 변침한다.

 정답 38 정 39 정 40 갑 41 갑

42

해사안전법상 삼색등을 표시할 수 있는 선박은?

갑. 항행 중인 길이 50m이상의 동력선

을. 항행 중인 길이 50m이하의 동력선

병. 항행 중인 길이 20m 미만의 범선

정. 어로에 종사하는 길이 50m이상의 어선

42 항행 중인 길이 20m 미만의 범선은 현등, 선미등을 대신하여 마스트의 꼭대기나 그 부근의 가장 잘 보이는 곳에 삼색등 1개를 표시할 수 있다.

43

선박에서의 오염방지에 관한 규칙상 영해기선으로부터 3해리 이상의 해역에 버릴 수 있는 음식찌꺼기의 크기는?

갑. 25mm 이하

을. 25mm 이상

병. 50mm 이하

정. 50mm 이상

43 음식찌꺼기의 배출
• 영해기선으로부터 최소한 12해리 이상의 해역
• 25mm 이하로 분쇄(연마)된 음식찌꺼기의 경우 영해기선으로부터 3해리 이상의 해역에 버릴 수 있다.

44

해사안전법상 선박의 우현변침 음향신호로 맞는 것은?

갑. 단음 2회

을. 장음 1회

병. 단음 1회

정. 장음 2회

44 우 1, 좌 2, 후 3

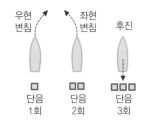

45

선박에서의 오염방지에 관한 규칙상 선박의 폐기물을 수용시설 또는 다른 선박에 배출할 때 폐기물기록부에 작성하여야 하는 사항으로 옳지 않은 것은?

갑. 배출일시

을. 항구, 수용시설 또는 선박의 명칭

병. 폐기물 종류별 배출량

정. 선박소유자의 서명

45 폐기물기록부 기재사항(선박에서의 오염방지에 관한 규칙)
• 배출일시
• 선박의 위치(경도 및 위도)
• 배출된 폐기물의 종류
• 폐기물 종류별 배출량
• 작업책임자의 서명
• 항구, 수용시설 또는 선박의 명칭

 정답 ▶ **42 병 43 갑 44 병 45 정**

chapter **06**

46

수상레저안전법상 (   )안에 들어갈 알맞은 수는?

보기

수상레저사업 등록기준상 탑승정원 (   )명 이상인 동력수상레저기구에는 선실, 조타실, 기관실에 각각 (   )개 이상의 소화기를 갖추어야 한다.

갑. 3, 1
을. 10, 2
병. 13, 1
정. 5, 1

46 자동탑승정원 13명 이상인 경우 선실, 조타실 및 기관실에 1개 이상 소화기를 갖춰야 한다.

47

해양환경관리법의 적용을 받지 않는 물질로 옳은 것은?

갑. 유성혼합물
을. 해저준설토사
병. 액화천연가스
정. 석유사업법에서 정하는 기름

47 해양환경관리법의 적용받는 물질
 • 기름 : 「석유 및 석유대체연료 사업법」에 따른 원유 및 석유제품(**석유가스 제외**)
 • 준설토사 등 수거 퇴적물의 사용 등
 • 오염 퇴적물

48

해사안전법상 제한된 시계 안에서의 음향신호에 대한 설명으로 옳지 않은 것은?

갑. 항행 중인 동력선은 대수속력이 있는 경우에는 2분을 넘지 않는 간격으로 장음 1회를 울려야 한다.
을. 항행 중인 동력선은 정지하여 대수속력이 없는 경우에는 2분을 넘지 않는 간격으로 장음 2회를 울려야 한다.
병. 정박 중인 선박은 1분을 넘지 않는 간격으로 5초 정도 재빨리 호종을 울려야 한다.
정. 조종불능선, 조종제한선, 흘수제약선, 범선, 어로작업중인 선박은 2분을 넘지 않는 간격으로 장음 1회에 이어 단음 3회를 울려야 한다.

48 조종불능선, 조종제한선, 흘수제약선, 범선, 어로 작업을 하고 있는 선박은 2분을 넘지 아니하는 간격으로 연속하여 장음 1회에 이어 단음 2회를 울려야 한다.

→ 2분 이내 ←

정답 **46** 병 **47** 병 **48** 정

49

선박의 입항 및 출항 등에 관한 법률상 정박지의 사용에 대한 내용으로 맞지 않은 것은?

갑. 관리청은 무역항의 수상구역등에 정박하는 선박의 종류·톤수·흘수(吃水) 또는 적재물의 종류에 따른 정박구역 또는 정박지를 지정·고시할 수 있다.

을. 무역항의 수상구역등에 정박하려는 선박은 정박구역 또는 정박지에 정박하여야 한다.

병. 우선 피항선은 다른 선박의 항행에 방해가 될 우려가 있는 장소라 하더라도 피항을 위한 일시적인 정박과 정류가 허용된다.

정. 해양사고를 피하기 위해 정박구역 또는 정박지가 아닌 곳에 정박한 선박의 선장은 즉시 그 사실을 관리청에 신고하여야 한다.

49 우선피항선(다른 선박의 진로를 피하여야 하는 선박)은 다른 선박의 항행에 방해가 될 우려가 있는 장소에 정박·정류해선 안된다.

50

수상레저안전법상 등록대상 수상레저기구의 소유자가 수상레저기구의 운항으로 다른 사람이 사망하거나 부상한 경우에 피해자에 대한 보상을 위하여 보험이나 공제에 가입하여야 하는 기간은?

갑. 소유일부터 즉시

을. 소유일부터 7일 이내

병. 소유일부터 15일 이내

정. 소유일부터 1개월 이내

50 보험, 공제 가입 기간은 수상레저기구 소유일부터 **1개월** 이내이다.

실전모의고사 제❷회

▶ 실력테스트를 위해 문제 옆 해설란을 가리고 문제를 풀어보세요.

01

바람에 대한 설명 중 옳지 않은 것을 고르시오.

갑. 해륙풍은 낮에 바다에서 육지로 해풍이 불고, 밤에는 육지에서 바다로 육풍이 분다.

을. 같은 고도에서도 장소와 시각에 따라 기압이 달라지고 이러한 기압차에 의해 바람이 분다.

병. 북서풍이란 남동쪽에서 북서쪽으로 바람이 부는 것을 뜻한다.

정. 하루 동안 낮과 밤의 바람 방향이 거의 반대가 되는 바람의 종류를 해륙풍이라 한다.

01 풍향을 나타낼 때는 '바람이 불어나가는 방향'으로 표기
※ 북서풍: 북서쪽에서 부는 바람

02

이안류의 특징으로 옳지 않은 것을 고르시오.

갑. 수영 미숙자는 흐름을 벗어나 옆으로 탈출한다.

을. 수영 숙련자는 육지를 향해 45도로 탈출한다.

병. 폭이 좁고 매우 빨라 육지에서 바다로 쉽게 헤엄쳐 나갈 수 있다.

정. 폭이 좁고 매우 빨라 바다에서 육지로 쉽게 헤엄쳐 나올 수 있다.

02 이안류는 폭이 좁고 매우 빨라 바다로 쉽게 헤엄쳐 나갈 수 있지만, 바다에서 해안으로 들어오기는 어려울 때가 많다. 이안류는 해수욕을 즐기는 사람에게 가장 무서운 현상으로 먼바다로 향하는 강력한 물의 흐름에 무조건 대항하다 보면 큰 사고로 이어질 수 있다.

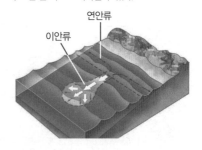

03

보기 의 인명구조 장비에 대한 설명 중 (　)안에 들어갈 적합한 것을 고르시오.

> 보기
> • (①)은 비교적 가까이 있는 익수자를 구출하는데 이상적이다.
> • (②)은 비교적 멀리 있는 익수자를 구출하는데 이상적이다.

갑. ① 구명부환(Life Ring), ② 레스큐 캔

을. ① 구명부환(Life Ring), ② 드로우 백(구조용 로프백)

병. ① 드로우 백(구조용 로프백), ② 구명부환(Life Ring)

정. ① 구명부환(Life Ring), ② 구명공(구명볼; Kapok Ball)

03 • 구명부환은 비교적 가까이 있는 익수자를 구출하는데 이상적이다.
• 드로우 백은 비교적 멀리 있는 익수자를 구출하는데 이상적이다.

 구명부환　 드로우 백

정답　01 병　02 정　03 을

04

 의 ( ) 안에 들어갈 알맞은 단어를 고르시오.

> **보기**
>
> 해면에 파랑이 있는 만월의 야간 항행 시에 달이 ( )에 놓이게 되면 광력이 약한 등화를 가진 물체가 근거리에서도 잘 보이지 않는 수가 있어 주의하여 항해하여야 한다.

갑. 전방　　　　　　　　　을. 후방
병. 측방　　　　　　　　　정. 머리 위

04 달이 밝은 야간에 달이 '후방'에 놓이게 되면 앞의 빛이 약한 물체가 근거리에서도 확인되지 않는 경우가 많아 주의해야 한다.

05

조석의 간만에 따라 수면 위에 나타났다 수중에 잠겼다하는 바위를 무엇이라 하는가?

갑. 노출암　　　　　　　　을. 간출암
병. 돌출암　　　　　　　　정. 수몰암

05 · 간출암: 만조(고조) 때 잠겼다가 간조(저조)때 노출되는 바위
· 노출암: 만조(고조), 간조(저조) 관계없이 항상 노출되어 있는 바위

06

구명뗏목의 의장품인 행동지침서의 기재사항으로 옳지 않은 것은?

갑. 다른 조난자가 없는지 확인할 것
을. 침몰하는 배 주변 가까이에 머무를 것
병. 다른 구명정 및 구명뗏목과 같이 행동할 것
정. 의장품 격납고를 열고 생존지침서를 읽을 것

06 침몰하는 배에서 신속히 떨어질 것

07

경련 시 응급처치 방법에 대한 설명으로 옳은 것은?

갑. 경련하는 환자 손상을 최소화하기 위하여 경련 시 붙잡거나 움직임을 멈추게 한다.
을. 경련하는 환자를 발견 시 기도유지를 위해 손가락으로 입을 열어 손가락을 넣고 기도유지를 한다.
병. 경련 중 호흡곤란을 예방하기 위해 입-입 인공호흡을 한다.
정. 경련 후 기면상태가 되면 환자의 몸을 한쪽 방향으로 기울이고 기도가 막히지 않도록 한다.

07 경련 후 기면상태가 되면 기도가 막히지 않도록 경련 후 환자의 몸을 한쪽 방향으로 기울이거나 기도유지를 위한 관찰이 필요하다.

정답 04 을　05 을　06 을　07 정

08

일반인 구조자에 의한 기본소생술 순서로 옳은 것은?

갑. 반응확인 – 도움요청 – 맥박확인 – 심폐소생술

을. 맥박확인 – 호흡확인 – 도움요청 – 심폐소생술

병. 호흡확인 – 맥박확인 – 도움요청 – 심폐소생술

정. 반응확인 – 도움요청 – 호흡확인 – 심폐소생술

08 일반인은 호흡 상태를 정확히 평가하기 어렵기 때문에 쓰러진 사람에게 반응확인 후 반응이 없으면 즉시 신고 후 호흡확인을 한다. 환자가 반응이 없고, 호흡이 없거나 심정지 호흡처럼 비정상적인 호흡을 보인다면 심정지 상태로 판단하고 심폐소생술을 실시한다.
※ 일반인 기본소생술 순서: 반도호심(암기법)

09

무동력보트를 이용한 구조술에 대한 설명 중 옳지 않은 것은?

갑. 익수자에게 접근해 노를 건네 구조할 수 있다.

을. 익수자를 끌어올릴 때 전복되지 않도록 주의한다.

병. 보트 위로 끌어올리지 못할 경우 뒷면에 매달리게 한 후 신속히 이동한다.

정. 보트는 선미보다 선수방향으로 익수자를 탈 수 있도록 유도하는 것이 효과적이다.

09 무동력보트의 경우 선미가 선수보다 낮으며, 스크루가 없기 때문에 선미로 유도하여 끌어 올리는 것이 효과적이다.

10

동력수상레저기구 화재 시 소화 작업을 하기 위한 조종방법으로 가장 옳지 않은 것은?

갑. 선수부 화재 시 선미에서 바람을 받도록 조종한다.

을. 상대 풍속이 0이 되도록 조종한다.

병. 선미 화재 시 선수에서 바람을 받도록 조종한다.

정. 중앙부 화재 시 선수에서 바람을 받도록 조종한다.

10 화재의 확산은 바람의 영향을 많이 받으므로 상대풍속이 0이 되도록 선박을 조종한다.
선수 화재 시 → 선미에서,
선미 화재 시 → 선수에서,
중앙부 화재 시 → 정횡에서
바람을 받으며 소화작업을 한다.

11

침로에 대한 설명 중 옳은 것은?

갑. 진침로와 자침로 사이에는 자차만큼의 차이가 있다.

을. 선수미선과 선박을 지나는 자오선이 이루는 각이다.

병. 자침로와 나침로 사이에는 편차만큼의 차이가 있다.

정. 보통 북을 000°로 하여 반시계 방향으로 360°까지 측정한다.

11 · 침로 : 지침이 가리키는 방향, 선수미선과 선박을 지나는 자오선이 이루는 각을 의미한다.
· 진침로와 자침로 사이에는 편차만큼의 차이가 있고, 자침로와 나침로 사이에는 자차만큼의 차이가 있다.
· 북을 000°로 하여 시계 방향으로 360°까지 측정한다.
※ 자오선: 북쪽과 남쪽을 잇는 가상의 선

 정답 08 정 09 정 10 정 11 을

12

보기 의 ( )안에 들어갈 말로 옳은 것을 고르시오.

> **보기**
>
> 선체가 세로 길이 방향으로 경사져 있는 정도를 그 경사각으로써 표현하는 것
> 보다 선수 흘수와 선미 흘수의 차이로써 나타내는 것이 미소한 경사 상태까
> 지 더욱 정밀하게 표현할 수 있는 방법이다. 이와 같이 길이 방향의 선체 경
> 사를 나타내는 것을 (   )이라 한다.

갑. 길이

을. 건현

병. 트림

정. 흘수

12 선수 흘수와 선미 흘수의 차: 트림

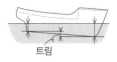

트림

13

입항을 위해 이동 중 항·포구까지의 거리가 5해리 남았음을 알았
다면, 레저기구의 속력이 10노트로 이동하면 입항까지 소요되는 시
간은 얼마인가?

갑. 10분

을. 20분

병. 30분

정. 40분

13 속도(노트) $= \dfrac{거리(해리)}{시간}$

→ 10노트 $= \dfrac{5해리}{시간}$

→ 시간 $= \dfrac{5해리}{10노트} = 0.5(시) = 30(분)$

14

해도 하단 좌측에 기재되는 '소개정' 관련 **보기** 에 대한 설명 중 옳
은 것은?

> **보기**
>
> 소개정(Small Correction) (19)312, 627 (20)110

갑. 소개정 최종 개보는 2020년 110번 항까지이다.

을. 소개정이란 해도의 제작처에서 개보(정정)하는 것이다.

병. "(20)110"의 뜻은 2020년 1월10일 개보하였다는 기록이다.

정. 국립해양조사원에서 매달 소개정을 위한 항행통보를 발행한다.

14 표기 : '( )' 안에는 해당 년도의 뒤 두 자리 숫자를 기재,
'( )' 오른편에는 항행통보의 개정 관련항 번호를 기록
한다.
보기 는 19년 312항, 627항까지 개보, 20년에는 110번
항까지 개보되었음을 의미한다.

chapter 06

정답 **12 병 13 병 14 갑**

15

바다에 사람이 빠져 수색 중인 선박을 발견하였다. 이 선박에 게양되어 있는 국제 기류 신호는 무엇인가?

갑. F기(흰색 바탕에 마름모꼴 빨간색 모양 기류)

을. H기(왼쪽 흰색 바탕 I 오른쪽 빨간색 바탕 사각형 기류)

병. L기(왼쪽 위 노란색, 아래 검정색 I 오른쪽 상단 검정색, 아래 노란색)

정. O기(왼쪽 아래 노란색, 오른쪽 위 빨간색 사선 모양 기류)

15 바다에 사람이 빠졌을 때 국제 기류 신호:
    O기(왼쪽 아래 노란색, 오른쪽 위 빨간색 사선 모양 기류)

16

'선체가 파도를 받으면 동요한다.' 선박의 복원력과 가장 밀접한 관계가 있는 운동은?

갑. 롤링(rolling)

을. 서지(surge)

병. 요잉(yawing)

정. 피칭(pitching)

16 선체에 작용하는 운동

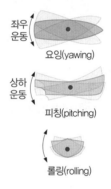

17

모터보트가 전복될 위험이 가장 큰 경우는?

갑. 기관 공전이 생길 때

을. 횡요주기와 파랑의 주기가 일치할 때

병. 조류가 빠른 수역을 항해할 때

정. 선수 동요를 일으킬 때

17 배의 기울기에 파도에 의한 기울기가 더해지면 전복위험이 크다.
   • 횡요주기: 배를 앞에서 보았을 때 좌우로 흔들리는 주기
   • 파랑주기: 파도의 파동 주기

롤링(횡요)

18

모터보트로 야간 항해 시 항법과 관계가 적은 것은?

갑. 기본적인 항법규칙을 지킨다.

을. 양 선박이 마주치면 우현 변침한다.

병. 기적과 기관을 사용해서는 안 된다.

정. 다른 선박의 등화를 발견하면 확인하고 자선의 조치를 취한다.

18 야간 항해 시 기적과 기관을 사용한다.

정답 ▶ 15 정 16 갑 17 을 18 병

19

시계가 제한된 상황에서 항행 시 주의사항으로 옳지 않은 것은?

갑. 낮이라 할지라도 반드시 등화를 켠다.

을. 상황에 적절한 무중신호를 실시한다.

병. 기관을 정지하고 닻을 투하한다.

정. 엄중한 경계를 실시하고, 필요시 경계원을 증가 배치한다.

19 시계가 제한되더라도 침로를 변경하면 다른 배와의 충돌 우려가 있으므로 배를 정지시키면 안된다.

20

선외기 등을 장착한 활주형 선박에서 운항 중 선회하는 경우 선체 경사는?

갑. 외측경사

을. 내측경사

병. 외측경사 후 내측경사

정. 내측경사 후 외측경사

20 활주형 선박(모터보트)를 선회할 때 킥 현상에 의해 선회 권의 안쪽으로 경사(내측경사), 선회를 계속하면 선체는 일정한 각속도로 정상 선회(외측경사)한다.

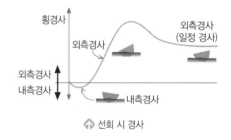

↟ 선회 시 경사

21

디젤기관에서 연료소비율이란?

갑. 기관이 1시간에 소비하는 연료량

을. 연료의 시간당 발열량

병. 기관이 1시간당 1마력을 얻기 위해 소비하는 연료량

정. 기관이 1실린더당 1시간에 소비하는 연료량

21 연료소비율이란 1시간동안 1마력을 얻기 위해 얼마만큼 의 연료를 소비하느냐를 나타낸다.

  ※ 마력: 말 한 마리가 1초 동안 75kgf 무게를 1m 움직 일 수 있는 일의 크기

22

수상레저안전법상 동력수상레저기구 일반조종면허 실기시험 채점 기준으로 옳지 않은 것은?

갑. 출발 전 점검 및 확인 시 확인사항을 행동 및 말로 표시한다.

을. 출발 시 속도전환 레버를 중립에 두고 시동을 건다.

병. 운항 시 시험관의 증속 지시에 15노트 이하 또는 25노트 이상 운항하지 않는다.

정. 사행 시 부이로부터 2미터 이내로 접근하여 통과한다.

22 사행 시 부이로 부터 3미터 이상 15미터 이내로 접근하 여 통과한다.

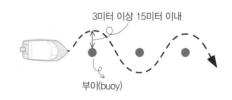

◑사행(蛇_뱀 사, 行_갈 행)

정답 **19** 병 **20** 정 **21** 병 **22** 정

23

과급(supercharging)이 기관의 성능에 미치는 영향에 대한 설명 중 옳은 것은 모두 몇 개인가?

> 보기
>
> ① 평균 유효압력을 높여 기관의 출력을 증대시킨다.
> ② 연료소비율이 감소한다.
> ③ 단위 출력 당 기관의 무게와 설치 면적이 작아진다.
> ④ 미리 압축된 공기를 공급하므로 압축 초의 압력이 약간 높다.
> ⑤ 저질 연료를 사용하는데 불리하다.

갑. 2개　　　　　　　을. 3개
병. 4개　　　　　　　정. 5개

23 과급(슈퍼차저)은 엔진 동력을 이용하여 연소실에 강제적으로 많은 공기를 공급해 엔진의 흡입효율을 높이고 출력과 회전력을 증가시키는 장치로, 공기가 많아지므로 질이 다소 낮은 연료를 사용하는데 유리하다.

참고) 과급(터보차저)는 배기가스에 의해 작동된다.

24

윤활유의 기본적인 역할로서 옳지 않은 것은?

갑. 감마작용
을. 냉각작용
병. 산화작용
정. 청정작용

24 윤활유 역할: 감마(마찰 감소), 냉각, 청정, 기밀(누설 방지) 등
※ 산화는 윤활유의 성질에 영향을 주어 점도 등이 변한다.

25

프로펠러의 공동현상(Cavitation)이 발생되는 원인으로 옳지 않은 것은 모두 몇 개인가?

> 보기
>
> ① 날개 끝이 얇을 때
> ② 날개 끝 속도가 고속일 때
> ③ 프로펠러가 수면에 가까울 때
> ④ 날개의 단위 면적당 추력이 과다할 때
> ⑤ 프로펠러와 선체와의 간격이 좁을 때

갑. 0개　　　　　　　을. 1개
병. 2개　　　　　　　정. 3개

25 ① 날개 끝이 두꺼울 때 공동현상이 일어난다.
②~⑤는 압력이 떨어져 공동현상의 원인이 된다.

※ 캐비테이션(공동현상): 액체의 국소압력이 증기압 이하로 떨어져 기포가 발생하는 현상 (발생한 기포는 압력이 높은 부분에 이르면 급격히 부서져 소음이나 진동의 원인이 됨)

정답▶ 23 병　24 병　25 을

26

수상오토바이 출항 전 반드시 점검하여야 할 사항으로 옳지 않은 것은?

갑. 선체 드레인 플러그가 잠겨 있는지 확인한다.

을. 예비 배터리가 있는 것을 확인한다.

병. 오일량을 점검한다.

정. 엔진룸 누수 여부를 확인한다.

26 출항 전 점검사항으로 배터리 충전상태를 확인해야 하며, 예비 배터리의 확보는 필요 없다.

27

수상레저안전법에 대한 설명으로 옳지 않은 것은?

갑. 수상레저활동은 수상에서 수상레저기구를 이용하여 취미·오락·체육·교육 등의 목적으로 이루어지는 활동이다.

을. 래프팅(rafting)이란 무동력 수상레저기구를 이용하여 계곡이나 하천에서 노를 저으며 급류 또는 물의 흐름을 타는 수상레저활동을 말한다.

병. 동력수상레저기구의 기관이 5마력 이상이면 동력수상레저기구 조종면허가 필요하다.

정. 선박법에 따라 항만청에 등록된 선박으로 레저활동을 하는 것은 수상레저기구로 볼 수 없다.

27 등록 선박과 무관하게 총톤수 20톤 미만의 모터보트는 동력수상레저기구로 볼 수 있다.

28

수상레저안전법상 수상안전교육에 관한 내용으로 옳지 않은 것은?

갑. 안전교육 대상자는 동력수상레저기구 조종면허를 받고자 하는 자 또는 갱신하고자 하는 자이다.

을. 수상안전교육 시기는 동력수상레저기구 조종면허를 받으려는 자는 조종면허시험 응시원서를 접수한 후부터, 동력수상레저기구 조종면허를 갱신하려는 자는 조종면허 갱신기간 이내이다.

병. 수상안전교육 내용은 수상안전에 관한 법령, 수상레저기구의 사용과 관리에 관한 사항, 수상상식 및 수상구조, 그 밖의 수상안전을 위하여 필요한 사항이다.

정. 수상안전교육 시간은 3시간이고 최초 면허시험 합격 전의 안전교육 유효기간은 5개월이다.

28 수상안전교육 유효기간: 6개월

 정답 26 을 27 정 28 정

chapter 06

29

수상레저안전법상 야간 수상레저활동 금지시간으로 맞는 것은?

갑. 누구든지 해진 후 30분부터 해뜨기 전 30분까지

을. 활동을 하려는 자는 해지기 30분부터 해뜬 후 30분까지

병. 활동을 하려는 자는 해진 후 30분부터 해뜨기 전 30분까지

정. 누구든지 해지기 30분부터 해뜬 후 30분까지

30

수상레저안전법상 조종면허에 관한 설명 중 옳지 않은 것은?

갑. 조종면허를 받으려는 자는 해양경찰청장이 실시하는 면허시험에 합격하여야 한다.

을. 면허시험은 필기·실기시험으로 구분하여 실시한다.

병. 조종면허를 받으려는 자는 면허시험 응시원서를 접수한 후부터 해양경찰청장이 실시하는 수상안전교육을 받아야 한다.

정. 조종면허의 효력은 조종면허를 받으려는 자가 면허시험에 최종 합격할 날부터 발생한다.

31

수상레저안전법상 수상레저기구 안전검사의 유효기간에 대한 설명으로 옳지 않은 것은?

갑. 최초로 신규검사에 합격한 경우 : 안전검사증을 발급받은 날부터 계산한다.

을. 정기검사의 유효기간 만료일 전후 각각 30일 이내에 정기검사에 합격한 경우 : 종전 안전검사증 유효기간 만료일의 다음날부터 계산한다.

병. 정기검사의 유효기간 만료일 전후 각각 30일 이내의 기간이 아닌 때에 정기검사에 합격한 경우 : 안전검사증을 발급받은 날부터 계산한다.

정. 안전검사증의 유효기간 만료일 후 30일 이후에 정기검사를 받은 경우 : 종전 안전검사증 유효기간만료일부터 계산한다.

29 야간 수상레저활동 금지시간:
일몰 후 30분 ~ 일출 전 30분

30 조종면허의 효력은 면허시험 합격날이 아니라 **면허증을 발급받은 때부터** 발생한다.

31 안전검사증의 유효기간 만료일 전후 각각 30일 이내에 정기검사에 합격한 경우 종전 안전검사증 유효기간 만료일의 다음날부터 기산한다.

정답 **29 갑 30 정 31 정**

32

수상레저안전법상 수상레저사업에 관한 설명으로 옳지 않은 것은?

갑. 영업구역이 해수면인 경우 해당 지역을 관할하는 해양경찰서장에게 등록하여야 한다.

을. 수상레저사업을 등록한 수상레저사업자는 등록 사항에 변경이 있으면 변경등록을 하여야 한다.

병. 수상레저사업의 등록 유효기간을 10년 미만으로 영업하려는 경우에는 해당 영업기간을 등록 유효기간으로 한다.

정. 수상레저사업의 등록 유효기간은 20년으로 한다.

32 수상레저사업 등록 유효기간: 10년

33

수상레저사업자 및 그 종사자의 고의 또는 과실로 사람을 사상한 경우 처분으로 가장 옳은 것은?

갑. 6월 이내의 기간을 정하여 영업의 전부 또는 일부의 정지를 명하여야 한다.

을. 수상레저사업의 등록을 취소하거나 3개월의 범위에서 영업의 전부 또는 일부의 정지를 명할 수 있다.

병. 수상레저사업의 등록을 취소하거나 6개월 이내의 기간을 정하여 영업의 전부 또는 일부의 정지를 명할 수 있다.

정. 수상레저사업의 등록을 취소하여야 한다.

33 수상레저사업자가 사람을 사상한 경우 처분: 사업 등록 취소 또는 3개월의 영업 정지

34

수상레저안전법상 등록대상 동력수상레저기구의 변경등록과 관련된 설명으로 옳지 않은 것은?

갑. 소유자의 이름 또는 법인의 명칭에 변경이 있는 때에 변경등록을 하여야 한다.

을. 매매·증여 등에 따른 소유권의 변경이 있는 때에 변경등록을 하여야 한다.

병. 구조·장치를 변경하였을 경우 변경등록을 해야 한다.

정. 구조·장치를 변경하였을 경우 등록기관(지방자치단체)의 변경승인이 필요하다.

34 동력수상레저기구의 구조·장치 변경등록 기관: 시장·군수·구청장

정답 32 정 33 을 34 정

35

수상레저안전법상 원거리 수상레저활동 신고를 하지 않은 경우 과태료 기준은?

갑. 10만원　　　　　　　을. 20만원

병. 30만원　　　　　　　정. 40만원

35 원거리 수상레저활동 시 신고하지 않은 경우 과태료 20만원

36

선박의 입항 및 출항 등에 관한 법률상 무역항에서의 항행방법에 대한 설명으로 옳은 것은?

갑. 선박은 항로에서 나란히 항행할 수 있다.

을. 선박이 항로에서 다른 선박과 마주칠 우려가 있는 경우에는 왼쪽으로 항행하여야 한다.

병. 동력선이 입항할 때 무역항의 방파제의 입구 또는 입구 부근에서 출항하는 선박과 마주칠 우려가 있는 경우에는 입항하는 동력선이 방파제 밖에서 출항하는 선박의 진로를 피하여야 한다.

정. 선박은 항로에서 다른 선박을 얼마든지 추월할 수 있다.

36 입항선이 방파제에서 출항선과 마주칠 때:
입항선이 출항선의 진로를 피한다.

37

선박의 입항 및 출항 등에 관한 법률상 무역항의 항계안 등에서 선박이 고속으로 항행할 경우 다른 선박에 현저하게 피해를 줄 우려가 있다고 인정되는 무역항에 대하여 선박의 항행 최고속력을 지정할 것을 요청할 수 있는데, (가) 지정요청자와 (나) 지정권자는 각각 누구인가?

갑. (가) 해양수산부장관, (나) 해양경찰청장

을. (가) 해양경찰청장, (나) 관리청

병. (가) 시·도지사, (나) 해양경찰청장

정. (가) 지방해양경찰청장, (나) 해양경찰청장

37 • 해양경찰청장이 관리청에 요청: 무역항의 수상구역에서 빠른 항행속도로 인해 다른 선박의 안전 운항에 지장을 줄 우려가 있다고 인정할 경우 관리청에 선박 항행 최고속력을 지정할 것을 요청할 수 있다.

• 관리청: 무역항의 수상구역등에서 선박 항행 최고속력을 지정·고시하여야 한다.

정답 35 을　36 병　37 을

38

해사안전법상 조종제한선에 해당되지 않은 것은?

갑. 측량작업 중인 선박

을. 준설작업 중인 선박

병. 그물을 감아올리고 있는 선박

정. 항로표지의 부설작업 중인 선박

39

해사안전법의 내용 중 (   )안에 적합한 것은?

> 누구든지 수역등 또는 수역등의 밖으로부터 (   ) 이내의 수역에서 선박 등을 이용하여 수역등이나 항로를 점거하거나 차단하는 행위를 함으로써 선박 통항을 방해해서는 아니된다.

갑. 5km

을. 10km

병. 15km

정. 20km

40

해사안전법상 선박 A는 침로 000도, 선박 B는 침로가 185도로서 마주치는 상태이다. 이때 A선박이 취해야 할 행동은?

갑. 현 침로를 유지한다.

을. 좌현으로 변침한다.

병. 우현 대 우현으로 통과할 수 있도록 변침한다.

정. 우현으로 변침한다.

---

38 **조종제한선(操縱制限船)의 종류**
  1. 항로표지, 해저전선 또는 해저파이프라인의 부설·보수·인양작업
  2. 준설, 측량 또는 수중작업
  3. 항행 중 보급, 사람 또는 화물의 이송작업
  4. 항공기의 발착작업
  5. 기뢰제거작업
  6. 진로에서 벗어날 수 있는 능력에 제한을 많이 받는 예인작업

39 수역이나 항로 차단 금지 구간: 수역에서 10km 거리

40 본선과 타선이 마주치는 상태(기준선에서 좌우현 각 6도상 이내)일 때는 우현으로 변침한다.
  즉, 선박 A 침로 000도, 선박 B는 침로 185도로 마주칠 때 우현으로 변침한다.

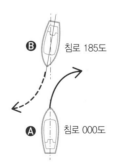

ⓑ 침로 185도

ⓐ 침로 000도

정답 38 병 39 을 40 정

chapter **06**

41

해사안전법상 항행 중인 동력선이 표시하여야 하는 등화로 옳지 않은 것은?

갑. 앞쪽에 마스트등 1개와 그 마스트등보다 뒤쪽의 높은 위치에 마스트등 1개
을. 현등 1쌍
병. 선미등 1개
정. 섬광등 1개

41 동력선의 등화
• 앞쪽에 마스트등 1개와 뒤쪽의 높은 위치에 마스트등 1개
• 현등 1쌍
• 선미등 1개

42

해사안전법상 야간에 수직으로 붉은색 전주등 3개를 표시하는 선박은?

갑. 준설선
을. 수중작업선
병. 조종불능선
정. 흘수제약선

42 흘수제약선은 동력선의 등화에 덧붙여 가장 잘 보이는 곳에 붉은색 전주등 3개를 수직으로 표시하거나 원통형의 형상물 1개를 표시할 수 있다.

43

해사안전법상 선박이 좁은수로 등에서 서로 시계 안에 있는 경우, 추월당하는 선박이 다른 선박의 추월에 동의할 경우, 동의의사의 표시방법으로 옳은 것은?

갑. 장음 2회, 단음 1회의 순서로 의사표시 한다.
을. 장음 2회와 단음 2회의 순서로 의사표시 한다.
병. 장음 1회, 단음 1회의 순서로 2회에 걸쳐 의사표시 한다.
정. 단음 1회, 장음 1회, 단음 1회의 순서로 의사표시 한다.

43 추월 동의 신호: 장 단 장 단

정 답 ▶ 41 정 42 정 43 병

44

해양환경관리법 적용범위로 옳지 않은 것은?

갑. 한강 수역에서 발생한 기름 유출 사고

을. 우리나라 영해 및 내수 안에서 해양시설로부터 발생한 기름 유출 사고

병. 대한민국 영토에 접속하는 해역 안에서 선박으로부터 발생한 기름 유출 사고

정. 해저광물자원 개발법에서 지정한 해역에서 해저광구의 개발과 관련하여 발생한 기름 유출 사고

44 '강'은 해양환경관리법에 적용받지 않는다.

45

해양환경관리법상 모터보트 안에서 발생하는 유성혼합물 및 폐유의 처리방법으로 옳지 않은 것은?

갑. 폐유처리시설에 위탁 처리한다.

을. 보트 내에 보관 후 처리한다.

병. 4노트 이상의 속력으로 항해하면서 천천히 배출한다.

정. 항만관리청에서 설치·운영하는 저장·처리시설에 위탁한다.

45 '병'은 분뇨에 관한 사항이다.
※ 선박의 급유, 세척, 오·폐수 및 폐유처리는 지정된 장소에서 실시하여야 한다.

46

해양환경관리법상 선박 안에서 발생하는 폐기물 중 해양환경관리법에서 정하는 기준에 의해 항해 중 배출할 수 있는 물질로 옳지 않은 것은?

갑. 음식찌꺼기

을. 화장실 및 화물구역 오수(汚水)

병. 해양환경에 유해하지 않은 화물잔류물

정. 어업활동으로 인하여 선박으로 유입된 자연기원물질

46 선박 배출가능한 폐기물로 옳지 않은 것: 화장실 및 화물구역 오수

정답 44 갑 45 병 46 을

chapter 06

47

해사안전법상 도선 업무에 종사하고 있는 선박이 표시하여야 할 등화의 색깔로 옳은 것은?

갑. 마스트의 꼭대기나 그 부근에 수직선 위쪽에는 흰색 전주등, 아래쪽에는 붉은색 전주등 각 1개

을. 마스트의 꼭대기나 그 부근에 수직선 위쪽에는 녹색 전주등, 아래쪽에는 흰색 전주등 각 1개

병. 마스트의 꼭대기나 그 부근에 수직선 위쪽에는 황색 전주등, 아래쪽에는 황색 전주등 각 1개

정. 마스트의 꼭대기나 그 부근에 수직선 위쪽에는 흰색 전주등, 아래쪽에는 흰색 전주등 각 1개

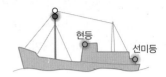

47 도선업 선박 표시
위 : 흰색, 아래 : 붉은색

현등 / 선미등

48

해사안전법상 좁은수로 등에서의 항행에 대한 설명으로 옳지 않은 것은?

갑. 길이 30미터 미만의 선박이나 범선은 좁은 수로 등의 안쪽에서만 안전하게 항행 할 수 있는 다른 선박의 통항을 방해해서는 아니 된다.

을. 어로에 종사하고 있는 선박은 좁은 수로 등의 안쪽에서 항행하고 있는 다른 선박의 통항을 방해해서는 아니된다.

병. 선박의 좁은 수로 등의 안쪽에서만 안전하게 항행할 수 있는 다른 선박의 통항을 방해하게 되는 경우에는 좁은 수로 등을 횡단해서는 아니된다.

정. 추월선은 좁은 수로 등에서 추월당하는 선박이 추월선을 안전하게 통과시키기 위한 동작을 취하지 아니하면 추월할 수 없는 경우에는 기적신호를 하여 추월하겠다는 의사를 나타내야 한다.

48 길이 20미터 미만의 선박이나 범선은 좁은 수로 등의 안쪽에서 안전하게 항행할 수 있는 다른 선박의 통항을 방해해서는 아니 된다.

정답 47 갑 48 갑

49

해사안전법상 거대선, 위험화물운반선 등이 교통안전특정해역을 항행하려는 경우 항행안전을 확보하기 위해 해양경찰서장이 명할 수 있는 것으로 가장 옳지 않은 것은?

갑. 통항시각의 변경

을. 항로의 변경

병. 속력의 제한

정. 선박통항이 많은 경우 선박의 항행제한

50

선박의 입항 및 출항 등에 관한 법률 중 항로에서의 항법에 대한 설명이다. 맞는 것으로 짝지어진 것은?

> **보기**
> ⓐ 항로를 항행하는 선박은 항로 밖에서 항로에 들어오거나 항로에서 항로 밖으로 나가는 다른 선박의 진로를 피하여 항행할 것
> ⓑ 항로에서 다른 선박과 나란히 항행하지 아니할 것
> ⓒ 항로에서 다른 선박과 마주칠 우려가 있는 경우에는 왼쪽으로 항행할 것
> ⓓ 항로에서 다른 선박을 추월하지 아니할 것. 다만, 추월하려는 선박을 눈으로 볼 수 있고 안전하게 추월할 수 있다고 판단되는 경우에는 「해사안전법」에 따른 방법으로 추월할 것

갑. ⓐ, ⓑ   을. ⓐ, ⓒ

병. ⓑ, ⓓ   정. ⓒ, ⓓ

49 선박 통항이 많다고 항행 자체를 제한할 수 없다.

50 ⓐ 항로에서 항로 밖으로 출입하는 선박이 진로를 피해야 한다.
ⓒ 항로에서 다른 선박과 마주칠 경우에는 오른쪽으로 항행할 것

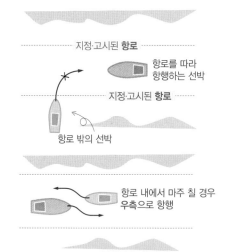

지정·고시된 **항로**
항로를 따라 항행하는 선박
지정·고시된 **항로**
항로 밖의 선박

항로 내에서 마주 칠 경우 **우측**으로 항행

실전모의고사 제❸회

해설

▶ 실력테스트를 위해 문제 옆 해설란을 가리고 문제를 풀어보세요.

01

태풍의 가항반원과 위험반원에 대한 설명 중 바른 것을 고르시오.

갑. 위험반원의 후반부에 삼각파의 범위가 넓고 대파가 있다.

을. 위험반원은 기압경도가 작고 풍파가 심하나 지속시간은 짧다.

병. 태풍의 이동축선에 대하여 좌측반원을 위험반원, 우측반원을 가항반원이라 한다.

정. 위험반원 중에서도 후반부가 최강풍대가 있고 중심의 진로상으로 휩쓸려 들어갈 가능성이 크다.

01 태풍의 이동축선에 대해 우측 반원을 위험반원이라 하며, 선박의 운항에 큰 위협이 되므로 이 영역에서의 운항은 금하는 것이 좋다. 반대로 좌측 반원을 가항반원이라 하며, 이 영역에서는 바람과 파도가 상대적으로 약해 항해가 가능(可航)하다는 의미이기도 하다.

※ 삼각파 : 서로 다른 파도가 부딪혀 물결 모양이 뾰족해짐

뜻풀이 가능할 가, 항해 항

02

조석과 조류에 관한 설명 중 옳지 않은 것은?

갑. 조석으로 인하여 해면이 높아진 상태를 고조라고 한다.

을. 조류가 창조류에서 낙조류로, 또는 낙조류에서 창조류로 변할 때 흐름이 잠시 정지하는 현상을 게류라고 한다.

병. 저조에서 고조까지 해면이 점차 상승하는 사이를 낙조라 하고, 조차가 가장 크게 되는 조석을 대조라 한다.

정. 연이어 일어나는 고조와 저조때의 해면 높이의 차를 조차라 한다.

02 • 조석 : 지구 · 달 · 태양의 인력에 의해 발생하는 해수면의 규칙적인 승강운동
• 저조(간조) : 조석으로 인해 해면이 가장 낮아진 상태
• 고조(만조) : 조석으로 인해 해면이 가장 높아진 상태
• 창조(밀물) : 저조에서 고조까지 해면이 점차 높아지는 상태 (↔ 낙조(썰물))
• 조차: 고조와 저조의 해면 높이 차

03

심정지 환자 응급처치에 대한 설명 중 가장 옳지 않은 것은?

갑. 인공호흡 하는 방법을 모르거나 인공호흡을 꺼리는 일반인 구조자는 가슴압박소생술을 하도록 권장한다.

을. 인공호흡을 할 수 있는 구조자는 인공호흡이 포함된 심폐소생술을 시행할 수 있는데 방법은 가슴압박 30회 한 후 인공호흡 2회 연속하는 과정이다.

병. 인공호흡을 할 때 약 2~3초에 걸쳐 가능한 빠르게 많이 불어 넣는다.

정. 인공호흡을 불어 넣을 때에는 눈으로 환자의 가슴이 부풀어 오르는지를 확인한다.

03 인공호흡을 하기 위해 구조자는 먼저 환자의 기도를 개방하고, 평상 시 호흡과 같은 양의 호흡으로 1초에 걸쳐서 숨을 불어 넣는다.

정답 01 **갑**   02 **병**   03 **병**

04

보기 는 구명 장비이다. (가), (나)에 해당하는 장비로 옳은 것은?

보기

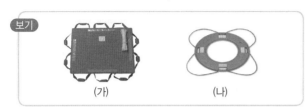

(가)   (나)

갑. (가) 구명부기, (나) 구명조끼
을. (가) 구명부기, (나) 구명부환
병. (가) 구명뗏목, (나) 구명조끼
정. (가) 구명뗏목, (나) 구명부기

05

기상의 요소로 옳지 않은 것은?

갑. 수온   을. 기온
병. 습도   정. 기압

06

개방성 상처의 응급처치 방법으로 가장 옳지 않은 것은?

갑. 상처주위에 관통된 이물질이 보이더라도 현장에서 제거하지 않는다.
을. 손상부위를 부목을 이용하여 고정한다.
병. 무리가 가더라도 손상부위를 움직여 정확히 고정하는 것이 중요하다.
정. 상처부위에 소독거즈를 대고 압박하여 지혈시킨다.

07

기본소생술의 주요 설명 중 옳지 않은 것은?

갑. 심장전기충격이 1분 지연될 때마다 심실세동의 치료율이 7~10%씩 감소한다.
을. 압박깊이는 성인 약 5cm, 소아 4~5cm이다.
병. 만 10세 이상은 성인, 만 10세 미만은 소아에 준하여 심폐소생술 한다.
정. 인공호흡을 할 때는 평상 시 호흡과 같은 양으로 1초에 걸쳐서 숨을 불어넣는다.

04 • **구명부기**: 선박이 조난된 경우, 해상에 투하하여 사람이 그 주위를 붙잡고 떠 있으면서 구조를 기다리는 목적에 사용
• **구명부환**: 물에 빠진 사람을 구하기 위하여 배에서 던져주는 부력을 지닌 원형의 물체

05 기상요소 : 기온, 습도, 기압, 바람, 강우, 시정

06 손상부위를 과도하게 움직이면 심한 통증과 2차 손상을 유발할 수 있으므로 **움직임을 최소화**한다.
※ 개방성 상처: 피부가 찢기거나 절단되어 출혈이 발생하는 상처

07 **심폐소생술의 나이 기준**
• 소아: 만 1세부터 만 8세 미만까지
• 성인: 만 8세부터

정답 04 을   05 갑   06 병   07 병

08

생존수영의 방법으로 옳지 않은 것을 고르시오.

갑. 구조를 요청할 때는 누워서 고함을 치거나 두 손으로 구조를 요청한다.

을. 익수자가 여러 명일 경우 이탈되지 않도록 서로 껴안고 하체를 서로 압박하고 잡아준다.

병. 부력을 이용할 장비가 있으면 가슴에 밀착시켜 체온을 유지한다.

정. 온몸에 힘을 뺀 상태에서 몸을 뒤로 젖혀 하늘을 보는 자세를 취한다.

08 두 손으로 구조를 요청하게 되면 에너지 소모가 많고, 부력장비를 놓치기 쉽다. 또한 몸이 가라앉을 가능성이 있기 때문에 구조를 요청할 때에는 한 손으로 흔든다.

09

심폐소생술 중 가슴압박에 대한 설명으로 옳지 않은 것은?

갑. 가슴압박은 심장과 뇌로 충분한 혈류를 전달하기 위한 필수적 요소이다.

을. 소아, 영아의 가슴압박 깊이는 적어도 가슴 두께의 1/3 깊이이다.

병. 소아, 영아 가슴압박 위치는 젖꼭지 연결선 바로 아래의 가슴뼈이다.

정. 성인 가슴압박 위치는 가슴뼈 아래쪽 1/2이다.

09 가슴압박 위치

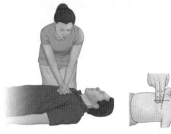

⬆ 성인 또는 소아:
가슴뼈의 아래쪽 1/2

⬆ 영아: 양쪽 젖꼭지의
중간선 바로 아래

10

조석과 조류에 대한 설명으로 옳지 않은 것은?

갑. 조석으로 인한 해수의 주기적인 수평운동을 조류라 한다.

을. 조류가 암초나 반대 방향의 수류에 부딪혀 생기는 파도를 급조라 한다.

병. 좁은 수로 등에서 조류가 격렬하게 흐르면서 물이 빙빙도는 것을 반류라 한다.

정. 같은 날의 조석이 그 높이와 간격이 같지 않은 현상을 일조부등이라 한다.

10 • 와류: 좁은 수로 등에서 조류가 격렬하게 흐르면서 물이 빙빙 도는 것
 • 반류(후류): 유체와 물체가 상대속도를 가지고 작용할 때, 물체 후방에 생기는 흐름(배의 속도가 빨라질수록 소용돌이가 생김)

11

보기 의 설명으로 옳은 것을 고르시오.

> 보기
> 황천으로 항행이 곤란할 때, 풍랑을 선미 쿼터(quarter)에서 받으며, 파에 쫓기는 자세로 항주하는 방법이며, 이 방법은 선체가 받는 충격 작용이 현저히 감소하고, 상당한 속력을 유지할 수 있으나, 보침성이 저하되어 브로칭 현상이 일어날 수도 있다.

갑. 라이 투　　　　　을. 빔 엔드
병. 스커딩　　　　　정. 히브 투

11 스커딩: 마치 서핑보드로 파도를 타듯, 파도에 쫓기는 듯한 자세로, 풍랑을 선미쪽에만 받으므로 충격이 감소되는 효과가 있다.
 ※ 황천 항행: 폭풍과 태풍 등의 악천후 속에서 항해
 ※ 보침성: 진직성 유지
 ※ 브로칭: 옆으로 기울어짐

 정답 **08 갑　09 병　10 병　11 병**

12

보기 의 (   )안에 들어갈 말로 옳은 것을 고르시오.

보기
선체가 수면 아래에 잠겨 있는 깊이를 나타내는 (   )는 선체의 선수부와 중
앙부 및 선미부의 양쪽 현측에 표시되어 있다.

갑. 길이
을. 건현
병. 트림
정. 흘수

12 수면 아래에 잠겨있는 깊이: **흘수**

13

일정한 거리 이상에서 수상레저활동을 하고자 하는 자는 해양경찰
관서에 신고하여야 한다. 신고 대상으로 맞는 것은?

갑. 해안으로부터 5해리 이상
을. 출발항으로부터 5해리 이상
병. 해안으로부터 10해리 이상
정. 출발항으로부터 10해리 이상

13 해양경찰관서에 신고해야 하는 거리:
출발항으로부터 10해리 이상

14

수상레저안전법상 제2급 조종면허시험 과목의 전부를 면제할 수
있는 경우는?

갑. 대통령령으로 정하는 체육관련 단체에 동력수상레저기구의 선수로 등
록된 사람
을. 대통령령으로 정하는 동력수상레저기구 관련 학과를 졸업한 사람
병. 해양경찰청장이 지정·고시하는 기관이나 단체(면제교육기관)에서 실시하는
교육을 이수한 사람
정. 제1급 조종면허 필기시험에 합격한 후 제2급 조종면허 실기시험으로 변
경하여 응시하려는 사람

14 제2급 조종면허시험 과목 면제자: **해양경찰청장이 지
정·고시하는 기관이나 단체에서 실시하는 교육을 이수
한 사람**

chapter 06

정답 **12 정 13 정 14 병**

15

항해 중 해도를 이용할 때 주의사항으로 가장 적합한 것을 고르시오.

갑. 해저의 요철이 불규칙한 곳을 항행한다.

을. 등심선이 기재되지 않은 것은 측심이 정확한 곳이다.

병. 수심이 고르더라도 수심이 얕고 저질이 암초인 공백지를 항행한다.

정. 자세히 표현된 구역은 수심이 복잡하게 기재되었더라도 정밀하게 측량된 것으로 볼 수 있다.

15 **을**: 등심선이 기재되지 않은 것은 정밀하게 측정되지 않았거나 해저 요철이 심한 곳으로 주의하여야 한다.

갑, 병: 해저가 불규칙하거나 수심이 얕으면 좌초 위험이 크다.

정: 도재된 수심이 조밀하거나 등심선 등이 기재된 것이 정밀하게 측정된 것으로, 소해된 구역은 수심이 조잡해 보이더라도 정밀하게 측정된 것이라 안전하다.

※ 공백지(空白紙): 수심 숫자가 없는 해도상의 공백면
※ 소해된 구역: 안전한 항해를 위하여, 바다에 부설한 기뢰 따위의 위험물을 치워 없애는 일

16

안전한 항해를 하기 위해 변침 지점과 물표를 미리 선정해 두어야 한다. 이 때 주의사항으로 옳지 않은 것은?

갑. 변침 후 침로와 거의 평행 방향에 있고 거리가 먼 것을 선정한다.

을. 변침하는 현측 정횡 부근의 뚜렷한 물표를 선정한다.

병. 곶, 등부표 등은 불가피한 경우가 아니면 이용하지 않는다.

정. 물표가 변침 후의 침로 방향에 있는 것이 좋다.

16 물표(목표물)는 거리가 **가까운** 것으로 선정한다.

17

북방위 표지가 뜻하는 것은?

갑. 북쪽이 안전수역이니까 북쪽으로 항해할 수 있다.

을. 북쪽을 제외한 다른 지역이 안전수역이다.

병. 남쪽이 안전수역이니까 남쪽으로 항해할 수 있다.

정. 남쪽과 북쪽이 안전수역이니까 남쪽 또는 북쪽으로 항해할 수 있다.

17 방위표지가 설치된 방향이 안전수역을 뜻하므로, 북방위 표지가 설치된 북쪽으로 항해하면 안전하다.

18

모터보트를 계류장에 접안할 때 주의사항으로 옳지 않은 것은?

갑. 타선의 닻줄 방향에 유의한다.

을. 선측 돌출물을 걷어 들인다.

병. 외력의 영향이 작을 때 접안이 쉽다.

정. 선미 접안을 먼저 한다.

18 **독이나 계류장 접근**:
전진 중 선수는 반발하고, 선미는 안벽쪽으로 붙으려는 흡인 경향이 있으므로 계류장 접안 시 **선수를 먼저 접안**한다.

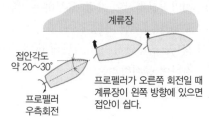

접안각도 약 20~30°

프로펠러 우측회전

계류장

프로펠러가 오른쪽 회전일 때 계류장이 왼쪽 방향에 있으면 접안이 쉽다.

정답 ▶ 15 정 16 갑 17 갑 18 정

19

협수로와 만곡부에서의 운용에 대한 설명으로 옳은 것은?

갑. 만곡의 외측에서 유속이 약하다.

을. 만곡의 내측에서는 유속이 강하다.

병. 통항 시기는 게류시나 조류가 약한 때를 피한다.

정. 조류는 역조 때에는 정침이 잘 되나 순조 때에는 정침이 어렵다.

20

선박 충돌 시 조치사항으로 가장 옳지 않은 것은?

갑. 인명구조에 최선을 다한다.

을. 침수량이 배수량보다 많으면 배수를 중단한다.

병. 침몰할 염려가 있을 때에는 임의좌초 시킨다.

정. 퇴선할 때에는 구명조끼를 반드시 착용한다.

21

좁은 수로에서 선박 조종 시 주의해야 할 내용으로 옳지 않은 것은?

갑. 회두 시 대각도 변침

을. 인근 선박의 운항상태를 지속 확인

병. 닻 사용 준비상태를 계속 유지

정. 안전한 속력 유지

22

수상레저안전법상 조종면허 응시원서의 제출 등에 대한 내용으로 옳지 않은 것은?

갑. 시험면제대상은 해당함을 증명하는 서류를 제출해야 한다.

을. 응시원서의 유효기간은 접수일로부터 6개월이다.

병. 면허시험의 필기시험에 합격한 경우에는 그 합격일로부터 1년까지로 한다.

정. 응시표를 잃어버렸을 경우 다시 발급받을 수 있다.

---

19 만곡부의 외측에서 유속이 강하고, 내측에서는 약하므로 순조 때 정침이 어렵고, 역조 때 정침이 잘 된다.

※ 정침(定針): 배가 침로(針路)를 일정하게 유지함

※ 순조(順潮): 배가 가는 쪽으로 흐르는 조류(↔역조)

순조일 때 유속의 영향을 받기 쉬워 침로가 변경되기 쉬우므로 정침이 어렵다.

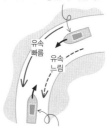

역조일 때 유속을 거스르므로 순조 때보다 유속의 영향을 많이 받지 않아 타 변침만으로도 침로를 일정하게 유지하기 쉽다.

20 많은 유입되는 물을 감당할 수 없을지라도 부력 상실 전까지 시간 확보를 위해 **배수를 중단해서는 안 된다.**

21 일반 수로에서 변침해야 할 경우 대각도로 변침해야 하나, 좁은 수로에서는 조류로 인한 급격한 회두(배의 선수가 돌아감)를 방지하기 위해 **소각도로 여러 번 변침**시킨다.

※ 대각도 변침(급변침): 배의 항로를 큰 각도로 변경하는 것

22 응시원서의 유효기간: 접수일부터 1년

23

연료유 연소성을 향상시키는 방법으로 옳지 않은 것은?

갑. 연료유를 미립화한다.

을. 연료유를 가열한다.

병. 연소실을 보온한다.

정. 냉각수 온도를 낮춘다.

23 연료가 잘 연소되기 위해서는 연료가 연무 입자와 같이 직경이 작은 입자 상태이어야 하며, 연료 온도가 높은 상태를 유지하는 것이 좋다.
원활한 작동을 위해 엔진 온도(≒냉각수 온도)는 약 80~100℃를 유지해야 한다.

24

내연기관의 피스톤 링(Piston ring)이 고착되는 원인으로 옳지 않은 것은?

갑. 실린더 냉각수의 순환량이 과다할 때

을. 링과 링 홈의 간격이 부적당할 때

병. 링의 장력이 부족할 때

정. 불순물이 많은 연료를 사용할 때

24 피스톤 링의 고착: 엔진 과열로 인해 피스톤과 실린더 벽이 늘어붙는 현상이다. **냉각수의 순환량이 많으면** 실린더의 온도는 낮아지므로 고착 원인과 거리가 멀다.

정. 연료에 불순물이 많으면 카본 찌꺼기가 쌓이기 쉬워 이 찌꺼기가 온도를 높이는 역할을 한다.

※ 피스톤 링은 피스톤에 설치되어 피스톤 벽과 피스톤 사이에 기밀을 유지시켜 연소가스 누설, 실린더 벽과 피스톤 사이를 윤활하는 오일량을 제어한다.

25

기관(엔진) 시동 후 점검사항으로 옳지 않은 것은?

갑. 기관의 상태를 점검하기 위해 모든 계기를 관찰한다.

을. 연료, 오일 등의 누출 여부를 점검한다.

병. 기관(엔진)의 시동모터를 점검한다.

정. 클러치 전·후진 및 스로틀레버 작동상태를 점검한다.

25 시동모터는 정지되었던 엔진의 시동을 위한 장치이므로 시동 전에 점검해야 한다.

※ 클러치: 엔진의 동력을 변속기에 전달/차단하는 역할
※ 스로틀레버: 엔진의 출력을 조정하는 역할

26

추운 지역에서 냉각수 펌프를 장시간 사용하지 않을 때의 일반적인 조치로 가장 바람직한 방법은?

갑. 반드시 물을 빼낸다.

을. 펌프 케이싱에 그리스를 발라준다.

병. 펌프 내에 그리스를 넣어둔다.

정. 펌프를 분해하여 둔다.

26 **why?** 추운 지역에 레저기구를 장시간 사용하지 않으면 냉각수 펌프(물펌프) 등 냉각계통에 고여있던 물이 얼어 동파의 위험이 있으므로 반드시 물을 빼야 한다.
그리스는 샤프트(축)과 고정부 사이에 발라 축의 회전을 원활하게 하는 윤활제로, 펌프 케이싱에 바르거나 펌프 내에 넣어두는 것이 아니다.

 정답 23 정 24 갑 25 병 26 갑

27

선체의 형상이 유선형일수록 가장 적어지는 저항은?

갑. 와류저항

을. 조와저항

병. 공기저항

정. 마찰저항

28

수상레저안전법상 수상레저사업 등록에 관한 것이다. 내용 중 옳지 않은 것은?

갑. 수상레저사업의 등록 유효기간은 10년으로 하되, 10년 미만으로 영업하려는 경우에는 해당 영업기간을 등록 유효기간으로 한다.

을. 해양경찰서장 또는 시장·군수·구청장은 등록의 유효기간 종료일 1개월 전까지 해당 수상레저사업자에게 수상레저사업 등록을 갱신할 것을 알려야 한다.

병. 해양경찰서장 또는 시장·군수·구청장은 변경등록의 신청을 받은 경우에는 변경되는 사항에 대하여 사실 관계를 확인한 후 등록사항을 변경하여 적거나 다시 작성한 수상레저사업 등록증을 신청인에게 발급하여야 한다.

정. 등록을 갱신하려는 자는 등록의 유효기간 종료일 3일전까지 수상레저사업 등록·갱신등록 신청서(전자문서로 된 신청서를 포함)를 관할 해양경찰서장 또는 시장·군수·구청장에게 제출하여야 한다.

29

( )에 적합한 것은?

> **보기**
>
> 타(舵)는 선박에 ( )과 ( )을 제공하는 장치이다.
> A. 감항성 B. 보침성 C. 복원성 D. 선회성

갑. A.감항성, C.복원성

을. A.감항성, D.선회성

병. B.보침성, C.복원성

정. B.보침성, D.선회성

27 **조와저항**: 와류에 의해 발생하는 저항을 말한다. 선체 형상이 급격히 변할 때 발생하는 소용돌이와 같은 유동에 의한 저항

※ 조파저항: 파도에 의해 발생하는 저항을 말한다.

※ 유선형: 위에서 봤을 때 물고기 모양으로, 앞뒤가 가늘고 중간이 볼록한 곡선형을 말한다.

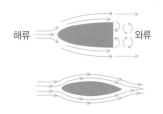

28 수상레저사업 등록의 갱신기간: 유효기간 종료일 5일 전

29 타(舵)는 '키'를 말하며, 키를 통해 조종방향을 제어하므로 **보침성**과 **선회성**을 제공한다.

※ 보침성: 배가 똑바로 가도록 유지하는 것

※ 선회성: 선수의 방향을 바꾸기 위해 선회하는 것

※ 감항성: 안전한 항해를 유지하는 선박 상태

 정답 27 을 28 정 29 정

30

수상레저안전법상 무동력 수상레저기구끼리 짝지어진 것으로 옳은 것은?

갑. 세일링요트, 패러세일

을. 고무보트, 노보트

병. 수상오토바이, 워터슬레드

정. 워터슬레드, 서프보드

31

수상레저안전법상 수상레저기구의 정원에 관한 사항으로 옳지 않은 것은?

갑. 수상레저기구의 정원은 안전검사에 따라 결정되는 정원으로 한다

을. 등록대상이 되지 아니하는 수상레저기구의 정원은 해당 수상레저기구의 좌석 수 또는 형태 등을 고려하여 해양경찰청장이 정하여 고시하는 정원 산출 기준에 따라 산출한다.

병. 정원을 산출할 때에는 해난구조의 사유로 승선한 인원은 정원으로 보지 아니한다.

정. 조종면허 시험장에서의 시험을 보기 위한 승선인원은 정원으로 보지 아니한다.

32

수상레저안전법상 수상레저활동 금지구역을 지정할 수 없는 자는?

갑. 소방서장　　　　　을. 시장

병. 구청장　　　　　　정. 해양경찰서장

33

동력수상레저기구 조종면허를 받으려는 사람과 갱신하려는 사람은 해양경찰청장이 실시하는 수상안전교육 (　)시간을 받아야 면허증이 발급된다. 이때 (　)안에 들어갈 시간으로 옳은 것은?

갑. 2시간　　　　　　을. 3시간

병. 4시간　　　　　　정. 5시간

해설

30 무동력 수상레저기구: 워터슬레드, 서프보드

31 조종면허 시험장에서의 시험을 보기 위한 수상레저기구에 승선한 조종면허 시험감독관(채점)도 **정원**에 **포함**된다.

32 수상레저활동 금지구역 지정 기관:
해양경찰서장, 시장 · 군수 · 구청장

33 면허증 발급 조건: 수상안전교육 3시간

정답　**30 정　31 정　32 갑　33 을**

34

수상레저안전법상 등록대상 동력수상레저기구 안전검사 내용 중 옳지 않은 것은?

갑. 등록을 하려는 경우에 하는 검사는 신규검사이다.

을. 정기검사는 등록 후 5년마다 정기적으로 하는 검사이다.

병. 임시검사는 동력수상레저기구의 구조, 장치, 정원 또는 항해구역을 변경하려는 경우 하는 검사이다.

정. 안전검사의 종류로 임시검사, 정기검사, 신규검사, 중간검사가 있다.

34 안전검사의 종류: 신규검사, 정기검사, 임시검사
(중간검사×)

35

수상레저안전법상 수상레저사업장에서 갖추어야 하는 구명조끼에 대한 설명이다. ( ) 안에 들어갈 내용으로 적합한 것은?

> 보기
>
> 수상레저기구 탑승정원의 ( )퍼센트 이상에 해당하는 수의 구명조끼를 갖추어야 하고, 탑승정원의 ( )퍼센트는 소아용으로 한다.

갑. 100, 10   을. 100, 20

병. 110, 10   정. 110, 20

35 구명조끼 수: 탑승정원의 110% 이상에 해당하는 수
(탑승정원의 10퍼센트는 소아용)

36

수상레저안전법상 동력수상레저기구의 등록사항 중 변경사항에 해당되지 않은 것은?

갑. 소유권의 변경이 있을 때

을. 기구의 명칭에 변경이 있을 때

병. 수상레저기구의 그 본래의 기능을 상실한 때

정. 구조나 장치를 변경한 때

36 수상레저기구의 그 본래의 기능을 상실한 때:
말소 신고

37

해사안전법에서 정하고 있는 항로에서의 금지행위로 옳지 않은 것은?

갑. 선박의 방치   을. 어망의 설치

병. 어구의 투기   정. 폐기물의 투기

37 항로에서의 금지행위 아닌 것: 폐기물 투기

정답 **34 정 35 병 36 병 37 정**

38

수상레저안전법상 등록대상 수상레저기구를 보험에 가입하지 않았을 경우 수상레저안전법상 과태료의 부과 기준은 얼마인가?

갑. 30만원

을. 10일 이내 1만원, 10일 초과 시 1일당 1만원 추가, 최대 30만원까지

병. 10일 이내 5만원, 10일 초과 시 1일당 1만원 추가, 최대 50만원까지

정. 50만원

39

선박의 입항 및 출항 등에 관한 법률상 보기 설명 중 옳은 것으로만 묶인 것은?

보기
㉠ 정박: 선박을 다른 시설에 붙들어 매어 놓는 것
㉡ 정박지: 선박이 정박할 수 있는 장소
㉢ 계류: 선박이 해상에서 일시적으로 운항을 정지하는 것
㉣ 계선: 선박이 운항을 중지하고 장기간 정박하거나 계류하는 것

갑. ㉠, ㉡   을. ㉠, ㉢

병. ㉡, ㉣   정. ㉡, ㉢

40

해사안전법상 항행장애물로 옳지 않은 것은?

갑. 선박으로부터 수역에 떨어진 물건

을. 침몰·좌초된 선박 또는 침몰·좌초되고 있는 선박

병. 침몰·좌초가 임박한 선박 또는 충분히 예견되어 있는 선박

정. 침몰·좌초된 선박으로부터 분리되지 않은 선박의 전체

41

해사안전법상 선박의 법정 형상물에 포함되지 않은 것은?

갑. 둥근꼴   을. 원뿔꼴

병. 마름모꼴   정. 정사각형

---

38 보험에 가입하지 않았을 경우 수상레저안전법상 과태료의 부과 기준: 10일 이내 1만원, 10일 초과 시 1일당 1만원 추가, 최대 30만원까지

39 • 정박: 선박이 해상에서 닻을 바다 밑바닥에 내려놓고 운항을 멈추는 것
• 정박지: 선박이 정박할 수 있는 장소
• 정류: 선박이 해상에서 일시적으로 운항을 멈추는 것
• 계류: 선박을 다른 시설에 붙들어 매어놓는 것
• 계선: 선박이 운항을 중지하고 장기간 정박하거나 계류하는 것
※ 박(泊), 류(留) 모두 '머무른다'는 의미이지만, 머무는 시간에 따라 개념상 '박(泊)'이 오랜 정지에 해당함 (연상하기 : 1박2일)
※ 繫(계) – 매다, 묶다(mooring)

40 항행장애물로 옳지 않은 것:
침몰·좌초된 선박으로부터 분리되지 않은 선박의 전체
※ 항행장애물: 침몰·좌초된 선박으로부터 분리된 선박의 일부분

41 선박의 법정형상물 : ◐ △ ◇

정답 ▶ 38 을 39 병 40 정 41 정

42

선박의 입항 및 출항 등에 관한 법률상 선박이 항내 및 항계 부근에서 지켜야 할 항법으로 옳지 않은 것은?

갑. 항계 안에서 범선은 돛을 줄이거나 예인선에 끌리어 항해한다.

을. 다른 선박에 위험을 미치지 아니할 속력으로 항해한다.

병. 방파제의 입구에서 입항하는 동력선은 출항하는 선박과 마주칠 경우 방파제 밖에서 출항선박의 진로를 피한다.

정. 항계 안에서 방파제, 부두 등을 오른쪽 뱃전에 두고 항행할 때에는 가능한 한 멀리 돌아간다.

42 방파제, 부두 등을 오른쪽 뱃전에 두고 항행할 때에는 접근하여 항행하고, 왼쪽 뱃전에 두고 항해할 때는 멀리 떨어져서 항행하여야 한다.

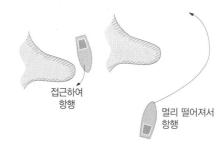

43

선박의 입항 및 출항 등에 관한 법률상 무역항의 수상구역 등에 출입하려는 내항선의 선장이 입항보고, 출항보고 등을 제출할 대상으로 옳지 않은 것은?

갑. 지방해양수산청장

을. 지방해양경찰청장

병. 해당 항만공사

정. 특별시장·광역시장·도지사

43 무역항의 수상구역 등에 출입하려는 내항선의 선장은 내항선 출입신고서를 지방해양수산청장, 특별시장·광역시장·도지사·특별자치도지사 또는 항만공사에 제출하여야 한다.

44

해사안전법상 술에 취한 상태에서의 조타기 조작 등 금지에 대한 설명으로 옳지 않은 것은?

갑. 총톤수 5톤 미만의 선박도 대상이 된다.

을. 해양경찰청 소속 경찰공무원은 운항을 하기 위해 조타기를 조작하거나 조작할 것을 지시하는 사람이 술에 취하였는지 측정할 수 있으며, 해당 운항자 또는 도선사는 이 측정 요구에 따라야 한다.

병. 술에 취하였는지를 측정한 결과에 불복하는 사람에 대해서는 해당 운항자 또는 도선사의 동의 없이 혈액채취 등의 방법으로 다시 측정할 수 있다.

정. 해양경찰서장은 운항자 또는 도선사가 정상적으로 조타기를 조작하거나 조작할 것을 지시할 수 있는 상태가 될 때까지 필요한 조치를 취할 수 있다.

44 음주 측정결과에 불복하는 사람에 대해서는 해당 운항자 또는 도선사의 **동의를 받아** 혈액 채취할 수 있다.

정답 ▶ 42 정   43 을   44 병

45

해사안전법상 해양수산부장관의 허가를 받지 아니하고도 보호수역에 입역할 수 있는 사항으로 옳지 않은 것은?

갑. 선박의 고장이나 그 밖의 사유로 선박 조종이 불가능한 경우

을. 해양사고를 피하기 위하여 부득이한 사유가 있는 경우

병. 인명을 구조하거나 급박한 위험이 있는 선박을 구조하는 경우

정. 관계 행정기관의 장이 해상에서 관광을 위한 업무를 하는 경우

45 허가 없이 보호수역에 입역할 수 없는 경우: 관광 업무

46

해사안전법상 어로에 종사하는 선박이 범선을 오른편에 두어 횡단상태에 있을 때 두 선박의 피항 의무는 어떻게 되는가?

갑. 어로에 종사하는 선박이 우현 변침하여 범선의 진로를 피하여야 한다.

을. 두 선박 모두 피항의무를 가지며, 각각 우현 변침해야 한다.

병. 범선이 어로에 종사하는 선박의 진로를 피한다.

정. 범선과 어로에 종사하는 선박은 각각 좌현으로 피한다.

46 어로에 종사하는 선박이 범선을 오른편에 두어 횡단할 때

조 흘 어 범 동

47

해사안전법상 연안통항대에 대한 설명으로 옳지 않은 것은?

갑. 연안통항대란 통항분리수역의 육지 쪽 경계선과 해안사이의 수역을 말한다.

을. 선박은 연안통항대에 인접한 통항분리수역의 통항로를 안전하게 통과할 수 있는 경우 연안통항대를 따라 항행할 수 있다.

병. 인접한 항구로 입출항하는 선박은 연안통항대를 따라 항행할 수 있다.

정. 연안통항대 인근에 있는 해양시설에 출입하는 선박은 연안통항대를 따라 항행할 수 있다.

47 연안통항대에 인접한 통항분리수역의 통항로를 안전하게 통과할 수 있는 경우에는 연안통항대를 따라 항행해서는 아니된다.

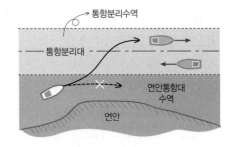

48

선박에서의 오염방지에 관한 규칙상 총톤수 10톤 이상 30톤 미만의 선박이 비치하여야 하는 폐유저장용기의 저장용량으로 옳은 것은?

갑. 20리터　　　　　을. 60리터

병. 100리터　　　　정. 200리터

48 10톤 이상 30톤 미만 선박에 비치해야 할 폐유용기 저장용량: 60리터

정답 　45 정　46 병　47 을　48 을

49

해사안전법상 야간항해중 상대선박의 양 현등이 보이고, 현등보다 높은 위치에 백색등이 수직으로 2개 보인다. 이 상대선박과 본선의 조우상태로 옳은 것은?

갑. 상대선박은 길이 50m 이상의 선박으로 마주치는 상태

을. 상대선박은 길이 50m 미만의 선박으로 마주치는 상태

병. 상대선박은 길이 50m 이상의 선박으로 앞지르기 상태

정. 상대선박은 길이 50m 이상의 선박으로 앞지르기 상태

50

선박에서의 오염방지에 관한 규칙상 선박으로부터 기름을 배출하는 경우 지켜야 하는 요건에 해당되지 않은 것은?

갑. 선박(시추선 및 플랫폼을 제외)의 항해 중에 배출할 것

을. 배출액 중의 기름 성분이 0.0015퍼센트(15ppm) 이하일 것

병. 기름오염방지설비의 작동 중에 배출할 것

정. 육지로부터 10해리 이상 떨어진 곳에서 배출할 것

---

49 길이 50m 이상 동력선의 등화

1. 앞쪽에 마스트등(백색) 1개와 그 마스트등보다 뒤쪽의 높은 위치에 마스트등(백색) 1개. (다만, 길이 50m 미만의 동력선은 뒤쪽의 마스트등을 표시하지 아니할 수 있다.)
2. 현등 1쌍
3. 선미등 1개

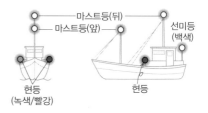

50 선박의 기름 배출은 구역이 따로 **정해지지 않고** 기름오염방지설비가 작동하여 0.0015퍼센트(15ppm) 이하일 때 배출해야 한다.

정답 49 갑 50 정

chapter 06

001 선박에서 기름 배출 시 요건 배출액 중의 기름 성분: 0.0015퍼센트(15ppm) 이하일 것

002 주취 조종: 혈중 알코올농도: 0.03이상

003 고무재질 등록번호판 두께: 0.2mm

004 안개 등으로 운항 금지 가시거리: 0.5km 이내

005 수상안전교육 면제 조종면허를 발급받거나 갱신하는 시점에서 과거 1년 이내에 수상안전교육을 이수할 경우

006 조종면허를 받을 수 없는 경우: 조종면허가 취소된 날부터 1년이 지나지 않을 때

007 수상레저사업의 수상레저기구 정기검사 기간: 1년마다

008 동력수상레저기구의 등록신청 기간: 수상레저기구 소유한 날부터 1개월 이내

009 보험, 공제 가입 기간: 수상레저기구 소유일부터 1개월

010 범선 등화: 현등 1쌍, 선미등 1개

011 정박 중인 형상물: 둥근꼴 1개

012 음향신호 단음: 1초

013 조종방향에 따른 음향신호(우현 변침): 단음 1회

014 좁은 수로등의 굽은 부분이나 장애물로 다른 선박을 볼 수 없는 수역에서 음향신호: 장음 1회

015 음주 측정 불응 시 벌금: 1년 이하의 징역 또는 1000만원 이하

016 1해리: 1,852m

017 휴대용 CO_2 소화기의 최대 유효거리: 1.5~2m

018 구조자가 2명일 경우 가슴압박 시: 2분마다 교대

019 외국인의 조종면허 특례: 2개국 이상 국제경기대회 참여

020 부정행위로 면허시험에 응시할 수 없는 기간: 2년

021 수상레저사업 등록의 결격사유 금고 이상의 형 집행이 종료 후 2년이 경과되지 않은 자

022 수상레저사업에 이용되는 인명구조용 통신장비 설치: 영업구역이 2해리 이상인 경우, 수상레저기구에 사업장 또는 가까운 무선국과 연락 가능해야 함

023 조종불능선의 형상물: 둥근꼴 2개

024 조종방향에 따른 음향신호(좌현 변침): 단음 2회

025 항행 중인 동력선은 정지하여 대수속력이 없는 경우, 장음 사이의 간격을 2초 정도로 연속하여 장음을 2회 울리되 2분을 넘지 아니하는 간격으로 울려야 한다.

026 조종불능선, 조종제한선, 흘수제약선, 범선, 어로 작업을 하고 있는 선박은 2분을 넘지 아니하는 간격으로 연속하여 장음 1회에 이어 단음 2회를 울려야 한다.

027 면제교육기관장이 교육을 중지할 수 있는 기간: 3개월

028 조종면허증 발급 전 수상안전교육: 3시간

029 1급 조종면허 소지자 감독 하에 수상레저활동 시 무면허수상레저기구 조종이 가능한 기구 댓수: 3대 이하

030 수상레저사업의 휴업/폐업 신고기간: 3일

031 수상레저사업자가 사람을 사상한 경우 처분: 사업 등록 취소 또는 3개월의 영업 정지

032 수상레저기구 말소등록 사유: 수상레저기구의 존재 여부가 3개월간 분명하지 아니할 때

033 말소등록 신청 기한: 3개월

034 붉은색 전주등 3개: 흘수제약선

035 마스트등 3개: 예인선열의 길이가 200미터 초과

036 얹혀있는 선박의 형상물: 둥근꼴 3개

037 조종방향에 따른 음향신호(후진): 단음 3회

038 선박오염물질기록부(기름기록부, 폐기물기록부)의 보존기간: 최종기재를 한 날부터 3년

039 음식찌꺼기를 3해리 이상의 해역에 배출하려면 25mm 이하로 분쇄할 것

040 분뇨마쇄소독장치를 설치한 선박의 경우 영해기선으로부터 3해리 이상의 해역에서 배출 가능

041 수상레저사업장 비상구조선의 기준: 탑승정원 3명 이상, 시속 20노트 이상

042 보트로 사상한 후 도주하면: 4년간 면허를 받을 수 없다.

043 음향신호 장음: 4~6초

044 조종면허가 필요한 추진기관 최대출력 기준: 5마력 이상

045 조종면허 시험대행기관 책임운영자: 5년 이상 경력자

046 수상레저기구 정기검사 기간: 5년마다

047 수상레저사업 등록의 갱신기간 유효기간: 종료일 5일 전

048 해양사고 발생 시: 위험 예방조치비용을 5일 이내 납부

049 기적이나 사이렌으로 장음 5회: 화재경보

050 선박안전관리증서의 유효기간: 5년

051 단음으로 5회: 의문, 경고신호

052 고의로 기름 배출: 5년 이하의 징역 또는 5천만원 이하의 벌금

053 폐유저장용기를 비치해야 하는 선박 크기: 총톤수 5톤 이상

054 조종면허 시험합격 전 수상안전교육 유효기간: 6개월

055 길이 7m 미만, 최대속력 7노트 미만: 흰색 전주등 1개

056 조종면허증의 갱신기간: 면허증 발급일로부터 7년이 되는 날부터 6월 이내

057 심폐소생술 시작 후 중단 시: 10초를 넘지 말 것

058 해양경찰관서에 신고해야 하는 거리: 출발항으로부터 10해리 이상

059 외국인이 국내에서 개최되는 국제경기대회에 참가기간: 개최일 10일 전 ~ 종료 후 10일까지

060 구명조끼 미 착용 시 과태료: 10만원

061 수상레저사업 등록 유효기간: 10년

062 무역항의 수상구역에서 폐기물 투기 금지 구간: 10 km

063 수역이나 항로 차단 금지 구간: 수역에서 10 km 거리

064 항해 중인 선박으로서 현등 1쌍을 대신하여 양색등을 표시할 수 있는 선박: 길이 10 m인 동력선

065 조난 시 체온 유지를 고려할 때, 10℃ 이상의 수온도 적합

066 길이 12 m 미만의 동력선: 흰색 전주등 1개, 현등 1쌍

067 길이 12 미터 이상 음향장비: 기적

068 보험에 가입하지 않았을 경우: 10일 이내 1만원, 10일 초과 시 1일당 1만원 추가, 최대 30만원까지

069 탑승정원 13명 이상인 경우 갖춰야 할 소화기: 선실, 조타실 및 기관실에 1개 이상

070 제2급 면허시험 응시 나이: 14세 이상

071 면허시험 합격 시 면허증 발급 기간: 14일 이내

072 수상레저사업장에서 탑승 금지 나이: 14세 미만자(보호자 동행 시 탑승 가능)

073 처분대상자의 소재를 알 수 없어 통지할 수 없을 때: 관할 해양경찰관서 게시판에 14일간 공고

074 고속여객선의 기준: 시속 15노트 이상

075 배출 가능한 기름성분: 15 ppm 이하

076 초단파(VHF) 통신설비의 채널 16 용도: 조난, 긴급, 안전 호출용

077 심폐소생술 장비를 갖추어야 하는 기관: 20톤 이상 선박

078 동력수상레저기구에 해당하는 것: 총톤수 20톤 미만

079 다이빙대 · 계류장 및 교량으로부터 20미터 이내의 구역이나 해양경찰서장 또는 시장 · 군수 · 구청장이 지정하는 위험구역에서는 10노트 이하의 속력으로 운항해야 한다.

080 원거리 수상레저활동 시 신고하지 않은 경우 과태료: 20만원

081 우선피항선에 해당하는 것: 20톤 미만의 선박

082 무역항의 수상구역에 계선 시 신고가 필요한 선박: 20톤 이상의 선박

083 총톤수 20톤 이상의 선박을 계선할 때: 지정 장소에 계선시켜야 함 (원하는 장소×)

084 길이 20 미터 미만의 선박이나 범선은 좁은 수로 등의 안쪽에서 안전하게 항행할 수 있는 다른 선박의 통항을 방해해서는 아니 된다.

085 통항분리대(또는 분리선)을 횡단하여서는 안 되는 경우: 길이 20 미터 이상의 선박

086 통항분리대(또는 분리선) 횡단 가능한 선박: 길이 20미터 미만의 선박

087 항행 중인 길이 20 m 미만의 범선: 삼색등 표시

088 길이 20미터 이상 음향신호: 기적 + 호종

089 높은 파도를 넘는 방법: 파도를 선수 20~30° 방향에서 받도록 한다.

090 모터보트를 현측으로 접안 시 선 · 수미 방향을 기준으로 진입 각도: 약 20~30°

091 추월선: 피추월선을 앞지를 때는 다른 선박의 정횡으로부터 22.5도를 넘는 후방의 위치로부터 다른 선박을 앞지르는 선박

092 조석표의 사용시각: 24시간 방식

093 면허시험 종사자의 교육시간: 29시간

094 야간 수상레저활동 금지시간: 일몰 후 30분 ~ 일출 전 30분

095 안전검사 유효기간: 만료일 전후 각각 30일 이내

096 수상레저사업장에서 갖춰야 할 구명튜브 갯수: 탑승정원의 30%에 해당하는 수

097 수상레저기구 등록대상: 추진기관 30 마력인 고무보트

098 수상레저사업의 레저기구가 31~50대일 때 비상구조선의 수: 2대 이상

099 풍향: 시계방향으로 32방위

100 저체온증: 35℃ 이하

101 길이 50m 이상 동력선의 등화를 표시
   1. 앞쪽에 마스트등 1개와 그 마스트등보다 뒤쪽의 높은 위치에 마스트등 1개. (다만, 길이 50m 미만의 동력선은 뒤쪽의 마스트등을 표시하지 아니할 수 있다.)
   2. 현등 1쌍
   3. 선미등 1개

102 수상레저활동 금지구역에서 수상레저기구 운항 시 과태료: 60만원

103 정원 초과 시 과태료: 60만원

104 10톤 이상 30톤 미만 선박에 비치해야 할 폐유용기의 저장용량: 60리터

105 제1급 조종면허: 필기 70점, 실기 80점

106 길이 100미터 이상 음향신호: 기적 + 호종 + 징

107 수상레저사업장에서 갖춰야 할 구명조끼 갯수: 승선정원의 110% (탑승정원의 10%는 소아용)

108 마스트등: 선수미선상에 설치되어 225도에 걸치는 수평의 호를 비추되, 그 불빛이 정선수 방향으로부터 양쪽 현의 정횡으로부터 뒤쪽 22.5도까지 비출 수 있는 흰색등

109 섬광등: 360도에 걸치는 수평의 호를 비추는 등화로서 일정한 간격으로 60초에 120회 이상 섬광을 발하는 등

110 고압가스 중 인화가스의 총톤수: 1000톤 이상의 선박에 산적된 것

111 유조선통항금지해역의 원유 제한 용량 : 1,500 킬로리터

업무 내용	주체기관	아닌 것
수상레저기구 동승자의 사망·실종 또는 중상 시 신고	경찰서장, 소방서장, 해양경찰서장	시장·군수·구청장 ×
수상레저활동 시간 조정 지정	해양경찰서장, 시장·군수·구청장	경찰서장 ×
수상레저활동 금지구역 지정	해양경찰서장, 시장·군수·구청장	소방서장 ×
안전장비 착용 지시	해양경찰서장, 시장·군수·구청장	소방서장 ×
안전장비 종류 지정	해양경찰서장, 시장·군수·구청장	경찰서장 ×
조종면허의 결격사유 관련 개인정보를 해양경찰청장에게 통보	병무청장, 보건복지부장관, 시장·군수·구청장	경찰서장 ×
동력수상레저기구 안전검사증 (재)발급	시·도지사, 해양경찰청장, 검사대행자	시장·군수·구청장 ×
수상레저기구사업 영업구역 등록	시장·군수·구청장	
동력수상레저기구 등록 또는 변경 신청	주소지를 관할하는 시장·군수·구청장 ※ 수상레저기구 등록원부 열람 발급도 동일	
사업 등록의 경우 영업구역이 2개 이상의 해양경찰서 관할 또는 시·군·구에 걸쳐있는 경우 사업등록 기관	수상레저기구를 주로 매어두는 장소를 관할하는 관청	
압류등록의 촉탁 주체 기관	법원	
과태료 처분 권한	해양경찰서장, 시장·군수·구청장	소방서장 ×
안전관리계획의 시행에 필요한 지도·감독	지방해양경찰청장	
면허증의 발급 및 면허취소·정지처분	해양경찰서장	
항만이나 어항 수역에서 수상레저 행위(스킨다이빙, 스쿠버다이빙, 윈드서핑)의 허가	해양경찰서장	
해양사고 신고	해양경찰서장	
무역항의 수상구역에서 항행 최고속력 지정요청	해양경찰청장	
선박해체 시 해양오염방지 작업계획서 수립 신고서 제출	해양경찰청장 또는 해양경찰서장	
국가관리무역항 관리	해양수산부장관	해양경찰청장 ×
지방관리무역항 관리	특별시장·광역시장·도지사 또는 특별자치도지사	
무역항의 수상구역에서 항행 최고속력 지정·고시	관리청	
무역항의 수상구역에서 선박 경기 개최 시 허가	관리청	
무역항의 수상구역에 입항 시 입·출항 보고서의 제출	지방해양수산청장, 해당 항만공사, 특별시장·광역시장·도지사	해양경찰청장 ×

수험교육의 최정상의 길 - 에듀웨이 EDUWAY

(주)에듀웨이는 자격시험 전문출판사입니다.
에듀웨이는 독자 여러분의 자격시험 취득을 위한
교재 발간을 위해 노력하고 있습니다.

기분파
동력수상레저기구 조종면허시험 1·2급

2025년 03월 01일 2판 2쇄 인쇄
2025년 03월 10일 2판 2쇄 발행

지은이 | 에듀웨이 R&D 연구소
펴낸이 | 송우혁

펴낸곳 | (주)에듀웨이
주 소 | 경기도 부천시 소향로13번길 28-14, 8층 808호(상동, 맘모스타워)
대표전화 | 032) 329-8703
팩 스 | 032) 329-8704
등 록 | 제387-2013-000026호
홈페이지 | www.eduway.net

기획,진행 | 신상훈
북디자인 | 디자인동감
교정교열 | 이병걸
인 쇄 | 미래피앤피

ISBN 979-11-94328-13-1

이 도서의 국립중앙도서관 출판시도서목록(CIP)은 서지정보유통지원시스템 홈페이지
(http://seoji.nl.go.kr)와 국가자료공동목록시스템(http://www.nl.go.kr/kolisnet)에서 이
용하실 수 있습니다.

동력수상레저기구 조종면허 제1·2급